Bibliothèque Universelle Des Voyages Effectués
Par Mer Ou Par Terre Dans Les Diverses Parties
Du Monde: Voyages Autour Du Monde
by Albert Montémont

Address:
HardPress
8345 NW 66TH ST #2561
MIAMI FL 33166-2626
USA
Email: info@hardpress.net

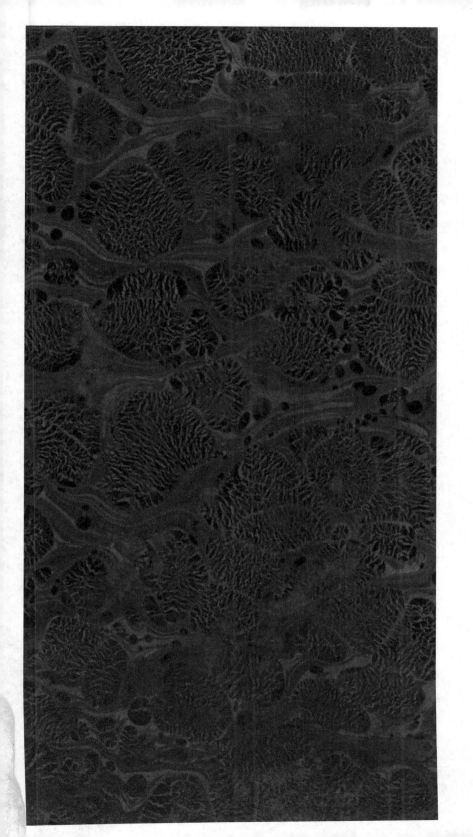

BIBLIOTHÈQUE

UNIVERSELLE

DES VOYAGES.

TOME XIV.

On souscrit dans les Départemens chez les Libraires ci-après :

LYON. . . . . A. BARON, libraire, rue de Clermont, n° 5.
ROUEN. . . . . . . FRANÇOIS, libraire, Grand'Rue, n° 33.
CAEN. . . . . MANOURY, libraire.
MARSEILLE. . . . CAMOIN, libraire.
MONTPELLIER. . PATRAS, libraire.
NANCY. . . . . . . Georges GRIMBLOT, libraire.
AGEN. . . . . BERTRAND, libraire.
LUNÉVILLE. . . . CREUSAT, libraire, Grand'Rue, n° 23.
BÉZIERS. . . . . . PAGEOT, libraire.
TOULOUSE. . . . DAGALLIER, libraire, rue de la Pomme.
ORLÉANS. . . . . GARNIER, libraire.
CHARTRES. . . . GARNIER fils, imprimeur-libraire.
DIJON. . . . . . . GAULARD, libraire.
ABBEVILLE. . . . GAVOIS-GRARE, libraire.
AVIGNON. . . . . FRUCTUS, libraire.
SÉDAN. . . . . . . AUG. PIERROT, libraire, Grand'Rue, n° 18.
NARBONNE. . . . DELSOL, libraire.
STRASBOURG. . . LAGIER, libraire, rue Mercière, n° 10.
LILLE. . . . . . . BRONNER-BAUWENS, imprimeur-libraire.
TOULON. . . . . . MONGE et VILLAMUS, libraires, rue de la Misé-
                       ricorde, n° 6.
CLERMONT-F°°. . A. VEYSSET, libraire, rue de la Treille, n° 14.
BESANÇON. . . . BINTOT, libraire.

PARIS. — IMPRIMERIE ET FONDERIE DE RIGNOUX ET Cᵉ, RUE DES FRANCS-BOURGEOIS-S.-MICHEL, 8.

BIBLIOTHÈQUE

UNIVERSELLE

DES VOYAGES

EFFECTUÉS PAR MER OU PAR TERRE

DANS LES DIVERSES PARTIES DU MONDE,

DEPUIS

LES PREMIÈRES DÉCOUVERTES

JUSQU'A NOS JOURS;

CONTENANT LA DESCRIPTION DES MŒURS, COUTUMES,
GOUVERNEMENS, CULTES, SCIENCES ET ARTS, INDUSTRIE ET COMMERCE,
PRODUCTIONS NATURELLES ET AUTRES.

Revus ou Traduits

PAR M. ALBERT-MONTÉMONT,

AUTEUR DU VOYAGE DANS LES CINQ PARTIES DU MONDE, DES LETTRES SUR L'ASTRONOMIE,
DU VOYAGE AUX ALPES, ETC., ETC.

PARIS.

ARMAND-AUBRÉE, ÉDITEUR,

RUE TARANNE, N° 14.

M DCCC XXXIV.

VOYAGES
AUTOUR DU MONDE.

LIVRE CINQUIÈME.
PÉRIODE DE 1790 A 1800.

CHAPITRE II.

VANCOUVER.
(1790-1795.)

PRÉLIMINAIRE.

Le voyage de Vancouver à l'océan Pacifique du
nord et autour du monde, voyage dans lequel la
côte nord-ouest de l'Amérique fut soigneusement
reconnue et exactement relevée, avait été ordonné
par le roi d'Angleterre dans la vue principale de
constater s'il existait, à travers le continent de l'A-
mérique, un passage pour les vaisseaux de l'océan
Pacifique du nord à l'océan Atlantique septentrio-

XIV.   1

nal. Ce passage ne fut point découvert, puisqu'on le cherche encore, mais le navigateur anglais rendit un éminent service à la géographie, en reconnaissant et relevant 32 degrés de la côte nord-ouest de l'Amérique, d'une manière si détaillée et si complète qu'à cet égard il est au-dessus de tous les navigateurs, sans en excepter le célèbre Cook qui lui avait servi de maître.

Durant les trois années qu'il passa sur cette côte extraordinaire par sa forme et ses découpures, il eut le temps le plus favorable; non-seulement il eut la hardiesse de conduire ses vaisseaux dans des détroits qui ne paraissaient accessibles qu'à de petits navires, mais lorsqu'il ne pouvait plus s'avancer sur ses gros bâtimens, ses détachemens faisaient sur des embarcations ouvertes une route de huit ou neuf milles, et il pénétrait ainsi jusqu'à la dernière extrémité de chacun des innombrables canaux, libres ou semés d'écueils, qui vont aboutir à l'immense chaîne de montagnes par laquelle les eaux de l'Océan sont arrêtées. Il reconnut et détermina tout en fait d'hydrographie. Il présente, d'ailleurs, le tableau des tribus sans nombre qu'il y a rencontrées; il décrit les établissemens qu'y ont formés les Russes; il fait connaître tous les postes militaires et chacune des missions que les Espagnols ont établies depuis la pointe de la Californie jusqu'à Nootka. Chargé, en vertu d'une convention signée le 28 octobre 1790, entre la cour de Madrid et celle de Londres, de se faire restituer par un commissaire espagnol la portion du territoire de Nootka et des environs dont quelques sujets britanniques étaient en possession au mois d'avril 1789, il conduisit à bien cette négociation sur une bagatelle qui avait menacé la France et l'Espagne d'une guerre dans les deux mondes, et qui n'annonçait que trop alors l'avidité de l'Angleterre. Enfin ses cartes et son journal, monument merveilleux de l'industrie humaine dans un si court espace de temps, ne laissent rien à désirer, ni sous le rapport de la navigation, ni sous ceux du commerce et de la politique; et ce travail embrasse, entre autres objets, huit cents lieues en ligne droite de la côte nord-ouest d'Amérique, dont la majeure partie était absolument inconnue.

Vancouver, en outre, releva et décrivit une longue étendue de la côte sud-ouest de la Nouvelle-Hollande, qu'aucun navigateur n'avait prolongée. Il découvrit de nouvelles îles dans l'océan Pacifique. Il compléta la reconnaissance des îles Sandwich; et durant les relâches qu'il y avait faites en trois années différentes, il recueillit les détails les plus attachans sur les mœurs de la peuplade qui les habite. Son récit de l'état où il a trouvé l'île de Taïti, qui a bien changé de face, est encore de nature à intéresser tous les lecteurs. Enfin sa relâche au Chili, à son retour, a procuré des renseignemens très instructifs.

Parti au commencement de janvier 1791, il rentra dans les ports d'Angleterre vers la fin de 1795. Nous allons laisser parler le voyageur lui-même.

PREMIÈRE SECTION.

RÉCIT DE NOS OPÉRATIONS DEPUIS LE COMMENCEMENT DU VOYAGE JUSQU'A NOTRE ARRIVÉE A TAÏTI.

§ 1.

Armement de *la Découverte* et du *Chatam*. Départ de Falmouth. Relâche à Ténériffe. Passage au cap de Bonne-Espérance.

Le 15 décembre 1790, je reçus la commission de commandant de *la Découverte*, qui était alors à Deptford. Je me rendis à bord le lendemain, et je commençai à enrôler l'équipage.

Le lieutenant William Robert Broughton fut nommé commandant du *Chatam*. Ce bâtiment exigeant des réparations, son équipement ne put aller aussi vite que celui de *la Découverte*, qui se trouva à peu près achevé le 6 janvier 1791. A cette époque, j'étais prêt à descendre la rivière. Nous appareillâmes le lendemain avec un vent favorable, et nous mouillâmes à Long-Reach sur les cinq heures du soir. Des occupations nécessaires nous retinrent à Long-Reach jusqu'au 26 : ayant alors embarqué toutes nos munitions et les divers objets que devait nous fournir le chantier de Deptford, nous descendîmes la rivière pour nous rendre à Portsmouth. Conformément aux ordres que j'avais reçus, je pris à bord, afin de le conduire dans sa patrie, Towraro, originaire des îles Sandwich, d'où il avait été amené au mois de juillet 1789 par un de nos navires marchands revenant de la traite de la côte nord-ouest de l'Amérique. Il avait vécu en Angleterre dans une grande obscurité, et il semblait n'avoir profité en aucune manière de la résidence qu'il venait d'y faire.

Des vents contraires ne nous permirent d'arriver aux Dunes que le 30. Ils ne devinrent favorables que le 3 février, jour où, à l'aide d'un vent de nord grand frais, nous continuâmes à descendre la Manche. A midi nous dépassâmes le Foreland sud. Le 5 à midi nous mouillâmes à Spithead.

Dans les voyages de l'espèce de celui-ci, il avait été d'usage de payer aux équipages et aux officiers la solde échue durant l'armement, qui, en général, durait six mois ou plus : on leur donne ainsi les moyens de se mieux pourvoir des objets de commodité que demandent toujours ces services si longs et si lointains. Le même paiement aux équipages de *la Découverte* et du *Chatam* depuis qu'ils étaient à la solde leur aurait été de peu de secours. Les lords de l'amirauté voulurent bien, à ma prière, leur payer trois mois d'avance et sans aucune déduction.

Le bureau de la marine m'avait fourni des instrumens de mathématiques : le bureau des longitudes, se prêtant au désir de l'amirauté, me donna de plus deux chronomètres ; l'un fait par M. Kendall, et dont la perfection avait été éprouvée à bord de *la Découverte* durant le dernier voyage du capitaine Cook ; il venait d'être nettoyé et mis en état par cet habile artiste, peu de temps avant sa mort : l'autre, de la construction de M. Arnold, avait été récemment terminé. On les avait déposés à l'observatoire de l'académie de Portsmouth pour en reconnaître les écarts et déterminer leur mouvement journalier. Le premier me fut remis avec les observations auxquelles il avait donné lieu sur ces deux points ; le second fut envoyé à bord du *Chatam*, qui à cette époque était arrivé.

Le 3 mars au soir nous mouillâmes à la rade de Sainte-Hélène, et le lendemain au matin je fis route, laissant à l'ancre *le Chatam*, qui n'était pas encore prêt à m'accompagner. Nous touchâmes à Guernesey, et le 12 nous arrivâmes à Falmouth, où je devais attendre *le Chatam* et recevoir définitivement mes instructions. Un messager de l'amirauté me les apporta le 20 ; mais *le Chatam* n'arriva que le 31. Le lieutenant Broughton ayant ordre de se mettre sous mon commandement, je lui donnai les signaux et les instructions nécessaires.

Une jolie brise du nord-ouest me permit, le 1ᵉʳ avril à la pointe du jour, d'appareiller de la rade de Carrack, de conserve avec *le Chatam* ; et à minuit nous dîmes adieu pour long-temps aux rivages de l'Angleterre.

Mes instructions me laissant pleine liberté de choisir la route qui me paraîtrait la meilleure pour arriver à l'océan Pacifique, je n'hésitai pas à choisir celle du cap de Bonne-Espérance : je me proposais de relâcher à Madère pour y embarquer du vin et des provisions. Je suivis ce parti, malgré des vents contraires à nos désirs. Le 3 à midi nous avions atteint le 48ᵉ degré 48 minutes de latitude nord, et le chronomètre indiquait 6 degrés 55 minutes de longitude ouest.

La soirée du 23 étant d'une beauté et d'une sérénité remarquables, nous aperçûmes l'île de Porto-Santo, qui nous restait au sud-ouest à vingt lieues. Le lendemain, dans l'après-midi, nous dépassâmes son méridien. Le chronomètre indiquait sa longitude à 16 degrés 24 minutes 15 secondes. Cette quantité, ne différant de la vraie longitude que d'une minute à l'ouest, nous prouva que le garde-temps allait très bien. Ne voulant relâcher qu'à

Madère, nous fîmes jusqu'au 25 tous nos efforts
pour atteindre la rade de Funchal. Le vent étant
devenu très variable, et le temps couvert et incertain dans la soirée de ce jour, cette relâche ne me
sembla point propre pour y changer l'arrimage du
Chatam et lui donner beaucoup plus de lest. La
rade de Sainte-Croix me paraissant plus convenable, nous fîmes route sur Ténériffe.

Le 28 au matin, le pic de Ténériffe se montrait
au sud-ouest, à environ 16 lieues : dans la soirée,
nous étions à peu de distance de la rade de Sainte-
Croix, et nous vîmes arriver le maître pilote, qui
plaça *la Découverte* dans ce qu'il appelait le meilleur mouillage de la rade, et *le Chatam* tout près
de nous.

Dès que les vaisseaux furent en sûreté, un officier alla de ma part saluer le gouverneur et lui
demander la permission d'embarquer du vin et des
rafraîchissemens. L'officier fut reçu avec civilité,
et le munitionnaire eut ordre le lendemain de nous
fournir les divers articles dont nous avions besoin.

Le ressac, qui durant quelques jours avait été fort
violent sur la côte, et dont la jetée de Sainte-Croix
garantit très mal, avait fort retardé l'embarquement du bois d'arrimage dont *le Chatam* avait besoin. Cette opération ne fut terminée que le 7 mai,
époque où nous remîmes en mer, en faisant route
au sud.

Nous perdîmes de vue les Canaries le 8 à midi. Le vent alisé soufflait bon frais ; la mer était tranquille, et la beauté du ciel nous permit de faire d'excellentes observations de distance. Les miennes indiquaient la longitude à 16 degrés 52 minutes 36 secondes, celles de M. Whidbey à 16 degrés 52 minutes 30 secondes, et le chronomètre annonçait 16 degrés 47 minutes 45 secondes : la latitude était alors de 27 degrés 5 minutes nord ; et d'après les observations sur trois compas, qui varièrent de 15 degrés 10 minutes à 18 degrés 51 minutes, la déclinaison de l'aimant était de 17 degrés 33 minutes 40 secondes ouest.

Des Canaries nous fîmes route à l'ouest du Cap-Vert, que nous aperçûmes et que nous dépassâmes le 14 dans la matinée. L'extrémité nord-ouest de l'île Saint-Antonio paraît, d'après nos observations, être située à 17 degrés 10 minutes de latitude nord, et 25 degrés 3 minutes 22 secondes de longitude occidentale.

Après avoir franchi la ligne ou l'équateur, nous cinglâmes toutes voiles dehors, à l'aide du vent alisé grand frais. Le 1er juin, nous étions par 7 degrés 52 minutes de latitude sud et 29 degrés 7 minutes de longitude ouest : nous cessâmes alors de nous étendre dans l'ouest, et nous fîmes route peu de degrés à l'est du sud ; de sorte que le 9 nous nous trouvions par 19 degrés 47 minutes de

latitude sud et 27 degrés 27 minutes de longitude
ouest, approchant du parallèle des îles de Trinidad et de Martin-Vas. Le vent nous permettait
alors de faire la route de l'est au sud ; mais crai-
gnant qu'il n'y eût erreur dans notre longitude ou
dans celle de ces îles, j'ordonnai au *Chatam* de
s'éloigner de nous et de gouverner au sud, dans
l'intention d'apercevoir la terre. Au coucher du
soleil, nous étions par 20 degrés 9 minutes de
latitude, parallèle de ces îles, et nous ne les aperçûmes pas. La longitude de la première est placée
à 28 degrés 50 minutes, et celle de la seconde à
28 degrés 34 minutes ouest : si leur longitude et
celle de nos vaisseaux ont été bien déterminées,
nous les passâmes à la distance de vingt-quatre et
dix-neuf lieues.

Le 12 nous coupâmes le tropique sud par 25
degrés 18 minutes de longitude ouest. Le 9 juillet
nous arrivâmes au cap de Bonne-Espérance.

§ 2.

Quoique notre relâche au Cap se fût trop prolongée, je n'abandonnai pas le projet d'examiner la côte sud-ouest de la Nouvelle-Hollande. La saison était probablement trop avancée pour y faire toutes les reconnaissances que j'aurais désiré; mais j'avais encore la perspective de quelques découvertes qui abrégeraient le travail de ceux qui pourraient être un jour chargés du soin particulier de reconnaître cette contrée. En quittant False-Bay, je fixai pour premier rendez-vous la côte qui est appelée *Terre de Lyon* dans les cartes, et située par environ 35 degrés de latitude sud; en cas de séparation, j'enjoignis au *Chatam* d'y croiser deux jours, et, si *la Découverte* n'arrivait pas, de continuer sa route conformément aux premières instructions

Ayant le 20 août quitté la rade de False-Bay, nous essuyâmes une grosse tempête qui dura quatre jours. Le 9 septembre nous passâmes entre les îles de Saint-Paul et d'Amsterdam, à cinq ou six lieues de la dernière.

J'avais pris cette route dans l'est, avec le dessein de corriger une erreur qui paraît se trouver

dans les cartes de l'hémisphère austral dressées par
le capitaine Cook. L'île Saint-Paul y est placée par
37 degrés 50 minutes de latitude, ce qui correspond
à la position que lui donnent les Requisite Tables;
et au nord de celle-ci, par environ 36 degrés 40
minutes de latitude, elles en placent une autre
qu'on nomme *île d'Amsterdam* : or, l'île sur laquelle s'arrêta M. Cox avec le vaisseau *le Mercure*,
et qui est appelée *Amsterdam*, est en vue de l'île
de Saint-Paul, et à dix-sept lieues au sud. Le capitaine Bligh, qui commandait *le Bounty*, vit aussi
la même île, et il lui donne la même position que
M. Cox. Si donc il y a des îles au nord de Saint-
Paul, par 36 degrés 40 minutes, ces îles doivent
être au nombre de trois et non pas de deux; ce
qu'il me semble qu'on n'a jamais dit. Je voulais
éclaircir ce point si nous voyions l'une ou l'autre;
mais la pluie et une petite brume continuaient à
obscurcir tous les objets à deux lieues de distance :
rien n'indiquait le voisinage d'une terre. Quoiqu'on dise qu'une multitude immense de baleines
et de veaux marins fréquentent ces îles, nous n'a-
perçûmes aucun veau marin, et nous ne vîmes
qu'une baleine : c'était la seule qui eût frappé nos
regards depuis le 23 du mois précédent. De là
jusqu'à la côte de la Nouvelle-Hollande, je cinglai
entre les routes de Dampier et de Marion, sur un
espace qui, je crois, n'avait jamais été parcouru.

Dans cette traversée notre marche fut si rapide
que le 18 notre latitude était de 36 degrés 49 minutes, et notre longitude de 103 degrés 48 minutes.

La position de cette partie de la Nouvelle-Hollande étant mal déterminée, et des bancs de sable
pouvant s'étendre au loin dans l'Océan, on jeta
la sonde, qui ne rapporta point de fond à cent
quatre-vingt brasses de ligne. Le 19, par 36 degrés 45 minutes de latitude et 105 degrés 47 minutes de longitude, la déclinaison de l'aimant se
trouva de 14 degrés 10 minutes ouest. Les damiers,
qui depuis quelques jours avaient à peu près disparu, se remontrèrent accompagnés de quelques
albatros et d'une grande variété d'oiseaux de la
famille des pétrels. Il nous parut évident que le
nombre et la variété de ces oiseaux augmentaient
en proportion de la violence du vent ; car on en
voyait fort peu dans un temps modéré.

Jugeant, le 23 septembre, que la terre ne devait
pas être fort éloignée et que la côte pouvait se
trouver au nord de la route que nous suivions,
je fis signal au *Chatam* de bien examiner à babord.
Le vent soufflait de l'ouest grand frais, et la mer
était très grosse ; mais la clarté du ciel me permit
de faire de bonnes observations de distances, lesquelles, réunies à celles que nous avions faites le
21, donnèrent à midi 114 degrés 14 minutes de

longitude : le chronomètre, selon le mouvement journalier qu'il avait à Portsmouth, annonçait 113 degrés 55 minutes : notre latitude était de 35 degrés 7 minutes.

Le 27 nous forçâmes de voiles vers la terre. La profondeur de la mer, à mesure que nous avancions, diminua graduellement jusqu'à 24 brasses, fond de corail et de coquilles. Sur les 9 heures nous étions bien en état de l'accoster, et nous arrivâmes vent arrière le long de la côte, nous en tenant à une lieue ou deux : elle se prolongeait du nord 44 degrés ouest au nord 81 degrés ouest du compas, et elle se montrait sans coupures sur une ligne à peu près droite, présentant jusqu'au bord de l'eau des falaises de rochers à pic, entremêlées çà et là de quelques petites baies de sable ouvertes, et d'un petit nombre d'îlots et de rochers qui s'étendaient à environ un mille de la grande terre. La partie la plus occidentale qui fût alors en vue est remarquable par ses falaises élevées qui tombent à pic dans la mer ; et si elle se trouve détachée, ce qui n'est point du tout certain, elle a environ une lieue de circuit : elle forme un promontoire très visible, auquel j'ai donné le nom de *cap Chatam*, en l'honneur du comte de Chatam qui était premier lord de l'amirauté à notre départ d'Angleterre. Du cap Chatam, qui d'après nos observations gît par 56 degrés 3 minutes de latitude et 116 degrés 35 minutes 30 secondes de longitude, la terre court vers l'ouest au nord 59 degrés ouest, et vers l'est au sud 81 degrés est.

Quelques personnes étaient encore attaquées de la dyssenterie à bord des deux vaisseaux ; et quoique les malades eussent tous les jours des vivres frais et commençassent à se guérir, ils étaient très affaiblis. Pensant qu'un peu de récréation, le changement de scène et les productions du pays pourraient leur être salutaires, je résolus de relâcher au premier port que nous aurions le bonheur de découvrir ; et afin qu'aucun mouillage convenable n'échappât à notre vigilance, nous rangeâmes à trois ou quatre milles la côte qui est d'une hauteur modérée, mais qu'on peut en général regarder comme à pic. La verdure qu'offrent les pointes saillantes ne se montre qu'à une grande hauteur sur les rochers, dont les bases nues prouvent assez la force du ressac. Le long du rivage de la mer, le pays présente une rangée de collines d'une stérilité affreuse qui, sur un sol composé en grande partie de sable blanc, du moins à ce qu'il paraît, produisent quelques herbes d'un vert brunâtre : on y voit de grosses masses d'un rocher blanc dont la grandeur et la forme varient ; ces singulières protubérances au sommet de plusieurs des collines ressemblaient beaucoup à des ruines d'édifices d'une grande élévation. L'intérieur du pays.

est d'un aspect plus agréable ; il est entremêlé de
collines et de vallons, et couvert d'arbres de haute
futaie très élevés que nous distinguions nettement
avec nos lunettes, sans apercevoir nulle part de la
fumée ou quelque chose qui indiquât que cette
terre eût des habitans.

Vers midi *le Chatam* fit signal qu'il avait découvert un port du côté du nord. Notre latitude observée était de 35 degrés 8 minutes et notre longitude de 117 degrés 6 minutes 30 secondes. Dans
cette position, la côte se prolongeait du nord-ouest
au sud-est ; le rivage le plus voisin nous restait au
nord-ouest, à environ une lieue. La côte que nous
prolongeâmes l'après-midi différait peu de celle
que nous avions vue le matin et que je viens de décrire ; et l'intérieur du pays n'était pas assez élevé
pour être aperçu par-delà les collines situées près
des bords de la mer. A six heures du soir un petit
îlot détaché nous restait au sud-est ; la pointe la
plus orientale de la partie de la grande terre qui
fût en vue, au nord-est ; une pointe saillante depuis
laquelle se prolonge à l'ouest une longue rangée de
falaises blanches, au nord-est, à cinq milles ; et nous
avions au nord-ouest la partie de la côte la plus
ouest qui fût en vue, la même qui à midi formait
le dernier point qu'embrassât notre horizon.

Le 28 au matin nous avions fait peu de chemin
le long de la côte, quoique nous nous fussions éloi-

gnés du rivage et que la sonde rapportât de quarante à cinquante brasses. Nous eûmes une nouvelle occasion d'observer une éclipse de soleil ;
mais nous n'eûmes pas le bonheur d'observer son
commencement ou sa plus grande obscuration. Je
regrettai beaucoup de n'avoir pas pu atteindre un
port pour cette époque ; à terre nous aurions pu
comparer nos observations avec des résultats donnés
par de meilleurs instrumens. Il fut alors prouvé
que les falaises blanches aperçues la veille au soir
formaient la pointe la plus méridionale de cette
partie de la côte : je l'ai appelée *le cap Howe*, en
l'honneur du comte de Howe ; il est situé par
35 degrés 17 minutes de latitude, et 117 degrés
52 minutes de longitude : le petit îlot détaché gît
au sud par 68 degrés est, à trois lieues du cap Howe.
La côte que nous avions regardée le 27 comme la
partie la plus orientale de la grande terre se montrait maintenant comme une île au-delà de laquelle
on découvrait une haute pointe acore de roche, et
une montagne élevée formant la partie de terre
la plus méridionale qui fût en vue. Une haute montagne qui se fait distinguer par son élévation au-
dessus des collines voisines fut appelée *mont
Gardner*, du nom de mon très estimable ami,
sir Alan Gardner ; et je donnai le nom d'*îles de
l'Éclipse* au groupe d'îles de roches stériles que
nous venions de découvrir.

XIV.   2

Le **29** nous trouvâmes une rade spacieuse qui ne se trouvait ouverte aux flots que sur un espace de 13 degrés du compas. La pointe de roche élevée et acore qui forme l'extrémité sud-ouest de la rade, et qui a été nommée par moi *Bald-Head* (Pointe-Chauve), parce qu'elle est unie et dénuée de verdure, nous restait au sud-est. Nous avions au nord-est une île de roche élevée qui gît à l'entrée, où l'on voit les effets du choc des lames et du vent de sud-ouest, et que j'ai appelée par cette raison, *île Break-Sea* (Brise-Mer); au nord-est encore le *mont Gardner*; au nord par 62 degrés est une autre île élevée que j'ai appelée *île de Michaelmas* (de Saint-Michel); une petite île que j'ai appelée *île Seal* (des Veaux-Marins), parce que ces animaux s'y trouvent en grand nombre, nous restait au nord; un rocher bas et plat au sud par 75 degrés ouest, et une grève étendue de sable blanc se présentait au nord-ouest. Tout nous annonçait une bonne pêche, et un canot fut détaché à cet effet.

Près d'un filet d'eau douce était un bouquet d'arbres qui pouvaient nous fournir le bois à brûler dont nous avions besoin; et au bord des arbres, la plus misérable hutte que j'aie jamais vue : elle avait été habitée récemment, car elle portait à son sommet une peau fraîche du poisson qu'on appelle vulgairement *leather-jacket*, et nous aperçûmes à l'un des côtés les excrémens d'un animal carni-

vore, d'un chien, selon toute apparence. La hutte
avait la forme d'une moitié de ruche d'abeilles
coupée verticalement en deux parties égales : sa
hauteur était de trois pieds, et son diamètre d'environ quatre pieds et demi ; construite toutefois,
avec une sorte d'uniformité, de jeunes branches
minces comme celles dont on se sert pour les
grands paniers de nos boulangers : les branches
horizontales et verticales laissaient des ouvertures
de quatre à six pouces en carré, et les dernières,
entrant de quelques pouces en terre, faisaient
toute sa solidité. Cette espèce de panier, servant de
cabane, était revêtue d'écorces et de petits ra-
meaux verts; ses derrières étaient exposés au nord-
ouest, d'où nous conclûmes que les vents préva-
lent de cette partie : on avait fait du feu sur le
devant, ouvert en entier; mais excepté la peau de
poisson dont je viens de parler, il n'y avait ni ossemens, ni coquillages, ni aucun autre indice de
ce qui avait pu servir de nourriture à son pauvre
propriétaire. Un si mauvais abri contre les injures
du temps inspirait les réflexions les plus doulou-
reuses : nous y voyions, de la manière la plus frap-
pante, la misère de quelques peuplades; et la so-
litude apparente, le triste aspect du pays d'alentour, qui n'offrait guère que des idées de famine
et de besoin, ajoutaient à nos sentimens de pitié.
    Les rivages présentaient des roches nues et à

pic, ou des sables stériles d'un blanc de lait. Le
sol semblait, plus loin, revêtu d'herbes d'un vert
fané, et par-ci par-là de quelques arbrisseaux ram-
pans ou d'arbres nains disposés à une grande distance les uns des autres. Cette apparence défavo-
rable ne peut cependant provenir de la stérilité
du terrain, puisque sur tous les flancs de collines
que nous parcourûmes la végétation avait subi
récemment l'action du feu ; les arbres les plus gros
se trouvaient légèrement brûlés : on voyait sur
chaque arbrisseau quelques branches réduites en
charbon, et les plantes elles-mêmes endommagées.
Nous n'avions donc pas grande idée du pays ; mais
dans l'espoir de rencontrer quelques-uns de ses
malheureux habitans, nous parcourûmes les rives
du mouillage vers le nord jusqu'à une haute pointe
de rocher, que j'ai appelée *la pointe de Possession;*
et parvenus au sommet, nous eûmes une belle vue
de la rade dans toutes ses directions.

Nous avions supposé à bord qu'elle se divisait
en trois bras, mais il nous fut démontré qu'il n'y
en a que deux : l'un, immédiatement derrière cette
pointe, qui est aussi la pointe sud de son entrée,
se prolonge en forme circulaire d'environ une
lieue de diamètre, et se trouve bordé d'un terrain
qui ressemble beaucoup à celui que j'ai déjà décrit, mais qui produit un plus grand nombre d'arbres, qui a une verdure plus animée et s'approche

davantage du bord de l'eau ; l'autre, qui gît environ à trois milles au nord-est, paraissait presque
aussi spacieux, quoique son entrée se montrât très
étroite ; ses environs semblaient plus fertiles et
plus agréables. Il y a au centre de ce havre une
île couverte des plus beaux herbages : au lieu des
rochers nus et des sables stériles qui forment la
côte de la rade, les falaises de ses rives paraissaient d'une argile rougeâtre ; et une haute et
belle forêt, se prolongeant du sommet des collines
au bord de l'eau, annonçait assez que son sol en
général est meilleur pour la végétation.

Nous arborâmes ici le pavillon anglais ; et après
avoir bu à la santé du roi et rempli les formalités
ordinaires en ces occasions, nous prîmes possession du pays en son nom, et pour lui et ses successeurs, à partir de la terre que nous vîmes au nord-
ouest du cap Chatam, aussi loin que nous pourrions en reconnaître les côtes. J'ai donné à ce port,
le premier que nous ayons découvert, le nom de
King George the third sound (rade du roi Georges III) ; et comme c'était l'anniversaire de la naissance de la princesse royale Charlotte-Auguste-
Mathilde, j'ai appelé *havre de la Princesse Royale*,
le havre qui est derrière la pointe de Possession,
lequel, avec la rade, fait de la pointe de Possession
une péninsule réunie à la grande terre par une
grève de sable stérile très étroite. Aucun vestige

n'y annonçait qu'elle eût jamais été fréquentée par les naturels du pays ; mais partout où nous allâmes, nous vîmes les mêmes effets du feu sur toutes les productions végétales.

La cérémonie de la prise de possession étant terminée, nous découvrîmes un passage dans le havre du nord-est ; mais il est étroit et en basfond sur un certain espace. Une barre, sur laquelle il n'y a que trois brasses d'eau, traverse l'entrée de ce havre : en dedans, l'eau nous parut profonde, jusqu'à une certaine étendue vers le nordest et le nord-ouest ; mais le jour était trop avancé pour l'examiner en détail. L'île verdoyante, couverte d'herbages et d'autres végétaux d'une grande vigueur, fut le terme de nos recherches ; et les vaisseaux se trouvant aussi bien placés qu'ils eussent pu l'être ailleurs pour nous procurer ce qu'offrirait la rade, je me décidai à retourner à bord, et à profiter sans délai de ses petites ressources. En sortant du havre, nos canots échouèrent sur un banc de sable que nous n'avions pas encore aperçu : il était couvert d'huîtres excellentes, dont nous nous régalâmes ; et après en avoir rempli nos embarcations dans l'espace d'une demi-heure, je lui laissai le nom de *havre des Huttres.*

Le **30** septembre on commença à couper du bois et à faire de l'eau, ce qui occupa suffisamment tous ceux d'entre nous qui se portaient bien ;

ceux qui étaient encore indisposés allèrent prendre
quelques amusemens à terre. Voyant qu'on pouvait rapprocher *la Découverte* de l'endroit où l'on
faisait le bois et l'eau, elle y fut conduite le lendemain. Nos travaux étaient si avancés le 2 octobre
que je pus détacher l'yole pour reconnaître la
rade plus au loin. Je m'y embarquai et me rendis
au havre de la Princesse Royale, où, près d'une
falaise de roche, au côté sud-ouest, je trouvai un
petit ruisseau peu profond, d'une très bonne eau:
en suivant son cours au milieu d'un petit bois,
j'arrivai à un village désert, situé parmi des arbres, sur un terrain presque uni, et composé
d'environ vingt-quatre mauvaises huttes, pour la
plupart de la forme et des dimensions que j'ai déjà
décrites, mais dont aucune ne paraissait d'une
construction aussi récente. Il avait probablement
servi de résidence à ce qu'on peut, dans ce pays,
appeler une tribu considérable; et il nous fournit
une occasion de remarquer que, malgré la misère
des habitans, il y a parmi eux des distinctions.

Deux ou trois de ces huttes étaient plus grandes
que les autres et n'avaient pas la même forme; il
semblait qu'elles avaient été doubles ou composées
de deux huttes placées très près l'une de l'autre;
mais les parties qui dans ce cas avaient produit
la séparation n'existaient plus, et les bords se tou-
chaient. Ils laissaient le front ouvert en entier et

leur donnaient un diamètre d'environ un tiers plus grand que celui des autres; mais elles n'étaient pas d'un pouce plus élevées, et la partie concave n'avait pas plus de profondeur que celle des huttes simples. On avait fait du feu au devant de toutes, mais non récemment; et si j'en excepte quelques branches d'arbre qui paraissaient avoir été rompues il n'y avait pas long-temps, rien n'annonçait que les naturels du pays eussent depuis peu visité cet endroit. Malgré mes soins, je ne pus découvrir les moyens de subsistance qu'avaient employés les habitans de ce village; car je ne rencontrai ni coquillages, ni ossemens, ni aucun autre indice qui pût m'éclairer : et cependant elle paraissait avoir été une principale bourgade.

Outre que les habitations dont je viens de parler se trouvaient encore en assez bon état, les environs présentaient d'autres restes plus ou moins en ruine. Nous rencontrâmes ici plusieurs petits ruisseaux. Les traces du feu se montraient également dans le règne végétal; on ne voyait pas qu'il eût atteint aucune des huttes : ce qui me fit penser que l'incendie était moins récent que je ne l'avais d'abord imaginé. Dans une des huttes les plus grandes, que je jugeai la résidence du chef, et à laquelle aboutissaient plusieurs sentiers de différens côtés, je laissai des grains de verre, des clous, des couteaux, des miroirs et des médailles, en témoignage de nos dispositions d'amitié, et aussi pour engager ceux des naturels qui pouvaient être aux environs, sans que nous les eussions aperçus, à venir nous voir.

Après avoir contemplé à regret ces tristes efforts de l'industrie humaine, nous retournâmes à bord. Nos futailles étaient remplies et notre bois embarqué le 4 octobre. Je voulais appareiller le lendemain, et MM. Puget et Whidbey se rendirent, avec trois canots, au havre des Huîtres, pour y ramasser de ces coquillages et pêcher à la seine.

Le lendemain les canots apportèrent assez d'huîtres, non-seulement pour nos convalescens, mais pour deux ou trois repas de tout l'équipage. Le vent du sud-est et une grosse mer nous empêchant d'appareiller, M. Broughton examina la côte orientale de la rade, depuis le havre des Huîtres jusqu'au mont Gardner : il la trouva sans coupures, et à peu près en ligne droite; il débarqua en plusieurs endroits : il aperçut les mêmes effets du feu, mais sans pouvoir découvrir aucune trace des naturels ou de leurs habitations.

Nous voyant toujours retenus le 7, un détachement que je commandais alla examiner encore le havre des Huîtres. Je voulais, par une petite excursion dans l'intérieur de cette partie du pays, acquérir quelques renseignemens sur ses productions naturelles, et, s'il était possible, sur ses habitans. Après avoir reconnu le canal, au moment où nous remontions vers la partie supérieure du havre, nous vîmes de gros cygnes noirs qui nageaient dans de belles attitudes, et qui, en volant, laissaient voir la partie blanche qui se trouve sous leurs ailes et leur poitrine : c'est toute la description que j'en puis faire, car ils étaient très farouches, et nous étions d'assez mauvais tireurs. Nous débarquâmes à l'angle nord du havre, près d'un ruisseau qui n'est navigable que pour les pirogues et les petits canots ; il serpentait dans une direction nord, entre les collines qui, s'ouvrant à l'est et à l'ouest, offraient une vaste plaine d'arbres de haute futaie, lesquels couvraient les bords du ruisseau et les flancs des collines, même jusqu'à leur sommet. Nous fîmes environ une lieue au bord du ruisseau, qui coulait avec une telle lenteur qu'on apercevait à peine son mouvement, et qui continuait à être saumâtre, quoiqu'il recueillît sur son passage d'autres ruisseaux plus petits d'une bonne eau. Nous y trouvâmes de l'excellent poisson en grande abondance et sur ses rivages, une assez grande quantité de cygnes noirs, de canards, de courlis et d'autres oiseaux sauvages.

Sur les bords de ce ruisseau, ainsi que sur les rives du havre des Huîtres, nous vîmes les restes de plusieurs réservoirs de poisson, d'environ huit ou neuf pouces de hauteur, qui étaient évidemment l'ouvrage des pauvres habitans du pays : quelques-uns étaient en pierres sèches, les autres de branchages ou de troncs d'arbres; mais aucun ne semblait pouvoir servir à cette saison de l'année, car ils se trouvaient placés au dernier point ou au-dessus du dernier point de la marée haute. Nous supposâmes que la pluie ou une autre cause faisant déborder le ruisseau, qui n'a pas plus de trente verges de large et quatre ou cinq pieds de profondeur, quelques petits poissons peuvent s'y prendre. Il est clair que de grandes masses d'eau passent dans le lit du ruisseau, à certaines saisons; car on voit de chaque côté un autre lit de deux ou trois cents verges, où le sol, dénué de toute production végétale, présente du sable de mer et des coquilles brisées. Cet espace, lorsqu'il est inondé, doit former une très belle nappe d'eau. Les réservoirs, des coches faites dans l'écorce de quelques-uns des plus grands arbres, sans doute pour y monter, et enfin les huttes, sont les seuls indices d'habitans que nous ayons remarqués : il n'y avait ni sentiers dans les bois, ni fumée sur la vaste étendue de pays qui se montrait devant nous.

Je fus pleinement convaincu que des recherches ultérieures après les naturels seraient inutiles: nous reprîmes donc le chemin des canots, mais par des routes différentes. Nous rencontrâmes les restes de deux huttes pareilles à toutes les autres;

une fourmilière qui se trouvait auprès, et qui avait
la même forme et la même grandeur que les huttes,
mais qui leur était bien supérieure par le style et
le fini, nous apprit encore mieux à quel état d'ab-
jection sont réduits les humains lorsqu'ils ne jouis-
sent pas des secours de la société civile ou des
lumières de la science. De tant d'oiseaux sauvages
que nous avions vus, aucun n'était tombé en nos
mains, et il fallut dans notre repas nous contenter
de bœuf salé; mais afin de ne pas retourner à bord
les mains vides, je m'arrêtai sur un des bancs de
sable où il y a des huîtres : dans une demi-heure
nous en remplîmes notre canot, et nous arrivâmes
au vaisseau sur les neuf heures du soir.

Tandis que nous appareillions, je fis déposer
dans la hutte près de l'aiguade des grains de verre,
des couteaux, des miroirs et d'autres bagatelles,
afin que, si le solitaire à qui elle avait appartenu y
revenait jamais, il fût payé du bois dont nous
l'avions privé. En souvenir de notre voyage, on
éleva, à peu de distance de l'un des arbres que nous
avions abattus, un monceau de pierres, et on y
laissa une bouteille cachetée qui renfermait un par-
chemin sur lequel étaient écrits les noms des deux
vaisseaux et des deux commandans, celui que je
donnai à la rade, et la date de notre arrivée et de
notre départ. Une autre bouteille, qui contenait la
même instruction, a été déposée au sommet de l'île

des Veaux-Marins, à côté d'un poteau planté en terre, sur lequel a été attachée une médaille de 1789. Les navigateurs qui rencontreront le poteau découvriront probablement la bouteille cachée dans les environs. J'ai pris cette seconde précaution, présumant que l'île des Veaux-Marins est absolument hors de la portée des habitans, qui pourraient bien découvrir la première bouteille.

Nous marchâmes au nord-est, dans l'espérance de passer en vue de la terre qui gît à l'est du mont Gardner, et de lier ainsi nos reconnaissances. Une ligne de cent dix à cent quarante brasses ne rapportant point de fond, et aucune côte ne paraissant à la pointe du jour, nous mîmes le cap au nord, et bientôt nous aperçûmes la terre dans le nord-ouest ; elle semblait former trois îles : en approchant davantage, les deux plus occidentales se montrèrent réunies à la grande terre par un terrain bas ; la réunion de la plus septentrionale semblait incertaine : je lui ai donné le nom de *Doubtful island* (île Douteuse).

La pointe orientale de l'île Douteuse forme sur la côte une saillie remarquable, et gît par 34 degrés 23 minutes de latitude et 119 degrés 49 minutes de longitude : je l'ai appelée *pointe Hood*, du nom de l'amiral lord Hood.

Dans cette position, notre latitude était de 34 degrés 18 minutes, et notre longitude de 120 degrés 14 minutes, 13 secondes plus dans le nord et 6 minutes plus dans l'est que ne l'indiquait le loch. Bientôt après midi nous vîmes la basse terre se prolongeant de la haute pointe acore, que nous reconnûmes pour être placée non pas immédiatement au bord de la mer, mais à quelque distance dans l'intérieur, et de laquelle un terrain bas s'étend jusqu'à la côte qui court au sud-est. Nous découvrîmes ici des brisans en deux endroits séparés à quelque distance du rivage.

La terre qui le 21 octobre nous restait à l'est était évidemment une île de roche d'environ une lieue de tour, qui ressemblait beaucoup à celle que nous avions dépassée la veille au soir. C'est le terme de nos recherches sur cette côte, et je lui ai donné le nom de *Termination island* (île de la Terminaison). La grande profondeur de la mer annonçait que le banc des sondes que nous avions jusqu'ici trouvé le long de la côte se terminait aussi à l'approche de cette île ; car nous n'avions eu nulle part une telle profondeur à cette petite distance du rivage ; et après quelques milles nous fûmes entièrement hors de fond. A midi notre latitude observée était de 34 degrés 34 minutes, et notre longitude de 121 degrés 52 minutes, vingt-deux milles plus à l'est et quatre plus au nord que ne l'indiquait le loch : la grande terre se voyait du haut des mâts du nord-nord-ouest à l'est-nord-est, et nous avions au nord-est l'île de la Terminaison qui gît par 34 degrés 32 minutes de latitude et 122 degrés 8 minutes et demie de longitude : entre la partie la plus orientale de la grande terre vue la veille au soir et la plus à l'ouest aperçue le matin, il y a un espace de dix lieues que nous dépassâmes pendant la nuit et que nous n'avons pas observé ; mais d'après la régularité des sondes, il y a peu de doute que ce ne soit une prolongation de la côte.

Tout ce bas pays est d'un aspect affreux ; on n'y voit ni bois ni herbage, et il est entremêlé de taches blanches et brunes qui sont très probablement l'effet des différentes couleurs du sable et du rocher dont il est composé. Nous remarquâmes ici un plus grand nombre d'oiseaux de mer ou de rivage que nous n'en avions vu sur aucune autre partie de la côte ; car, outre des goëlands bruns et deux ou trois différentes espèces d'hirondelles de mer, les albatros et les pétrels, particulièrement le noir et le gris-brun, se montraient en abondance.

Les terres que nous avions vues en dernier lieu étaient basses, et les bas-fonds que nous avions trouvés s'étendre loin de ces terres auraient exigé une exploration minutieuse ; d'un autre côté des recherches ultérieures dans ces parages auraient demandé plus de loisir que l'objet capital de notre expédition ne m'en laissait. Je fus donc contraint d'abandonner le dessein que j'avais formé de continuer l'examen d'une contrée jusqu'à présent si peu connue des Européens : j'y renonçai avec beaucoup de regret; et dirigeant notre route sur la partie de ces mers qui n'avait été reconnue par aucun navigateur, nous cinglâmes sans autre délai vers l'océan Pacifique.

§ 3.

Remarques sur le pays et les productions d'une partie de la côte sud-ouest de la Nouvelle-Hollande. Dévastation extraordinaire produite par le feu.

Si les considérations indiquées dans le chapitre précédent ne m'ont pas permis de donner à la reconnaissance de la côte sud-ouest de la Nouvelle-Hollande l'étendue que j'avais d'abord conçue, si elles m'ont empêché d'en déterminer les limites et de m'assurer de sa séparation ou de sa liaison avec la terre de Van-Diémen, nos recherches toutefois ont ouvert un vaste champ à ceux qui dans la suite pourront être chargés de ce travail; elles montrent qu'on peut s'approcher avec la plus grande sûreté de cette partie sud-ouest, puisque ses rivages sont escarpés, et qu'il y a des sondes régulières jusqu'à une distance de huit ou neuf lieues. De plus la rade de Georges III, que nous avons découverte, offre un excellent havre. Comme par sa position et ses avantages il sera vraisemblablement d'une importance extrême pour les navigateurs qui se trouveront un jour sur ses parages, je vais donner plus de détails aux observations que nous avons faites.

Notre reconnaissance embrasse une étendue de cent dix lieues, et la rade dont je viens de parler est le seul havre ou le seul lieu de sûreté que nous y ayons découvert. Dampier a regardé toute la partie occidentale de la Nouvelle-Hollande comme un groupe d'îles : c'était incontestablement un observateur judicieux, d'un talent supérieur. et probablement il arrêta son opinion d'après les îles qu'il avait vues former la côte extérieure de la partie nord-ouest de ce vaste pays. Quelque justes que puissent être ses inductions relativement à cette partie de la Nouvelle-Hollande. elles ne s'appliquent. certainement pas à la côte sud-ouest ; car aux environs de notre reconnaissance nous n'avons aperçu aucune grande coupure produite soit par une rivière, soit par un bras de mer. S'il y avait sur la côte des coupures de cette espèce qui eussent échappé à nos remarques, il est très probable que nous aurions rencontré en mer ou aperçu sur les rivages du bois flottant et d'autres productions de l'intérieur du pays. La couleur des divers ruisseaux dépendant de la qualité du sol sur lequel ils se promènent, il est permis d'en inférer que si beaucoup d'eaux intérieures avaient leur source bien avant dans le pays, ou si de grandes masses d'eau descendaient de ses rivages, la mer

serait un peu décolorée le long de la côte : mais
cela n'est pas ; car, lorsque nous nous en sommes
trouvés près, rien n'avait indiqué son voisinage.
D'ailleurs, en examinant les situations et les lieux
fréquentés par les naturels, nous n'avons vu ni
vestige de pirogues, ni rien qui puisse donner la
moindre idée qu'ils se soient jamais exposés sur des
embarcations ; il est néanmoins raisonnable de supposer que c'est ce qui aurait eu lieu s'ils habitaient
une île, ou si leurs courses étaient interrompues
par de grandes rivières ou par des bras de mer ;
d'autant plus que toutes les apparences annonçaient une peuplade errante.

Il y a lieu de croire que le pays est bien fourni
d'eau douce ; car partout où nous avons débarqué
nous nous en sommes procuré aisément, soit dans
des endroits où le sol a beaucoup de profondeur,
soit dans des ruisseaux qui sortent des rochers :
il paraissait y en avoir même sur les lieux les plus
élevés, ce qui produisait un singulier spectacle
quand le soleil brillait dans certaines directions
sur ces montagnes dont la surface était dénuée de
terreau : ces lieux, rendus humides par un écoule-
ment d'eau continuel, brillaient alors d'un éclat
qui les faisait ressembler à des collines couvertes
de neige.

Ce qui a rapport à la rade du Roi Georges III
est presque le seul objet qui mérite d'être décrit.

L'entrée de ce port gît par 35 degrés 5 minutes de latitude, et 118 degrés 17 minutes de longitude. On le reconnaît aisément lorsqu'on en approche de la partie de l'ouest; car c'est la première ouverture qui ait quelque apparence de havre à l'est du cap Chatam. Les îles de l'Éclipse se trouvant la seule terre détachée, sont un excellent guide pour y arriver : il y a entre elles et Bald-Head des rochers sur lesquels la mer brise avec beaucoup de violence. Le port est sûr et d'un accès facile partout, entre Bald-Head et le mont Gardner qui sont ses pointes extérieures d'entrée, et qui gisent au nord-est et au sud-ouest, à onze milles de distance l'une de l'autre.

Le mont Gardner n'est ni moins visible, ni moins utile pour reconnaître la rade, lorsqu'on vient de la partie de l'est : sa belle forme et sa surface de roche polie, presque sans interruption jusqu'au sommet, le rendent très remarquable. On peut dire que sa base est plutôt la prolongation de la côte à l'est que l'une des pointes de l'entrée; car il y a en dedans de cette base une saillie qui, à proprement parler, forme la pointe nord-est de la rade, et qui gît au nord-est, à environ cinq milles de Bald-Head. Entre ces deux dernières pointes se voient les îles de Saint-Michel et de Brise-Mer, chacune d'environ une lieue de circuit, éloignées l'une de l'autre d'un mille, à peu près à la même distance des deux pointes, et offrant, selon toute apparence, un bon chenal de l'un et de l'autre côté. La profondeur de l'eau diminue tout à coup de trente à douze brasses : cette dernière profondeur continuant avec uniformité dans la traversée d'une pointe à l'autre, je jugerais que c'est un moyen de plus qui empêche une grosse mer de venir dans la rade, laquelle n'est ouverte que de l'est-nordest au sud-est dans le lieu du mouillage le plus exposé à portée de la côte.

C'est entre ces limites que gisent les deux îles dont j'ai parlé ; des îles la rade se prolonge à l'ouestnord-ouest l'espace d'environ deux lieues jusqu'à la pointe de Possession ; et de notre mouillage elle se prolonge au nord jusqu'au havre des Huîtres, à peu près à la même distance : les sondes sont régulières, à mi-canal, de douze à quinze, et près de la côte de dix à six brasses, excepté près de l'île des Veaux-Marins, où il y a un creux de vingt-une brasses.

Le passage au havre de la Princesse Royale a environ un quart de mille de largeur ; dans la partie la plus voisine du rivage nord la profondeur est de cinq et six brasses ; mais elle n'est pas de plus de deux et demie ou trois vers la rive sud : c'est l'effet de quelques bancs de rocher de corail qui sont très visibles, et qui, n'éprouvant aucune des violentes agitations de la mer, ne sont point du tout dangereux. En dedans des pointes de l'entrée la profondeur est régulièrement de quatre à sept brasses, fond net et de bonne tenue. Cette profondeur n'embrasse qu'une partie du havre ; mais elle laisse assez d'espace pour que plusieurs vaisseaux y mouillent en sûreté.

Le havre des Huîtres n'est accessible qu'aux vaisseaux d'un moyen port, parce qu'il y a peu d'eau sur la barre qui s'étend d'une rive à l'autre : nous n'en avons trouvé que dix-sept pieds, quoique la profondeur soit de cinq à sept brasses de chaque côté. En dedans du havre l'espace où il y a une bonne profondeur ne paraît pas fort étendu. Dans ces deux havres des eaux trop basses, qui se prolongent loin du rivage, rendraient incommode la communication avec l'intérieur du pays : il serait aisé de remédier à cet inconvénient en y construisant des quais, si jamais la nécessité s'en faisait sentir. Au reste, il y a lieu de penser qu'après une inspection plus détaillée on jugerait cet expédient inutile. En naviguant sur la rade nous n'avons remarqué aucun danger qui ne fût pas assez sensible ; les conjonctures toutefois ne nous ont pas permis d'acquérir sur les havres de la Princesse Royale et des Huîtres, qui y débouchent, les détails satisfaisans que nous aurions désirés.

L'aspect le long des côtes ressemble, sous la plupart des rapports, à celui de l'Afrique autour

du cap de Bonne-Espérance. La surface nous a
paru surtout composée de sable mêlé aux détrimens des végétaux, variant extrêmement en point
de fertilité. Mais il y a des indices d'un sol meilleur que celui des environs immédiats de la ville
du Cap. Le pays est principalement formé de corail, et il semble que son élévation au-dessus de
l'Océan soit d'une date moderne; car non-seulement les rivages et le banc qui s'étend le long de
la côte sont en général composés de corail, puisque nos sondes en ont toujours rapporté, mais
on en trouve sur les plus hautes collines où nous
soyons montés, et en particulier sur le sommet de
Bald-Head, qui est à une telle hauteur au-dessus
du niveau de la mer qu'on le voit à douze ou quatorze lieues de distance. Le corail était ici dans
son état primitif, spécialement sur un champ uni
d'environ huit acres, qui ne produisait pas la moindre herbe dans le sable blanc dont il se trouvait
revêtu, mais d'où sortaient des branches de corail
exactement pareilles à celles que présentent les
lits de même substance au-dessous de la surface
de la mer, avec des ramifications de diverses gros-
seurs, les unes de moins d'un demi-pouce et les
autres de quatre ou cinq pouces de circonférence.
On rencontre plusieurs de ces champs de corail,
si je puis me servir de cette expression ; on y aperçoit une grande quantité de coquilles de mer, les

unes parfaites et encore adhérentes au corail, et les autres à différens degrés de dissolution. Le corail était plus ou moins friable : les extrémités des branches, dont quelques-unes s'élevaient à près de quatre pieds au-dessus du sable, se réduisaient facilement en poudre; quant aux parties qui étaient tout auprès ou au-dessous de la surface, il fallait un certain degré de force pour les détacher du fondement de roche d'où elles semblaient jaillir. J'ai vu dans beaucoup de pays du corail à une distance considérable de la mer, mais je ne l'ai trouvé nulle part si élevé et si parfait.

Sur les terrains bas nous avons rencontré souvent des plaines étendues, couvertes d'une sorte de tourbe ocreuse ou d'un sol marécageux d'un brun très foncé, formant comme une croûte qui s'ébranlait sous nos pas, avec des eaux qui coulaient dans son intérieur ou sur la surface, dans toutes les directions. La plupart des ruisseaux traversent ce sol, et c'est à l'imprégnation qui résulte de ce passage qu'il faut attribuer la couleur généralement remarquable de l'eau. Ces marais ne sont pas seulement sur les lieux bas et unis; nous en avons remarqué sur le penchant des terres plus élevées : lorsqu'ils n'occupaient pas le flanc des collines le sol y était profond et semblait beaucoup plus productif que la surface des plaines, et en particulier que celle où serpente la petite rivière du havre des Huîtres. Cette dernière plaine présente, à des intervalles irréguliers, immédiatement au-dessous de la surface, une sous-couche de craie imparfaite, ou une bonne marne blanche, qui paraît formée des mêmes coquilles en dissolution qu'offre en abondance le fond de la rivière. Ces couches, d'environ huit ou dix verges de largeur, sont placées perpendiculairement à son lit. Nous n'avons pas eu le loisir d'examiner leur profondeur; mais il paraît sûr qu'on y trouverait assez de cette substance pour marner les terres si l'on s'occupait jamais de la culture du pays. Sa conformation générale favoriserait cette entreprise; car les montagnes ne sont ni escarpées ni en grand nombre, et les collines, présentant cette espèce de variété agréable à l'œil qui n'est point incommode au voyageur, seraient accessibles à la charrue.

Les pierres que nous avons observées étaient surtout du corail, un petit nombre de cailloux noirs et ronds, de l'ardoise, du quartz, deux ou trois espèces de granit, et quelques grès; mais aucune ne paraît avoir de qualité métallique.

Le climat est agréable, si l'on peut en juger par un séjour de si peu de durée. Nous eûmes un temps orageux à notre approche de la côte; mais c'était l'équinoxe du printemps et la fin de l'hiver, et nous n'en fûmes par surpris. Les fortes brises

que nous essuyâmes dans la rade du Roi Georges III
n'auraient pas obligé les vaisseaux en mer à serrer
d'autres voiles que les huniers; mais tant que le
vent fut sud-ouest, la mer brisa avec une fureur
incroyable sur les rivages extérieurs. On le con-
cevra aisément, si l'on considère le parage étendu
et sans obstacles qu'il trouve dans cette direction
sur l'océan Indien. Pendant la durée de ce vent
le ciel était assez clair, mais l'air avait de la vivacité. Le thermomètre de Fahrenheit, à une époque
de l'année qui répond au commencement d'avril
dans l'hémisphère nord, se tint à 53 degrés; mais
d'ailleurs il varia pendant toute notre relâche
entre 58 et 64 degrés, et la hauteur du baromètre
fut de 29 degrés 9 minutes à 30 degrés 50 minutes. Les gens de l'équipage prirent de légers rhu-
mes; ce qu'il faut plus attribuer à leur négligence
qu'au climat, car ils ne tardèrent pas à guérir dès
qu'ils furent en mer. Ceux qui étaient malades de
la dyssenterie se trouvèrent fort bien de notre
relâche, sans se rétablir complétement.

Ces diverses observations firent penser que le
climat et le sol promettent toutes les choses nécessaires à la vie, avec beaucoup de superflues. Au
surplus, je ne me crus pas en état de dénombrer
scientifiquement les arbres, arbrisseaux et plantes
qu'offre l'intérieur du pays : il paraissait y avoir
une grande variété d'arbrisseaux et de plantes, et

leur examen procura sans doute à M. Menzies beaucoup de plaisir et d'occupation. Le gommier est
partout en grande abondance, et il répond dans
tous ses caractères à la description insérée au
Voyage de Philips. Nous cueillîmes assez de cé-
leri sauvage pour en faire cuire avec les pois, et
pour en assaisonner la viande salée de l'équipage :
c'est, avec la perce-pierre, le seul comestible en
végétaux que nous nous soyons procuré. D'autres
plantes nombreuses offraient une grande variété
de belles fleurs. Aux environs même du havre des
Huîtres, où le pays est bien boisé, les arbrisseaux
et les arbres ne croissent pas assez près les uns
des autres pour incommoder extrêmement les
voyageurs ; et comme les branches sont à plusieurs
pieds au-dessus du sol, on a de tous côtés une
vue étendue.

Nous distinguâmes quatre espèces d'arbres des
forêts : les plus communs ressemblent beaucoup
au houx ; mais ils ne sont pas de l'espèce la plus
grosse. Celui que j'ai assimilé au gommier de la
Nouvelle-Galles méridionale, d'après son feuillage
et la quantité considérable qu'il produit, est d'un
bois dur, pesant, et à grains serrés : les plus grands
arbres me parurent surtout de cette espèce ; l'un
d'eux avait neuf pieds quatre pouces de circonférence et était d'une élévation proportionnée. Ceux
qui nous fournirent du bois à brûler sont de la

famille des myrtes, approchant du piment ou poi-
vrier des îles d'Amérique par la forme, le port,
l'odeur aromatique du feuillage et le tissu serré
des fibres; ils font un bon feu, très agréable, dont
la fumée a le parfum des épiceries, et ils se consu-
ment lentement. En général ils ne deviennent pas
très gros; mais il y a une autre espèce qui en approche beaucoup, qui exhale aussi une odeur aromatique, et arrive à un grand diamètre; ceux-ci,
et une espèce qui ressemble à l'arbre d'argent du
cap de Bonne-Espérance, composent en général
les forêts.

Pour l'utilité de ceux qui pourront aborder ici
dans les temps à venir, j'ai planté de la vigne et
du cresson d'eau sur l'île où se trouve le havre des
Huîtres, et à l'endroit d'où je tirai notre bois à
brûler. Nous y avons planté aussi des graines de
jardin, des amandiers, des orangers, des limoniers et des citrouilles. Nos graines et nos plants
étant tous des productions de l'Afrique, je serais
bien convaincu qu'ils réussiraient, s'il n'y avait pas
à craindre de les voir étouffés par les productions
indigènes.

Nous avons acquis peu de lumières sur les animaux qui habitent cette terre. Le seul quadrupède
que nous ayons vu était un kangourou; mais nous
avons rencontré presque partout la fiente du kangourou ou de quelques autres animaux qui se nour-

rissent de végétaux, et souvent si fraîche, qu'ils
ne doivent pas être éloignés.

Parmi les oiseaux qui vivent ou se réfugient
dans les bois, on peut dire que les vautours sont
les plus communs, car nous en vîmes un assez
grand nombre, ou au moins de réputés tels. Des
autours et plusieurs autres de la classe de fau-
connerie, un oiseau qui ressemble beaucoup à la
corbine d'Angleterre, des perroquets et des per-
ruches, et différens petits oiseaux dont quelques-
uns chantaient mélodieusement, attirèrent surtout
notre attention; mais ils étaient si farouches et si
vigilans que nous n'avons pu en avoir qu'un petit
nombre d'échantillons. Entre les oiseaux aquatiques le cygne noir se montrait, aux environs du
havre des Huîtres, aussi nombreux qu'aucune autre espèce; mais nous n'en avons pas vu ailleurs.
Nous aperçûmes de loin des pélicans noirs et blancs
d'une grande espèce; et quoique les canards fussent en abondance, très peu tombèrent entre nos
mains. Nous en tuâmes un très particulier, d'un
plumage gris-brun, avec un sac, comme celui du
lézard, sous la gorge; il exhalait une telle odeur
de musc, qu'il en parfuma presque tout le vaisseau. Il y a aussi beaucoup de courlis gris et d'huî-
triers; ces derniers sont d'un excellent manger:
en y ajoutant des nigauds, le goëland commun,
deux ou trois espèces d'hirondelles de mer, et

quelques petits pinguins d'une couleur bleuâtre, ce sont tous les oiseaux que nous ayons remarqués dans le voisinage des côtes.

Nous ne sommes guère plus instruits sur les productions de la mer, ce qu'il faut attribuer à notre défaut d'habileté dans l'art de la pêche, plutôt qu'à la parcimonie de la nature. Du petit nombre de poissons que nous prîmes, quelques-uns étaient d'un goût exquis, surtout ceux des espèces les plus grosses : l'une d'elles ressemble beaucoup à celle qu'on appelle vulgairement en Angleterre *snook*, et l'autre au capelivar de la Jamaïque, toutes deux très bonnes ; une troisième ressemble, et n'est pas inférieure en qualité, au mulet rouge d'Angleterre. Nous avons attrapé de plus le mulet blanc ordinaire, du boulereau, du maquereau, du hareng, et quelques autres d'une petite espèce.

Durant notre navigation sur la côte les baleines et les veaux marins jouèrent souvent autour du vaisseau ; nous aperçûmes une vingtaine de ces derniers sur l'île des Veaux-Marins. Ils essayèrent si peu de nous éviter, qu'ils n'étaient sûrement pas accoutumés à une pareille visite : ils sont d'une grosse espèce, et ont la gorge et le ventre presque blancs ; entre la tête et les épaules, le cou forme une espèce de crête d'un brun léger, ainsi que le dos ; leur poil est très grossier, et ils donnèrent très peu d'huile, ce qu'il faut peut-être attribuer à la saison.

Les reptiles et les animaux nuisibles ne se sont pas montrés en grand nombre ; car nous n'avons vu que deux ou trois espèces de serpens jaunes et couleur bronze, qui étaient bons à manger ; quelques lézards de l'espèce commune, dont plusieurs de huit ou neuf pouces de longueur, d'une forme grossière, d'une couleur foncée, et extrêmement laids. Nous avons rencontré de beaux escarbots, des mouches communes, et des mousquites en trop petite quantité pour nous incommoder.

Il me resterait à dire quelque chose des habitans ; mais comme nous n'avons pu en voir aucun, je ne publierais que des conjectures peut-être très fautives. Au reste, voici les observations que nous avons faites.

Les naturels semblent former une peuplade errante, qui fait ses excursions tantôt individuellement, tantôt en troupes considérables : c'est du moins ce qu'annoncent leurs habitations, que nous avons trouvées solitaires ou composant d'assez grandes bourgades.

Outre celle que j'ai vue, M. Broughton en découvrit une autre à environ deux milles de là, et à peu près de la même étendue, mais beaucoup plus moderne, car toutes les huttes étaient de construction récente, et semblaient avoir été habitées depuis peu. Elle se trouvait dans un marais qui, à cause de l'eau douce, avait peut-être obtenu la préférence sur un terrain plus élevé et plus ferme. Nous y remarquâmes aussi une ou deux huttes plus grandes que les autres; le reste ressemblait précisément au premier village que j'ai déjà décrit. Les plus gros arbres voisins des deux villages avaient été creusés à l'aide du feu, assez profondément pour offrir l'abri que demandent les malheureux habitans. On avait fait du feu sur des pierres placées dans l'intérieur des arbres creusés; d'où je conclus qu'ils avaient servi d'habitation ou aux inférieurs de la troupe (ce qui supposerait de la subordination parmi eux) ou à des paresseux qui n'avaient pas voulu prendre la peine de se construire une hutte de claie. Nous n'avons aperçu nulle part ni un meuble, ni un outil, ni d'autres instrumens que des branches d'arbre grossièrement taillées en épieu, et où le travail manuel se montrait à peine : on en avait ôté l'écorce; et les gros bouts, après avoir passé au feu, avaient été ratissés et réduits en pointes émoussées, sur l'une desquelles se trouvait encore du sang.

Dénués, comme ils paraissent l'être, de tout moyen de naviguer, il n'est pas probable qu'ils comptent beaucoup sur les productions de la mer pour leur subsistance; mais, d'après les réservoirs ou les barres que nous avons rencontrés sur les rivages ou dans les ruisseaux, il est évident qu'ils y prennent quelquefois du poisson. Il nous parut ensuite fort extraordinaire de n'en trouver les os nulle part; et nous supposâmes qu'ils n'en attrapent que de très petits. Nous fûmes encore plus surpris de voir que, tirant de la mer une certaine portion de leurs comestibles, ils n'aient pas découvert la ressource que leur offrent les huîtres et les cames, quoique les cames se montrent sur les grèves qu'ils parcourent souvent, et qu'ils puissent, en se mettant dans l'eau jusqu'à mi-jambes, recueillir en quelques minutes, à la mer basse, sur les bancs qui touchent à la grande terre, assez d'huîtres pour la subsistance d'une journée. Il ne paraît pas qu'ils en aient la moindre connaissance, non plus que des lépas, ou d'aucun autre coquillage qui existe sur les rochers; s'ils les connaissent ils n'en font point d'usage; car, dans la supposition contraire, quelques écailles auraient frappé nos regards près des lieux qu'ils fréquentent. Il en résulte que la terre fournit à leurs besoins, sans quoi la faim les aurait éclairés depuis long-temps sur une si précieuse ressource. Ce qui confirme cette opinion, c'est que les oiseaux y sont très farouches, et les quadrupèdes si soigneux de se cacher, que nous n'en avons entrevu aucun, quoique leurs pas, et d'autres indices, annonçassent assez qu'ils n'étaient pas loin. On peut aussi tirer de ce fait une conjecture vraisemblable sur la

dévastation singulière qu'a produite le feu parmi
les productions végétales dans tous les lieux que
nous avons parcourus : les peuplades grossières re-
courent souvent au feu, afin d'obtenir de meilleures herbes sur leurs terrains, ou comme moyen
de saisir des animaux sauvages qu'elles poursuivent.
Lorsque, par ces motifs, une forêt est incendiée
dans un temps de sécheresse, les ravages du feu
doivent être bien étendus; et la qualité inflammable
des gommiers, qui sont ici en grande abondance,
a pu, en pareille occasion, amener ce dégât uni-
versel que nous avons observé dans le règne végétal.

Toutefois les ravages du feu se montraient dans
des lieux où les gommiers n'étaient pas à proximité, et, à strictement parler, nous n'avons pas
trouvé dans nos excursions à terre un seul endroit
produisant des végétaux qui n'en offrît des vestiges. Quand le pays était bien boisé, le sommet
des branches des arbres de la plus grande hauteur
était brûlé, sans qu'aucun cependant eût été dé-
truit en entier; et lorsque la fécondité du sol en
avait effacé l'apparence par la reproduction des
arbrisseaux et des plantes, en examinant ce terrain nous le voyions jonché de restes de branches
et de troncs en partie consumés par le feu. Si cette
conflagration était l'effet de la foudre, ainsi que
quelques personnes le supposaient à bord, nous

aurions dû voir des arbres de haute futaie brisés et mis en pièces, ce que nous n'avons jamais observé.

La latitude du mouillage des vaisseaux dans la rade du Roi Georges III, déduite des neuf hauteurs méridiennes du soleil, prises par quatre observateurs avec quatre quarts de cercle différens qui tous furent à peu près d'accord, donna pour résultat moyen 35 degrés 5 minutes 30 secondes sud ; la longitude, déduite du résultat moyen de 25 suites d'observations de distances de la lune au soleil et à quelques étoiles, faites avant notre arrivée ; de 8 suites, tandis que nous étions mouil lés dans la rade ; et de 52 autres faites après notre départ et rapportées au lieu de notre mouillage, c'est-à-dire de 85 suites, chaque suite contenant 6 distances observées, en tout de 510 observations, fut de 118 degrés 14 minutes 13 secondes est.

§ 4.

Départ de la côte sud-ouest de la Nouvelle-Hollande. Nous dépassons la terre de Van-Diémen. Arrivée à Dusky-Bay à la Nouvelle-Zélande. Départ de la baie Dusky. Découverte des Snares. Route vers Taïti.

La crainte que nous avions eue d'essuyer bientôt un gros temps se trouva mal fondée. Nous cinglâmes au sud-est, et nous fîmes un tel progrès

que le 26 octobre nous aperçûmes la terre de Van-
Diémen, qui nous restait à l'est-nord-est du compas, à dix ou douze lieues. Durant ce passage nous
avions vu très peu d'oiseaux de mer. Une forte
houle avait porté sans cesse entre le sud et l'ouest,
et, ainsi que sur la côte de la Nouvelle-Hollande,
le vaisseau se trouvait toujours plus avancé que ne
l'indiquait l'estime. La continuation du beau temps
nous permit de faire plusieurs observations de distances pour assurer de plus en plus la détermination en longitude de notre dernier mouillage.

Le 27 au matin nous prolongeâmes la côte avec
une jolie brise du nord-nord-ouest. Nous étions
vers huit heures sous le méridien du cap Sud-
Ouest. Le chronomètre, selon le mouvement journal-
nalier qu'il avait à notre dernière relâche, indiquait la longitude à 146 degrés 27 minutes.

De là nous fîmes route vers Dusky-Bay, ou *la baie
Obscure*, à la Nouvelle-Zélande. Je désignai au
Chatam le havre Facile, dans cette baie, pour
premier rendez-vous.

La dyssenterie, quoiqu'à peu près vaincue à
bord des deux vaisseaux, avait laissé nos malades
dans un état de faiblesse et d'épuisement ; et ne
connaissant aucun lieu aussi à notre portée, où l'on
pût aussi aisément se procurer de bonnes provisions fraîches et du bois propre à faire les planches, les éparres ; etc., dont nous avions grand

besoin, je me décidai pour Dusky-Bay, malgré les inconvéniens qui résultent de sa grande profondeur et de son défaut de mouillage à l'entrée.

Le 2 novembre nous aperçûmes la côte de la Nouvelle-Zélande. Nous mouillâmes sur les neuf heures du soir dans le bras qui mène au havre Facile, près de la baie Dusky. La pointe des Cinq-Doigts nous restait au sud-ouest, la pointe occidentale de l'île des Perroquets au nord-est, et le rivage le plus voisin à l'ouest-nord-ouest à un demi-mille.

Nos inquiétudes sur *le Chatam* ne se dissipèrent que le 4 au matin : nous débarquâmes sur les îles Pétrels, et, gagnant par terre l'autre côté du rivage, nous eûmes le bonheur de le voir à son mouillage en pleine sûreté. Nous nous occupâmes, sans perdre un moment, à couper du bois à brûler et des arbres dont nous devions tirer des planches et des éparres, à faire de la bière de spruce, à réparer les voiles, les agrès et les futailles, et personne ne fut oisif. Un canot monté par quatre hommes, employé tous les jours à la pêche, ne revenait jamais sans une quantité d'excellent poisson, qui suffisait à notre consommation journalière et en laissait de reste à quiconque songeait à en saler pour l'avenir.

Nos travaux étaient si avancés le 13, que j'allai, accompagné de la plupart des officiers et des ca-

dets sur deux canots, et de M. Broughton sur le
grand canot du *Chatam*, faire une excursion dans
cette baie spacieuse. J'espérais rencontrer quelques
naturels du pays, et, si les circonstances le permettaient, reconnaître la partie supérieure du bras
septentrional que le capitaine Cook a appelé *No
body knows what* (*On ne connaît pas cela*), la seule
chose qu'il n'ait pas examinée dans le plus grand détail. Nous trouvâmes le bras où il place l'île Apparente divisé en deux branches qui en font une péninsule jointe à la grande terre par une chaîne élevée,
mais étroite, de montagnes. La hauteur perpendiculaire et la forme bizarre du rocher en face du bras
le rendent un promontoire singulier et majestueux.
La branche à main droite, ou la branche sud, est
sinueuse, d'abord dans une direction à peu près
nord-est-quart-est, l'espace d'environ trois milles
un quart; ensuite est-sud-est, l'espace d'environ
une demi-lieue; et enfin dans une direction nord,
où elle est terminée par une petite anse. Le bras
septentrional court presque en ligne droite, à peu
près au nord-est, l'espace de cinq milles; il tourne
ensuite au nord une demi-lieue plus loin, et il
aboutit à une petite anse où il y a peu d'eau, dans
une direction nord-ouest. D'après le nom donné
par le capitaine Cook à l'entrée du bras, j'ai donné
au fond celui de *Some body knows what* (*On connaît cela*).

Le havre Facile a deux entrées : celle qui se trouve au nord des îles Pétrels offre un beau chenal très libre, quoique d'une grande profondeur. Il a environ une encâblure de largeur dans la partie la plus étroite, et je le crois sans danger, car les rivages sont escarpés, sans rochers couverts ou sans bas-fonds, excepté dans le passage au-dessous du côté sud de la plus grande des îles Pétrels, où on en reconnaît aux herbes qu'ils produisent et où ils sont hors du chemin de la navigation. L'autre passage est au-dessus des îles Pétrels; et comme probablement un fort vent du nord pourrait seul déterminer à le choisir de préférence au havre Facile, je me contenterai de dire qu'il faudrait ranger de près la pointe sud-ouest de la grande île des Pétrels (ce qui peut se faire en sûreté) pour doubler le rocher qui se montre au-dessus de l'eau au milieu du havre et éviter un rocher couvert que rien n'annonce, sur lequel il n'y a pas plus de douze pieds d'eau à la mer basse. La sonde rapporte seize brasses entre ce rocher couvert et la pointe, par le travers de laquelle il se trouve à environ trois quarts d'encâblure, à peu près dans la direction de ce que j'ai appelé l'*île d'Entrée*. Il suffit d'avertir que, pour passer en dedans de la pointe ci-dessus et le rocher couvert, on doit maintenir le rocher dans le havre sur la même ligne que ce que j'ai appelé l'*île de l'Entrée Nord*.

Nous dûmes beaucoup aux très bons rafraîchissemens et à la salubrité de l'air de la baie Dusky :
le visage de chacun de nous annonçait les heureux
effets du poisson et de la bière de spruce, que
nous y avions eus en abondance. Nos convalescens
se trouvaient complétement rétablis, et, à l'exception d'un individu attaqué d'une maladie chronique
et de deux autres blessés à la jambe, il n'y avait
personne sur l'état du chirurgien. Nous nous pro-
curâmes quelques oiseaux sauvages ; mais ils n'é-
taient pas, à beaucoup près, en aussi grand nombre
qu'à l'époque de la relâche de *la Résolution* en 1773 :
on peut l'attribuer à la différence de la saison,
ainsi qu'à l'impossibilité où nous nous sommes vus
de reconnaître si les oies que le capitaine Cook
y laissa alors ont multiplié.

Je n'ai rien d'important à ajouter à l'excellente
description qu'il a faite de la baie Dusky ; il ne m'a
laissé que la tâche de confirmer ses remarques et
ses opinions judicieuses. M. Menzies y trouva la
véritable écorce de winter, exactement la même
que celle que produit la Terre de Feu. Elle avait
échappé en 1773 à l'observation du capitaine Cook
et des botanistes que nous avions alors. Nous en
recueillîmes des échantillons, ainsi que du lin et
d'une ou deux autres plantes, quoique l'époque de
notre retour en Angleterre parût trop éloignée
pour nourrir l'espérance de les conserver dans

l'état de végétation. Le capitaine Cook a grande-
ment raison de recommander le havre Facile aux
vaisseaux qui doivent naviguer vers le sud : ce port
est de tous points sûr, commode et convenable; on
peut s'y fournir de toutes les productions du pays
sans perdre son bord de vue. Il mérite encore plus
la préférence depuis que nous y avons découvert
une si bonne entrée par les vents du nord et du
nord-ouest, entre les îles Pigeons et Parrot : la
haute terre attirant ces vents directement sur le
fond du havre, l'entrée de l'ouest ne serait pas
aussi bonne. Il faudrait se hâter, en arrivant à cette
baie, de chercher un asile dans quelques-uns des
havres, qui sont vraiment en grand nombre, sûrs
et commodes, ainsi que le dit le capitaine Cook.

Le 24 novembre, par 48 degrés 5 minutes de latitude sud, nous découvrîmes une terre qui ne faisait
point partie de la Nouvelle-Zélande, puisqu'elle
était près de trois quarts de degré au sud du cap
le plus méridional de cette contrée. Le chronomètre
annonçait alors 166 degrés 4 minutes de longitude.
Le temps, quoique brumeux, étant plus clair qu'a-
vant midi, nous vîmes, en dépassant cette terre à la
distance de deux ou trois lieues, la mer briser avec
beaucoup de violence sur ses rivages; et nous découvrîmes qu'elle forme un groupe de sept îles
escarpées qui se prolongent l'espace d'environ six
milles dans la direction du nord-est au sud ouest:

elles paraissaient destituées de verdure, et il est plus que probable qu'elles n'en produisent aucune. La plus grande, qui est la plus au nord-est, me parait égale en étendue à toutes les autres : elle a environ trois lieues de circuit, et elle est assez élevée pour être vue, par un temps clair, à la distance de huit ou neuf lieues : elle gît par 48 degrés 3 minutes de latitude, et 166 degrés 20 minutes de longitude.

Nous fûmes d'abord surpris que ces îles eussent pu échapper à l'attention du capitaine Cook; mais en les plaçant sur sa carte de la Nouvelle-Zélande, je vis que dans aucune de ses routes il n'en avait approché de dix lieues : elles gisent au sud-ouest, à dix-neuf lieues du cap Sud, et à vingt lieues de la partie la plus méridionale des Traps (*Piéges*). Ces îles, ou plutôt ces rochers, car elles paraissent absolument stériles, ont été nommées par moi *the Snares* ou *les Embûches*, parce que, d'après leur position et l'espèce de temps qu'on aura probablement dans leur voisinage, selon toute apparence, elles mettront dans des embarras alarmans le navigateur qui ne sera pas sur ses gardes.

Nous continuâmes notre route au nord, et le **22** décembre nous découvrimes une terre au nord-est. Elle parut d'abord former trois hautes îles, dont la plus orientale ressemblait beaucoup à un vaisseau sous voiles. Comme elle se trouvait fort loin des

routes des navigateurs qui nous avaient précédés,
je me décidai à l'aborder, afin de reconnaître son
étendue, ses productions et ce qui mériterait d'ailleurs d'y être observé. Nous étions par 215 degrés
42 minutes 40 secondes de longitude, et par 27
degrés 54 minutes de latitude sud.

Nous avions couru onze lieues depuis que la
terre s'était montrée à nos regards dans la matinée,
et nous en étions assez près pour voir que tout ce
que nous en avions d'abord aperçu se trouvait
réuni : elle nous restait alors à environ cinq lieues,
et nous avions au nord-est une petite île qui gît
par le travers de son côté oriental.

A l'aide d'un joli frais du sud-est et d'un très
beau temps, nous étions, à trois heures après
midi, parvenus à une lieue de la côte. Plusieurs
pirogues arrivèrent à quelque distance du vaisseau,
et nous employâmes tous les moyens pour engager
les naturels à venir à bord; ils s'y refusèrent, mais
ils nous invitèrent instamment à descendre à terre :
ils brandissaient leurs pagaies vers la côte, et ils
nous disaient, dans la langue de la grande nation
de la mer du Sud, de nous avancer plus près du
rivage. Nous arrivâmes en effet dans cette intention; mais bientôt nous remîmes en panne, voyant
que deux ou trois pirogues se portaient près de
nous en grande hâte. Sur nos instances, quatre
hommes qui montaient une de ces pirogues s'ap-

prochèrent assez pour recevoir des présens qui parurent leur faire un extrême plaisir; et quoiqué les autres naturels semblassent les réprimander de cette imprudence, leur exemple fut bientôt suivi. Au reste, aucun d'eux ne s'y déterminait qu'après de grandes assurances d'amitié de notre part. A la fin, celui qui s'était avancé le premier se décida à établir la communication et monta à bord. Il était tremblant et fort agité en entrant dans le vaisseau : sa physionomie exprimait tout à la fois la crainte, l'étonnement et l'admiration. Se voyant accueilli à la manière de son pays, et ayant reçu une petite hache de fer, il se montra plus tranquille et même joyeux; mais il paraissait toujours fort inquiet. Il ne tarda pas à rendre compte à ses compatriotes de l'accueil que nous lui avions fait, et bientôt nous en eûmes sur le pont autant que nous pouvions en admettre sans incommodité.

Nous jugeâmes qu'ils connaissaient très bien l'usage du fer et sa valeur, soit parmi eux, soit parmi les Européens. Ils ne se firent aucun scrupule de nous prendre et même d'arracher de force les ouvrages de ce métal que nous tenions entre les mains : ils nous présentaient avec beaucoup de courtoisie et d'adresse quelques poissons, des hameçons, des lignes de pêche et d'autres bagatelles qu'ils semblaient offrir en présens et non par forme d'échange. Les miroirs, les grains de verre et les

autres babioles attirèrent d'abord leur attention
et furent acceptés avec joie ; mais dès qu'ils s'aperçurent que nous avions à bord beaucoup d'ouvrages
de fer, ils refusèrent tout autre présent. Je n'en
pus déterminer aucun à accepter des médailles.

J'attribuai leur visite à la curiosité seule ; car ils
étaient complétement désarmés, et ils n'avaient
avec eux ni provisions, ni ouvrages de leurs fabriques. Nous aperçûmes seulement quelques
lances, et un ou deux gros bâtons courts dans les
pirogues : nous remarquâmes aussi deux ou trois
frondes très médiocres, qu'ils nous cédèrent sans
la moindre répugnance.

Nous demeurâmes en panne jusqu'à cinq heures,
dans l'espoir d'apprendre le nom de cette île ou
de toute autre qui pourrait exister dans les environs. Les naturels font évidemment partie de la
grande nation de la mer du Sud ; ils parlent la
même langue avec peu de différence dans le dialecte, et ils ressemblent aux insulaires des îles des
Amis plus qu'aux habitans d'aucun autre pays.
Towereroo, le naturel des îles Sandwich que je re-
menais dans sa patrie, nous fut de peu de secours
en cette occasion ; il était sorti fort jeune de son
île, et il avait tellement oublié sa langue qu'il
n'entendait guère mieux que nous leur idiome.
Deux ou trois d'entre eux restèrent une demi-heure
à bord ; mais leur attention mobile et légère erra

tellement d'un objet à l'autre, qu'il fut impossible
d'en tirer quelques renseignemens. Ils répondaient
d'une manière affirmative à presque toutes nos
questions; et nos recherches sur le nom de leur
île, etc., furent sans cesse interrompues par leurs
invitations de descendre à terre. A la fin, j'eus des
raisons de croire que leur île s'appelle *Oparo*, et
que leur chef portait le nom de Korie. Sans pouvoir
compter sur l'exactitude, d'ailleurs assez probable,
de ces dénominations, j'ai donné à l'île le nom
d'*Oparo*, jusqu'à ce qu'on reconnaisse qu'elle en a
un autre. A six heures du soir nous avions à peu
près vu tout le contour de l'île, qui est de peu
d'étendue; et ne voulant pas perdre l'avantage d'un
bon vent de sud, nous fîmes route au nord-nord-
ouest avec toutes les voiles que nous pouvions
porter.

Je n'avais pas le dessein de m'arrêter à Oparo;
et pour ne pas perdre de temps, je ne m'occupai
point du soin d'examiner où l'on pourrait jeter l'ancre; mais il est probable qu'on trouverait un mouillage aux deux côtés de sa pointe nord-ouest. Il y
a au sud de cette pointe une petite baie avec
une grève de pierre sur laquelle un ruisseau
considérable semblait couler et tomber dans la
mer. La plupart des rivages sont si parfaitement
unis que nous aurions pu débarquer sans la moindre peine. On voit au nord aussi de la pointe nord-

ouest une petite baie, dans laquelle il y a un îlot
de peu d'étendue, et quelques rochers par derrière
lesquels on peut en tout temps s'approcher facilement de la côte. Le ressac ne paraissait être
violent sur aucune partie de l'île, car la verdure
s'étend presque partout jusqu'au bord de l'eau.
L'extrémité sud, sous quelques points de vue, forme
un angle droit, sans la moindre interruption dans
ses côtés : à environ un demi-mille au sud-est se
montre un petit îlot détaché; les rivages sont couverts d'une grève de sable. Sa plus grande étendue,
qui est dans la direction du nord-ouest et du sud-
est, est d'environ six milles et demi, et elle peut
avoir dix-huit milles de circuit : elle gît par 27
degrés 36 minutes de latitude, et les observations
de distances faites les deux jours précédens, et
rapportées à son centre par le chronomètre, la
fixent à 215 degrés 58 minutes 28 secondes de longitude.

Elle se distingue surtout par un groupe de hautes
montagnes escarpées qui, en plusieurs endroits,
offrent des sommets très pittoresques et des flancs
presque à pic, à partir du point le plus élevé jusqu'à la mer. Les enfoncemens entre les montagnes
semblent être plutôt des crevasses que des vallées,
car ils n'annonçaient pas beaucoup l'abondance, la
fertilité ou la culture : on y apercevait surtout des
arbrisseaux et des arbres nains. Nous n'y avons re-

marqué ni bananiers, ni aucune des productions
végétales qui naissent spontanément dans les îles
habitées du tropique. Les cimes des collines les
plus élevées nous parurent fortifiées et avaient
l'aspect de redoutes dans leur partie supérieure;
car elles présentaient au centre une espèce de
fort, de la forme des verreries anglaises, palissadé
sur tous les flancs de la colline, bien avant et à la
même hauteur de chaque côté. Ces palissades en
terre-plein semblaient former des ouvrages avancés où un petit nombre de guerriers pouvaient
défendre la citadelle contre une horde nombreuse
d'assaillans. Nous aperçûmes sur toutes des hommes
qui allaient et revenaient sur leurs pas, comme s'ils
eussent été en faction. La partie que nous prîmes
pour le fort était assez étendue pour loger un
grand nombre de personnes, et nous n'avons pas
vu d'autres habitations. Mais la multitude de pirogues qui en si peu de temps se réunirent autour
de nous donne lieu de croire que les naturels na-
viguent souvent, et qu'ils font en général leur
résidence sur les rivages, et non sur ces collines
fortifiées qui se montrent au milieu de l'île. Nous
avons vu environ trente pirogues, doubles pour
la plupart : les pirogues simples avaient un balan-
cier de chaque côté. Elles étaient toutes construites
à la manière des îles de la Société; l'arrière, quoique assez haut sur plusieurs, n'était pas aussi relevé,

et l'avant offrait quelques ornemens : elles étaient bien faites, mais les plus étroites que j'aie jamais rencontrées. Lorsque l'on considère le petit nombre d'outils de fer des habitans, et le degré d'imperfection où se trouvent encore les instrumens qu'ils emploient, leur adresse et leur persévérante industrie remplissent d'admiration.

L'île ne semble pas produire de gros arbres, car les plus larges planches de leurs embarcations n'avaient pas plus de douze pouces. Quelques-unes des doubles pirogues portaient de vingt-cinq à trente hommes, et d'après un calcul modéré, trois cents personnes s'offrirent à nos regards autour du vaisseau : c'étaient tous des adultes ; aucun ne parut être au-dessus du moyen âge ; en sorte que la population de l'île doit approcher de quinze cents personnes. C'est une quantité considérable dans une île de cette étendue, qui ne paraît pas cultivée. Au reste, les naturels avaient de l'embonpoint ; ils étaient d'une stature moyenne et très bien faits ; leur physionomie, en général ouverte et gaie, indiquait une peuplade hospitalière. Chacun d'eux, sans exception, désira être accompagné sur le rivage par quelqu'un de nous ; et ceux qui sortirent les derniers du vaisseau employèrent tous leurs moyens de persuasion et même des tentatives de force pour nous y entraîner. A leur départ, ils prenaient la main des gens de l'équipage qui se trouvaient près d'eux, afin de les embarquer dans leurs pirogues. Ils avaient tous les cheveux courts, et ils étaient absolument nus, si j'en excepte quelques-uns qui portaient autour des reins une espèce de pagne d'une plante verte qui a de larges et longues feuilles. Ils n'avaient aucune piqûre sur le corps, quoique le tatouage soit si général parmi les insulaires de l'océan Pacifique.

Indépendamment de la protection qu'ils trouvent dans leurs retraites fortifiées, il ne paraît pas qu'il y ait parmi eux beaucoup d'hostilités ; car nous remarquâmes rarement des cicatrices sur leurs corps. Leurs fortifications (les sommets des collines en avaient certainement l'apparence) firent penser que des habitans de quelques îles voisines viennent souvent les troubler ; mais les pirogues que nous avons vues n'ayant pas même de voiles, n'indiquant d'ailleurs en aucune manière qu'elles eussent jamais servi à une expédition au-delà de leur côte, on peut en conclure qu'ils n'étaient pas habitués à des voyages de quelque étendue. Si l'on songe d'un autre côté à la petitesse de l'île, il est difficile de croire que la crainte d'une insurrection domestique, plutôt que d'un ennemi étranger, ait produit la construction laborieuse de leurs forteresses; et puisqu'il y a au sud-est un espace étendu de l'Océan jusqu'ici peu fréquenté, il est assez vraisemblable qu'il s'y trouve des îles dont les habitans

XIV. 5

viennent débarquer sur celle-ci en état de guerre.

Nous nous éloignâmes de l'île d'Oparo: Le 25 décembre nous nous trouvions dans le voisinage de quelques îles basses, découvertes par le capitaine Carteret, qui les a nommées *îles du duc de Gloucester*. Notre latitude à midi fut de 19 degrés 58 minutes, et la longitude de 211 degrés 46 minutes. Nous dépassâmes leur latitude, 1 degré 33 minutes à l'ouest de la situation que leur assigne le capitaine Carteret, sans qu'aucune apparence de terre frappât nos regards. Il ventait alors petit frais de l'est, et nous comptions arriver à Taïti le lendemain. Cette flatteuse espérance fut de courte durée : nous eûmes, presque sans interruption, de fortes rafales et un torrent de pluie jusqu'au 28 dans la soirée, et le vent, toujours du nord-est, se modéra. Nous portâmes au nord-nord-ouest ; et le lendemain, à la pointe du jour, nous aperçûmes Maitea ou l'île d'Osnabruck, à sept ou huit lieues. Je fis changer à l'instant de route et gouverner vers Taïti, dont la pointe méridionale s'offrit à notre vue sur les onze heures, au sud-ouest, et à la distance de huit ou neuf lieues. Le vent, passant au nord, nous empêcha d'atteindre la baie de Matavaï et nous obligea de tenir le plus près pendant la nuit.

Le 30 au matin, à l'aide d'une petite brise du nord-est, nous gouvernâmes sur Matavaï avec toutes les voiles que nous pouvions porter. A huit heures, une pirogue qui vint se placer le long du bord nous apporta deux petits cochons et quelques végétaux ; c'était le présent d'une sœur d'O-Too. Les naturels m'apprirent qu'on nous attendait, et qu'en conséquence de l'information qu'ils avaient reçue d'un vaisseau anglais mouillé dans la baie de Matavaï, ils cherchaient depuis deux jours à nous découvrir. La description qu'ils firent de ce vaisseau étant parfaitement intelligible, je crus, sans hésiter, que c'était le *Chatam* ; M. Broughton ne tarda pas à arriver avec une embarcation remplie des excellentes productions de cette fertile contrée. Sur les dix heures nous jetâmes l'ancre dans la baie de Matavaï, à côté du *Chatam*. Nos félicitations mutuelles sur notre heureuse réunion furent d'autant plus vives que tout le monde sur les deux bords jouissait de la plus parfaite santé. M. Broughton, depuis son arrivée, avait reçu des preuves multipliées d'amitié et d'attention de la part des habitans de l'île.

§ 5.

Relation de M. Broughton depuis le moment de notre séparation jusqu'à notre réunion à Taïti. Détails sur l'île de Chatam et sur quelques autres îles qu'il a découvertes durant sa traversée.

Le Chatam calait si fort de l'avant, à cause du bois que nous avions embarqué au havre Facile et des barriques de bière de spruce et d'eau qui étaient sur le pont ; la mer se trouvait d'ailleurs si grosse, qu'il fallut dévier de notre route au sud et courir devant l'ouragan qui avait alors une violence extrême ; malgré toutes nos précautions, une lame, qui nous frappa de l'arrière le 23 novembre, emporta le petit canot à la mer et mit tout à flot sur le pont : à neuf heures j'étais, selon mon estime, au sud des Traps. A midi le vent était fort diminué, la mer se calmait, et l'horizon se trouva assez clair : mais nous n'aperçûmes *la Découverte* dans aucune direction. Après avoir bien réfléchi sur tout ce qui s'était passé depuis le commencement de l'ouragan, je jugeai que notre séparation était complète; et les chances pour me réunir à *la Découverte* avant notre arrivée à Taïti, qui était le premier rendez-vous, me parurent bien faibles.

Sur les deux heures de l'après-midi, nous découvrîmes de dessus le pont une terre qui ressemblait à une île élevée, et qui nous restait au sud-

sud-est du compas, à trois ou quatre lieues. Environ
une heure après nous vîmes une seconde terre au
sud, et détachée de la première. Nous fîmes tous
nos efforts pour les doubler; mais n'en pouvant
venir à bout, nous arrivâmes, vent arrière, sur
un passage entre la haute île et la terre détachée
qui se trouva composée d'un groupe de petits îlots
et de rochers à peu près de la même élévation,
mais d'une plus grande étendue que les Needles :
leurs sommets ou crêtes sont très brisés; relativement à la haute île, ils gisent au nord-est et au sud-
ouest du compas, et forment un passage d'environ
trois milles de largeur. Au tiers à peu près du passage
sur la côte sud, il y a un petit rocher noir qui se
montre à peine au-dessus de l'eau : la mer brise avec
beaucoup de violence sur ces îlots et ces rochers.
Nous y aperçûmes de grosses touffes d'algues, et
toute la surface était couverte d'oiseaux de couleur
noirâtre.

Quelques parties de l'île présentaient une stérile
apparence; elles ressemblaient assez au côté sud-
ouest de Portland : on n'y voyait que des côtes de
roche blanchâtre. Les îlots de roche sont au nombre
de cinq, et quelques-uns d'une forme pyramidale.
Un horizon brumeux nous empêcha de découvrir
la partie la plus nord-est de l'île assez distinctement pour en déterminer l'étendue. Rien ne nous
annonça qu'elle fût habitée, et, d'après son affreux

aspect, probablement elle ne l'est pas. Je lui ai
donné le nom *d'île de Knight*, en l'honneur du capitaine Knight de la marine. Sa pointe sud gît par
48 degrés 15 minutes de latitude, et sa longitude
est de 166 degrés 44 minutes.

Le 24 au matin nous changeâmes de route, et
nous marchâmes au nord-est. Le 26 notre latitude
était de 46 degrés 43 minutes, et notre longitude
de 173 degrés 30 minutes. Le 29 nous eûmes connaissance d'une terre basse dont la pointe nous
restait au sud-est : je lui ai donné le nom de *pointe
Allison*, du nom de celui qui eut le bonheur de la
découvrir le premier. Nous avions au sud-est une
montagne de roche d'un escarpement remarquable, et que j'ai appelée *mont Patterson :* une colline en forme de pain de sucre, et la dernière
pointe à l'est qui formait brusquement un cap :
deux îles se montraient au nord-est, à deux ou
trois lieues. L'intérieur de la grande terre était
d'une hauteur modérée, s'élevant graduellement,
et formant plusieurs collines à pic qui de loin
ressemblent à des îles. De la pointe Allison au
mont Patterson, la côte est basse et couverte de
bois ; de là jusqu'au cap dont je viens de parler,
je remarquai une grève blanche entremêlée de
quelques dunes de sable et de rochers noirs qu'on
aurait crus séparés de la côte.

Un cap très visible est la partie la plus septentrionale de l'île ; je lui ai donné le nom de *cap Young;* il gît par 43 degrés 48 minutes de latitude, et 183 degrés 2 minutes de longitude. Les deux îles dont fait mention notre dernier relèvement sont très près l'une de l'autre : on voit à l'est un petit rocher ; un autre rocher un peu plus gros est situé entre elles : elles ne sont pas d'une grande élévation ; elles ont le sommet plat, et des côtés perpendiculaires entièrement composés de rochers que des oiseaux de différentes espèces fréquentent beaucoup. Je les ai appelées *les Deux-Sœurs,* à cause de leur ressemblance : elles gisent par 43 degrés 41 minutes de latitude, et 182 degrés 49 minutes de longitude.

A dix lieues plus à l'est-nord-est nous nous trouvâmes par le travers d'une baie de sable. Nous descendîmes à terre sans aucun obstacle de la part des naturels ; nous arborâmes le pavillon de la Grande-Bretagne ; nous tournâmes une motte de gazon, et présumant que nous avions les premiers découvert cette île, j'en pris possession au nom du roi Georges III. Je l'ai appelée *île de Chatam,* du nom du comte de Chatam. Après avoir bu à la santé du roi, je clouai à un arbre près de la grève un morceau de plomb sur lequel est écrit : *Le Chatam, brick de Sa Majesté Britannique, le lieutenant William Robert Broughton, commandant, le 29 novembre* 1791. Une bouteille cachée près de l'arbre contient la même inscription en latin.

Je ne saurais mieux comparer les pirogues que nous examinâmes qu'à une civière sans pieds ; leur largeur diminuait de l'arrière à l'avant : elles étaient d'une substance légère, ressemblant au bambou, mais sans être creuse : des fibres d'une plante tenaient assujetties les diverses parties du bordage aussi proprement travaillées que pourrait l'être un ouvrage d'osier. Leur fond plat et construit de la même manière avait deux pieds de profondeur, sur dix-huit pouces de large. Le vide des coutures était rempli d'une longue algue marine. Les bordages ne se réunissaient ni à l'avant ni à l'arrière ; la plus grande largeur de l'arrière était de trois pieds, celle de l'avant de deux, et la longueur de huit ou neuf. L'arrière contenait un siége portatif très bien fait, et de la même matière. Elles paraissaient seulement destinées à la pêche parmi les rochers près du rivage : elles pouvaient contenir deux ou trois personnes ; elles sont d'ailleurs si légères que deux hommes doivent les porter sans peine, et qu'un seul suffit pour les retirer sur la grève et les mettre en sûreté. Elles avaient des grapins de pierre suspendus à des cordages de nattes ; et des pagaies d'un bois dur, avec une large pale qui augmente peu à peu à partir du manche. Leurs filets, d'une construction ingénieuse, aboutissent à une cosse ou bourse, avec

une ouverture de six pieds de diamètre qu'un bois
de l'espèce de la liane tient étendue ; ils sont d'un
beau chanvre, bien tordus, bien noués, et nous
les jugeâmes très forts : ils ont aussi des trubles
faites avec l'écorce ou la fibre non préparée d'un
arbre ou d'une plante, mais à mailles égales. Nous
pénétrâmes un peu avant dans les bois sans rencontrer ni cases ni maisons ; nous vîmes seulement
une grande quantité d'écailles, de coquillages, et
des endroits où l'on avait fait du feu.

Ces bois nous procurèrent un ombrage déli-
cieux ; il n'y avait point de sous-bois : nous y trouvâmes plusieurs berceaux où les naturels avaient
couché récemment ; ils donnent cette forme à de
jeunes branches pliées et environnées de branches
plus petites qui servent de palissades. La végétation
des arbres est très forte, et les petites branches ne
commencent que très haut ; ils sont de plusieurs
espèces, et la feuille de l'une d'elles ressemble à
celle du laurier : une autre espèce est noueuse
comme le cep de vigne ; mais nous n'en avons remarqué aucune qu'on puisse appeler grande. Durant notre retour au canot, un petit nombre de
naturels s'approcha de nous ; comme ils paraissaient
bien disposés, nous abordâmes les premiers, et
nous les saluâmes en touchant leurs nez avec les
nôtres, selon l'usage de la Nouvelle-Zélande. Je leur
donnai quelques bagatelles ; mais ils ne parurent

pas avoir la moindre idée d'un échange, ou de
l'obligation de nous offrir quelque chose de leur
côté, car ils ne voulurent se dessaisir de rien, si
ce n'est d'une lance grossièrement travaillée. Celui
qui avait cédé la lance fut si charmé de voir sa
figure dans les miroirs que je lui proposais en
échange de la peau d'ours marin dont il était couvert qu'il prit la fuite en les emportant. J'avais eu
soin pourtant de leur montrer l'effet de nos armes à
feu; car je leur avais donné des oiseaux que je venais de tuer, et j'avais expliqué la cause de leur mort.

Le bruit d'un coup de fusil les alarma beaucoup;
et comme nous avancions vers eux, ils se retirèrent
tous, à l'exception d'un vieillard qui garda son
poste, et, présentant sa lance de côté, battait la
mesure avec son pied. Il avait l'air de nous mena-
cer; mais après avoir remis mon fusil à un de mes
compagnons, j'allai auprès de lui, je lui serrai la
main, et je ne négligeai rien pour gagner sa confiance. M'apercevant qu'il tenait quelque chose
de soigneusement roulé dans une natte, je témoignai le désir de l'examiner; mais il la donna à un
autre qui l'emporta, ce qui ne m'empêcha pas de
voir qu'elle contenait des pierres taillées comme
les patous-patous de la Nouvelle-Zélande. Ils montrèrent un grand désir d'avoir mon fusil et ma gi-
becière, et s'écrièrent souvent *toohata*. Plusieurs de
leurs lances avaient dix pieds de longueur, d'autres

six; nous en remarquâmes une ou deux de neuves,
-sculptées vers le manche. Lorsque nous les mon-
trions du doigt, ils les passaient sur-le-champ à
ceux qui se trouvaient par derrière, comme s'ils
eussent craint que nous ne les prissions de force.
Jugeant que je n'obtiendrais ou que je n'appren-
drais ici que fort peu chose, je témoignai par signes l'envie d'aller où je supposais leurs habitations,
et je tâchai de leur faire comprendre que nous
avions besoin de manger et de boire.

Comme ils nous montraient de l'amitié, trois de
nos gens armés accompagnèrent M. Johnston et moi
sur le bord de l'eau; le canot, monté de quatre
hommes, rangeait le rivage de près, afin de nous
prêter secours ou de pouvoir nous rembarquer s'il
le fallait. J'ordonnai à chacun de se tenir prêt,
mais, dans aucune circonstance, de ne faire usage
des armes que lorsque je le commanderais : je ne
pensais pas le moins du monde alors qu'en effet
il deviendrait nécessaire d'y recourir. Quand nous
nous mîmes en chemin, plusieurs d'entre eux rassemblèrent de gros bâtons courts qu'ils agitaient
par-dessus leurs têtes, comme s'ils avaient eu l'intention de s'en servir contre nous. Celui qui avait
reçu les pierres du vieillard les avait adaptées à
chacune des extrémités d'un gros bâton de deux
pieds de longueur.

Je n'aimais pas ces apparences, et je songeais à

me rembarquer : comme nous fîmes brusquement
volte-face, ils se retirèrent vers le haut de la grève
auprès d'un feu qu'on venait d'allumer. M. Johnston
qui les suivit seul, n'arriva pas assez tôt pour découvrir comment ils avaient fait du feu en si peu
de temps. Sa présence ayant paru leur déplaire, il
revint, et nous continuâmes à marcher le long de
la grève, en les avertissant par signes que nous
avions dessein de les accompagner de l'autre côté
de la baie. Quatorze seulement nous suivirent ; le
reste demeura auprès du feu. Ceux qui n'avaient
point de lances ramassèrent sur le rivage du bois
flotté pour leur en tenir lieu. Notre détachement
était de neuf hommes bien armés. Jusqu'ici nous
avions eu d'autant moins d'inquiétudes pour notre
sûreté personnelle, que nous avions évité soigneusement tout ce qui pouvait les offenser, et que nos
présens semblaient avoir obtenu leur amitié. Les
gros bâtons dont ils venaient de se munir nous
firent changer d'opinion.

Après avoir fait la moitié du tour de la baie,
nous arrivâmes à l'endroit par derrière lequel on
avait distingué de l'eau du haut des mâts. Du sommet de la grève nous vîmes en effet une grande
nappe d'eau qui prenait sa direction à l'ouest, autour d'une colline qui nous empêcha d'en reconnaître l'étendue. Le pays paraissait agréable et uni
à l'extrémité supérieure de ce lac. L'eau semblait

un peu rouge, et elle était saumâtre, parce que vraisemblablement l'eau de la mer filtre à travers la grève, qui n'a pas ici plus de vingt verges de largeur, ou parce qu'il y a vers l'ouest une communication avec l'Océan que nous n'avons pas aperçue. Nous essayâmes de faire entendre aux naturels qui nous accompagnaient toujours que cette eau n'était pas bonne à boire. Lorsque nous fûmes de retour sur le rivage, et par le travers du canot, ils devinrent très bruyans; ils parlèrent extrêmement haut, et se divisèrent comme s'ils avaient voulu nous environner. Un jeune homme s'avança vers moi dans une attitude menaçante : il fit des contorsions de corps; il releva ses yeux, décomposa son visage et prit un air singulièrement farouche. Il cessa ses jeux lorsqu'il vit que je le couchais en joue.

Je ne pouvais plus me méprendre sur leurs intentions hostiles ; et pour n'être pas forcé de recourir à des moyens extrêmes, le canot reçut à l'instant même l'ordre de nous prendre à bord. Quoique nous fussions strictement sur nos gardes, ils nous attaquèrent alors, et avant que le canot pût toucher le rivage, je fus contraint, pour n'être pas assommé, de tirer un des coups de mon fusil double ; il était chargé de petit plomb : j'espérais qu'ainsi je les effraierais sans les blesser dangereusement, et qu'ils nous laisseraient rembarquer ;

malheureusement je me trompais. Un gros coup
de bâton fit tomber par terre le fusil de M. Johnston, qui parvint à le ramasser plus tôt que son ad-
versaire; et comme on essayait de le désarmer
encore une fois, il fut aussi contraint de tirer. Un
soldat de marine et un matelot qui se trouvaient
près de lui furent, au milieu du combat, poussés
dans l'eau, mais après avoir tiré sans en avoir reçu
l'ordre, et justifiés seulement par des motifs de
conservation personnelle. L'officier qui avait la
garde du canot nous voyant très pressés et obligés
de faire retraite, tira de son côté, ce qui mit les
naturels en fuite. Je donnai tout de suite l'ordre
de cesser le feu, et ce fut un grand plaisir pour
moi de les voir courir sans paraître blessés. Il ne
dura pas long-temps : nous ne tardâmes pas à en
rencontrer un par terre, et, ce que je dois ajouter
avec douleur, nous le trouvâmes sans vie; une balle
lui avait cassé le bras et percé le cœur. Nous nous
rendîmes près du canot sans perdre de temps;
mais le ressac ne lui permettant point de venir
assez près, il fallut marcher jusqu'à l'endroit où
j'avais eu d'abord le dessein de m'embarquer. Durant notre retraite, nous aperçûmes un des naturels qui sortit des bois où ils s'étaient tous réfu-
giés, et qui, se plaçant à côté du mort, commença
ses lamentations par des hurlemens affreux.

En approchant du lieu de notre premier débarquement, nous n'aperçûmes aucuns vestiges d'habitations : il nous avait paru cependant que les femmes nous avaient regardés de l'intérieur du bois tandis que nous causions avec les hommes à notre arrivée. Nous suivîmes quelques-uns des sentiers sans rien découvrir, si ce n'est un grand nombre d'écailles, de coquillages, et des berceaux formés avec des branches d'arbre, comme ceux que j'ai déjà décrits, et environnés également d'une simple palissade. Afin de manifester nos intentions amicales, et d'expier à quelques égards le mal que nous leur avions fait malgré nous et uniquement pour nous défendre contre une attaque qui n'avait été ni provoquée ni méritée de notre part, nous laissâmes dans leurs différentes pirogues les restes de nos petits objets d'utilité ou d'agrément. En retournant au vaisseau, nous vîmes deux naturels qui couraient le long de la grève vers leurs pirogues ; mais à notre arrivée à bord on n'en voyait plus, même avec des lunettes.

Les hommes sont d'une stature moyenne ; plusieurs très robustes, d'une bonne proportion et avec de l'embonpoint. Ils ont les cheveux et la barbe noirs, dans toute leur longueur chez quelques-uns. Les cheveux des jeunes gens sont noués en touffes au sommet de la tête, et entremêlés de plumes blanches et noires. Nous en distinguâmes qui avaient arraché leur barbe. Leur teint et la couleur de leur peau sont d'un brun foncé ; leur physionomie est ingénue, et ils ont de mauvaises dents. Leur corps n'était point piqueté, et ils paraissaient propres sur leurs personnes. Une peau de veau ou d'ours marin, attachée autour du cou avec une natte, et tombant au-dessous des hanches (l'intérieur de la peau en dehors), ou bien une natte attachée de la même manière et couvrant le dos et les épaules, leur sert de vêtement ; quelques-uns n'ont qu'une natte bien tressée et d'un tissu fin, retenue par une corde autour des reins. Si j'en excepte un petit nombre qui avaient une espèce de collier de nacre, nous n'avons pas remarqué que leurs oreilles fussent percées ou qu'ils portassent aucun ornement. Leurs lignes de pêche, composées de la même sorte de chanvre que leurs filets, étaient tortillées autour du corps de plusieurs. Nous n'avons vu aucun de leurs hameçons.

Nous distinguâmes deux ou trois vieillards, qui ne parurent avoir aucune autorité sur les autres. Je les ai jugés gais, car notre conversation excita souvent de gros éclats de rire parmi eux. On peut à peine imaginer leur surprise et leurs exclamations lors de notre premier débarquement : ils montraient le soleil et nous ensuite, comme pour demander si nous n'en venions pas. N'ayant pas rencontré une seule case dans cette partie de l'île, je suis porté

à croire qu'ils n'y résident que passagèrement,
peut-être pour y faire des provisions de coquillages et de poissons; ils y trouvent les premiers en
grande abondance. Leurs pirogues contenaient des
pates d'écrevisse. Les oiseaux étaient nombreux
sur le rivage, et voltigeaient autour des naturels
comme s'ils n'avaient jamais été inquiétés. Il y a
lieu de penser qu'ils tirent de la mer leurs principaux moyens de subsistance. Les environs des
grèves étaient remplis de pies de mer noires, à bec
rouge; de courlis tachetés de noir et de blanc, à
bec jaune; de gros pigeons ramiers comme ceux
de la baie Dusky, de canards de différentes espèces, de petites alouettes et de guignettes.

En terminant le récit de notre relâche et de nos
opérations à l'île de Chatam, je regrette que les
hostilités de ses habitans aient produit la mort de
l'un d'eux, et borné nos recherches au rivage et à
l'entrée du bois qui l'avoisine.

A notre retour à bord je fis appareiller avec un
vent frais de sud-ouest. En dépassant sur les 6
heures du soir, la pointe de Munnings, extrémité
nord-est de l'île, nous reconnûmes que c'est une
péninsule basse, au-delà de laquelle on découvrait
du haut des mâts la terre se prolongeant davantage au sud; mais le temps se trouvait si brumeux,
qu'il fût impossible de voir jusqu'où elle s'étend
dans cette direction. Depuis la baie que j'ai appelée

XIV.   6

Skirmish-Bay ou baie de *l'Escarmouche*, jusqu'à la pointe Munnings, la côte est basse, de roche, et revêtue de bois; il y a quelques rochers par le travers de la pointe, à une petite distance. L'étendue de l'île dans la direction est et ouest, ce qui est à peu près la ligne de la côte, a été jugée d'environ douze lieues, en allouant 14 degrés de déclinaison est. La latitude de notre mouillage dans la baie de l'Escarmouche était de 43 degrés 49 minutes, et sa longitude de 183 degrés 25 minutes.

Le 30 novembre, à la pointe du jour, nous forçâmes de voiles comme à l'ordinaire, et nous continuâmes notre route au nord-est. Durant cette journée nous dépassâmes des goëmons, et nous vîmes des goëlands bruns et plusieurs oiseaux de mer.

Le 23 décembre on découvrit terre du haut des mâts. C'était une petite île d'une assez grande élévation; sa partie septentrionale formait un mondrain élevé, depuis la base duquel terrain, d'abord uni, il s'abaissait graduellement jusqu'à l'autre extrémité.

Lorsqu'on prit les relèvemens, le garde-temps, son écart non compensé, annonçait la longitude à 211 degrés 6 minutes, et des observations de distance de la lune au soleil 213 degrés 16 minutes; notre latitude estimée était de 23 degrés 36 minutes. Le soleil étant à quelques minutes du zénith à midi, nous ne pûmes pas compter sur notre observation. Dans cette circonstance je ne crus pas devoir donner un nom à cette île. J'avais quelque raison de douter de l'exactitude de notre longitude, et je comptais vérifier à Taïti si cette île n'est pas Tobouai, qui a été vue par le capitaine Cook, ou la terre que quelques personnes crurent avoir aperçue dans le sud-est, lorsque *la Résolution* était par le travers de Tobouai.

Le 26, une éclaircie nous fit voir Maitea ou l'île d'Osnabruck, à six ou huit lieues seulement. Je fis route sur Taïti qui, sur les huit heures, se montrait à l'ouest. A midi, la terre derrière la pointe Vénus nous restait à l'ouest, à sept ou huit lieues. La latitude que nous observâmes alors (pour la première fois depuis le 23), et qui différait de cinq minutes seulement de celle de l'estime, fut de 17 degrés 29 minutes, la longitude observée de 211 degrés 45 minutes, et celle qu'indiquait le garde-temps de 210 degrés 39 minutes. Quelques pirogues nous apportèrent des noix de coco et deux petits cochons, que je m'empressai d'acheter. Nous forçâmes de voiles sur la baie de Matavaï, où bientôt nous entrâmes, en laissant tomber l'ancre, par huit brasses, fond de vase noire.

C'était ici le rendez-vous fixé par le capitaine Vancouver, et nous fûmes bien étonnés de ne pas trouver *la Découverte* dans le port : nos inquiétu-

des furent d'autant plus grandes, que marchant
beaucoup mieux que *le Chatam*, nous avions cru
qu'elle arriverait au moins une semaine avant nous.
Nous fûmes à peine mouillés que les naturels arrivèrent en foule autour de nous, et se conduisirent de la manière la plus civile et la plus amicale.
Ils nous apportaient une ample provision des divers rafraîchissemens du pays. Quelques-uns s'é-
tant permis de légers vols, il fallut les faire rentrer dans leurs pirogues le long du bord, et ils
obéirent avec une bonne humeur parfaite. Il plut
par torrens toute l'après-dînée, et nous eûmes
une grosse tempête. Au moment de notre arrivée
toute la côte offrait une grève non interrompue;
mais sur le soir la rivière, que les torrens de
pluie firent déborder, crevant son rivage à mi-
chemin entre la pointe Vénus et la colline d'un
Arbre, vomit par la brèche une masse d'eau qui
entraîna un grand nombre de gros arbres qu'elle
jeta sur la baie de différens côtés. Une multitude
d'habitans s'étaient rassemblés; et lorsque la brèche fut ouverte, ils poussèrent tous des cris que
nous prîmes pour des expressions de joie; car cet
événement sauva leurs maisons et leurs plantations,
qui auraient, selon toute apparence, beaucoup
souffert de l'inondation.

Je reçus du jeune O-Too un présent de deux
cochons et de quelques fruits. J'appris que le vieil

O-Too, qu'on nomme maintenant Pomarre, était à Eimeo. Les messagers me dirent que si je l'informais de notre arrivée il se rendrait sur-le-champ à Matavaï. Son absence toutefois n'avait pas eu le moindre inconvénient ; car la conduite des insulaires était parfaitement amicale, quoique nous n'eussions reçu la visite d'aucun chef. Ils nous fournirent, à un prix très raisonnable, tous les vivres que nous demandâmes. La tempête dura, avec des torrens de pluie continuels, la plus grande partie de cette journée et la nuit suivante.

Le 29 décembre le jeune O-Too m'envoya d'Oparre un très beau présent de cochons et de fruits, avec un message pour m'avertir qu'il serait le lendemain à Matavaï. Nous débarquâmes derrière la pointe Vénus, et les naturels nous accueillirent avec beaucoup de joie et de cordialité : dans leur réception très hospitalière, ils s'empressèrent à l'envi de nous prodiguer des attentions amicales. Le 30 un vaisseau se montrait au large, je me rendis à l'instant sur la côte, et j'eus l'inexprimable plaisir de reconnaître *la Découverte*.

Il est bon de faire observer, reprend le capitaine Vancouver, que la séparation des deux vaisseaux fut l'effet d'une très forte tempête. Pour dédommagement de l'anxiété que nous avait causée l'éloignement de notre petite conserve, nous songeâmes qu'il était résulté de l'ouragan quelque addition aux connaissances géographiques.

Les îles découvertes par *le Chatam*, et que M. Broughton a appelées *îles Knight*, sont les *Snares* ou *les Embûches*, que j'avais dépassées quelques heures auparavant. Nos moyens de déterminer leur véritable position lui ont paru supérieurs à ceux qu'il avait, et on peut regarder comme exacte la position absolue que je leur ai donnée; mais *le Chatam* ayant passé entre elles, leur situation relative, d'après les observations de M. Broughton, doit être préférée.

La Découverte passa environ vingt lieues au nord de l'île de Chatam. Le capitaine Cook l'avait passée à peu près à la même distance au nord et au sud au mois de juin 1773 et au mois de mars 1777; et l'autre île dont *le Chatam* a eu connaissance le 23 décembre, plus à l'est que Tobouai, par 23 degrés 42 minutes et 212 degrés 49 minutes, n'a été aperçue ni par le capitaine Cook [1], ni dans la traversée que je venais de faire.

[1] Cette assertion du capitaine Vancouver n'est pas d'une exactitude rigoureuse.

§ 6.

Notre visite à O-Too. Arrivée de plusieurs chefs. Fêtes à notre camp. Voyage à Oparre.

Dès que *la Découverte* fut mouillée nous fûmes environnés de pirogues chargées des diverses productions du pays. Les naturels se rendaient en foule sur mon bord, nous donnant toutes les marques possibles d'amitié, et nous témoignant la plus grande joie. Un ou deux qui, sans être des chefs principaux, exerçaient évidemment une petite autorité sur les autres, nous dirent souvent de ne pas permettre à la multitude de monter sur le vaisseau, que ce serait le meilleur moyen de prévenir des vols et d'assurer cette bonne intelligence qu'en effet ils paraissaient fort empressés d'établir et de maintenir. Je suivis leur conseil, et nous n'eûmes aucune peine à le mettre à exécution. Nous n'avions qu'à témoigner le désir de les voir retourner à leurs pirogues, èt sur-le-champ ils s'en allaient. J'eus le chagrin d'apprendre la mort de la plupart des amis, hommes ou femmes, que j'avais laissés ici en 1777. Il ne restait plus, des chefs de ma vieille connaissance, qu'O-Too, son père, ses frères et ses sœurs, et Poatatou et sa famille. L'O-Too que j'avais beaucoup connu n'était point à Taïti; il parut qu'il n'y résidait plus et qu'il s'était retiré dans sa nouvelle possession d'Eimeo, ou, comme les naturels l'appellent plus communément, à *l'île de Morea*, laissant à son fils aîné le pouvoir suprême à Taïti et sur toutes les îles voisines. Le jeune roi avait pris depuis cette époque le nom d'O-Too, et mon vieil ami, celui de Pomurrey : si celui-ci avait ainsi quitté son nom avec sa souveraineté, il semblait conserver son autorité en qualité de régent. O-Too, arrivé d'Oparre, engageait M. Broughton, qui avait reçu de lui plusieurs présens, à descendre à terre et à aller le voir à Mataваï. Je n'avais point reçu d'invitation, mais quelques-uns des naturels m'ayant averti qu'on regarderait comme une politesse la visite que je ferais avec M. Broughton, j'hésitai d'autant moins à prendre ce parti que le capitaine du *Chatam* avait préparé un présent qui en venant de nous deux pouvait encore passer pour magnifique. Dès que *la Découverte* fut amarrée, M. Whidbey et moi nous accompagnâmes M. Broughton, dans l'intention de choisir à terre un lieu convenable pour notre camp, et ensuite de rendre nos devoirs à Sa Majesté taïtienne.

Le ressac nous obligea de faire le tour de la pointe jusqu'à l'embouchure de la rivière, où nous débarquâmes, et où les naturels nous reçurent avec de grandes démonstrations de respect. Un messager alla sur-le-champ informer le roi de notre arrivée et de la visite que nous projetions. L'endroit où j'avais vu nos tentes placées dans les voyages antérieurs à celui-ci ne paraissait plus convenir : une grande partie de la grève se trouvait emportée , les rochers de corail n'étaient plus environnés de sable , et le débarquement y était très peu sûr ; le ressac pénétrait dans la rivière , et l'eau était devenue salée. Je préférai un autre emplacement un quart de mille plus loin, le long de la grève au sud. Le courrier envoyé à O-Too nous rapporta un petit cochon et une feuille de bananier en signe de paix ; il nous fit en outre une harangue de félicitation , et nous offrit tous les secours en vivres que donne le pays. Cette courte cérémonie terminée , nous nous mîmes en route le long de la grève , avec l'espoir de rencontrer bientôt le jeune monarque. Arrivés près de la brèche où la rivière avait crevé son rivage, on nous dit de faire halte à l'ombre d'un palmier : nous y consentîmes très volontiers ; car il n'y avait pas un souffle d'air, et le temps était excessivement chaud. Après une assez courte pause , on vint nous avertir que le roi avait quelques raisons pour ne pas passer la rivière , et qu'il nous attendait au-delà : une pirogue était prête à nous y conduire.

Lorsqu'on nous eut débarqués de l'autre côté, l'entrevue eut lieu à cent verges de la rive. Nous trouvâmes O-Too, âgé de neuf ou dix ans ; il était porté sur les épaules d'un insulaire, et revêtu d'une pièce de drap anglais rouge, avec une parure de plumes de pigeon sur le derrière du cou. Lorsque nous en fûmes à huit pas, on nous invita à nous arrêter. Nous fîmes étaler les divers objets qui composaient notre présent : les spectateurs témoignèrent la plus grande admiration ; mais le jeune roi les regarda avec un air sévère et une froide indifférence. Ils ne devaient pas être offerts sur-le-champ ; une cérémonie préalable était nécessaire. Ne me croyant pas assez fort dans la langue des insulaires, je priai un chef inférieur nommé Moerrée, qui avait été utile à M. Broughton, de me servir de souffleur. Il l'essaya d'abord ; mais ne me voyant pas autant de dispositions qu'il l'avait espéré, il ne tarda pas à parler de lui-même en mon nom : il répondit de nos intentions pacifiques et amicales ; il demanda des vivres et des gages de bonne foi en notre faveur, avec autant de confiance que s'il avait connu intimement nos vœux et nos desseins. Le jeune roi ne dit que peu de mots, et un insulaire placé à côté de lui lui épargna comme à nous l'embarras de tous ces discours d'appareil.

Des assurances de paix et d'amitié ayant été données de part et d'autre, et les cérémonies qui employèrent quinze ou vingt minutes étant terminées, les diverses productions de nos fabriques européennes furent présentées à O-Too ; il nous serra

la main très affectueusement : son visage s'épanouit,
et il nous accueillit avec une gaîté et une cordialité extrêmes. Il m'aprit que son père, qu'il qualifia
de mon ancien ami, était à Morea, et me pria de
lui envoyer un canot ; il ajouta que les insulaires
sont si habitués à répandre de fausses nouvelles
que Pomurrey ne croirait à mon arrivée qu'en
voyant quelques personnes de nos équipages, et
qu'il serait non-seulement affligé, mais irrité, si
nous remettions à la voile sans le voir. Comme tout
le monde nous tenait le même langage, et que je
désirais beaucoup de revoir mon vieil ami qui
s'était toujours bien conduit et avait montré un zèle
constant pour nos intérêts, je promis de faire ce
que demandait O-Too. La physionomie de tous les
insulaires que nous rencontrâmes ensuite exprimait l'épanouissement de la joie et le désir de nous
obliger. Nous remarquâmes avec émotion et grati-
tude leur condescendance à tout ce que nous demandions et leur empressement à nous rendre de
petits services. On donna à chacun de nous une
certaine quantité d'étoffes du pays, un gros cochon
et quelques fruits. Nous retournâmes à bord, char-
més de notre visite et de l'accueil que nous avions
reçu.

Le but de ma relâche à Taïti n'avait d'abord été
que de faire de l'eau et d'embarquer un supplément de vivres frais ; mais je jugeai ensuite que,

durant le premier hiver, je ne pourrais nullé part
ailleurs faire aussi commodément les travaux devenus nécessaires, avant d'arriver à la côte d'Amérique. Il fallait construire un petit canot pour *le
Chatam*, et son grand canot avait besoin de beaucoup de réparations. Le bois embarqué à la Nouvelle-Zélande n'était pas encore divisé en planches,
dont nous manquions absolument. Une besogne si
urgente aurait été plus mal faite à bord. D'ailleurs,
l'exactitude de la position assignée à cette île étant
reconnue, je voulais débarquer les chronomètres,
afin de déterminer leur écart et leur mouvement
journalier qui depuis quelque temps étaient un
peu équivoques. Ces raisons me décidèrent à prolonger un séjour qui, de plus, devait avoir l'avantage d'abréger notre première relâche aux îles Sandwich.

L'opération de l'embaumement dans un moraï
près des montagnes m'a donné lieu de faire quelques remarques. On m'a fait entendre qu'une des
parties principales de cette cérémonie, celle d'ôter
les entrailles du corps, a toujours lieu dans un
grand secret, et d'après des idées religieuses ou
superstitieuses. Les insulaires regardent les entrailles comme l'organe immédiat des sensations,
qui reçoit les premières impressions et fait toutes
les opérations de l'esprit : il est donc possible qu'ils
estiment et respectent les intestins, comme ayant

la plus grande affinité avec la partie immortelle.
J'ai essayé souvent, dans des conversations sur
ce sujet, de leur prouver que le cerveau est le
siége de toutes les opérations intellectuelles : en
général, ils souriaient de mes démonstrations; ils
répondaient que souvent on voit guérir des hommes qui ont le crâne fracturé ou d'autres blessures
très fortes à la tête, et qu'on meurt toujours lorsque les intestins sont blessés. A l'appui de leur
système, ils employaient encore d'autres argumens :
ils me citaient l'effet de la peur et de quelques
passions qui causent beaucoup d'agitation et de
malaise et produisent quelquefois un mal d'esto-
mac, ce qu'ils attribuaient uniquement à l'action
des entrailles.

Ils croient l'âme humaine plus attachée aux parties mortelles avec lesquelles elle a le plus d'affinité, et ils imaginent que l'âme se rend de temps
à autre au lieu où elles sont déposées; c'est au
moraï que le principal personnage du deuil, revêtu du *parie*, remplit ses fonctions; se trouvant chargé d'écarter les curieux, et d'entretenir, autant qu'il est possible, un silence profond
sur un espace qu'il parcourt en cérémonie, il se
fait précéder d'un homme presque nu, qui porte
devant lui une espèce de masse armée de dents de
requin, dont il frappe sans pitié quiconque a l'au-
dace de se tenir à sa portée.

§ 7.

Deux naturels du pays punis pour vol. Obsèques de Mahow. On nous vole plusieurs choses. Mesures pour les recouvrer. Towereroo, le naturel des îles Sandwich, va se cacher à terre. Il est ramené par Pomurrey. De ses femmes. Changemens dans le gouvernement de Taïti.

Le jeune roi, ses oncles et plusieurs autres chefs d'Oparre vinrent nous voir le 17 janvier 1792. On avait surpris des insulaires volant un chapeau à bord de *la Découverte ;* il s'était fait d'autres petits vols au camp : je donnai ordre d'envoyer les coupables à terre, pour y être punis en présence de leurs chefs et de leurs compatriotes. On leur coupa les cheveux, et ils reçurent quelques coups de fouet.

Un message de Pomurrey me pria de me rendre à Oparre pour *tiehah ,* c'est-à-dire pour pleurer la mort de Mahow. On désirait beaucoup qu'en cette occasion il y eût quelques salves de mousqueterie, et que je donnasse une pièce de drap rouge au mort. On me dit aussi que la plupart des chefs voisins devaient payer aux restes de Mahow leur dernier tribut de respect, et que la cérémonie serait par conséquent très remarquable ; mais à notre arrivée à Oparre, rien n'annonçait la vérité de ce rapport. M. Broughton et M. Whidbey m'accompa-

gnaient. Dès que nous eûmes débarqué, on nous
conduisit à une habitation passagère de Pomurrey,
qui nous attendait avec ses femmes et ses sœurs.
Ils paraissaient bien un peu affligés de la perte de
leur parent et de leur ami; mais ils n'avaient pas
la douleur que j'aurais imaginée d'après leurs ten-
dres soins et leur affection pour de Mahow lorsqu'il vivait. L'affliction de ces bonnes gens est de
deux espèces, naturelle et artificielle : elle est excessive dans le premier moment, mais elle ne
tarde pas à se calmer et à disparaître.

Le corps était exposé au soleil, sur le tapapoo,
qui paraissait avoir été construit à cet effet, environ
un quart de mille à l'est du grand moraï, ou, ainsi
qu'ils le nomment, du *tapou tapou tatea*, et il semblait avoir subi la dernière opération de l'embaumement, de la manière décrite par le capitaine
Cook à l'égard de Tee. A notre approche, on en
ôta la couverture, et nous le trouvâmes dans un
état de putréfaction très avancé. La peau, ayant été
enduite d'huile de noix de coco fortement imprégnée
d'un parfum d'aehigh, c'est-à-dire de bois de sen-
teur, était luisante. On remua un des bras et une
jambe; et les jointures se montrèrent absolument
flexibles.

La très mauvaise odeur qu'il exhalait aurait fait
penser que le cadavre serait bientôt décomposé en
entier; mais il n'en doit pas être ainsi, si l'on ajoute

foi à leurs assertions, confirmées au surplus par les restes de Tee [1], que j'ai vus moi-même. Pomurrey nous apprit que le corps resterait un mois dans cet endroit; qu'un second mois serait employé à le transporter dans quelques-uns des districts de l'ouest; qu'il passerait un autre mois à Tiarrabou; que de là on le conduirait à Morea, pour y être finalement déposé avec ses ancêtres, dans le moraï de la famille; que quelques mois après la décomposition graduelle commencerait, mais qu'elle serait si lente qu'il faudrait plusieurs lunes pour l'achever.

Cette méthode d'embaumer ou plutôt de conserver les corps humains est certainement très curieuse, surtout quand on considère que les rayons du soleil tombent ici verticalement, qu'elle a lieu quelquefois dans la saison des pluies, et que les opérateurs ne connaissent en aucune façon la qualité antiseptique des épiceries, des sels, etc. Je crois qu'aucun Européen ne sait si leurs préparations sont simples ou composées, ni quels peuvent être les détails du procédé : il est fort à regretter que leurs interdictions religieuses nous aient empêchés de pénétrer ces mystères ; car beaucoup de vaisseaux pourront aborder ici sans avoir une occasion aussi favorable et des observateurs aussi zélés pour ces sortes de recherches.

[1] Voyage de Cook.

L'équipage du canot était rangé devant la palissade qui environnait le tapapóo. Je remis entre les mains de la veuve la pièce de drap rouge qu'on m'avait demandée ; elle l'étendit sur le corps ; nous fîmes quelques salves de mousqueterie ; et, d'après les instructions qu'on me donna, je dis : *Tera no oea, Mahow* (c'est pour vous, Mahow). Comme il pleuvait, le corps fut retiré à couvert et soigneusement enveloppé. Nous n'avions que quelques verges de chemin à parcourir pour nous retirer dans l'habitation de passage que Pomurrey et sa famille s'étaient choisie dans cette occasion ; mais la forte puanteur du cadavre nous obligea de gagner une nouvelle maison de Whytooa, située un peu à l'ouest d'une habitation de Pomurrey qui avait été détruite dans les guerres et n'était pas rebâtie : il ne nous parut pas qu'il y en eût d'autres pour le moment dans cette partie du district. Nous y dînâmes, et nous revînmes ensuite à Matavaï avec de gros cochons dont la veuve de Mahow m'avait fait présent.

Le deuil de Mahow étant fini, les princesses vinrent nous voir et retournèrent à Oparre après le dîner. Pomurrey, son père, ses femmes, ses frères, ses sœurs et plusieurs de nos amis revinrent le lendemain au matin, très gais et montrant beaucoup de vivacité. Notre départ étant fixé au 22, je promis pour le 20 un spectacle de feu d'artifice,

qui, d'avance, leur causa beaucoup de plaisir.
Pomurrey retourna le soir à Oparre afin d'y or-
donner un supplément de vivres, qu'il jugea que
nous serions bien aises de recevoir avant d'appareiller.

Le 20 au matin nos amis nous envoyèrent à bord
un grand nombre de présens, des cochons, des
volailles, des chèvres [1], des fruits, des racines et
des végétaux : ils s'étaient tous conduits avec la plus
grande honnêteté, et semblaient regretter que notre
départ fût aussi prochain. Un événement grave
vint troubler cette heureuse harmonie. On avait
volé dans la marquise une quantité considérable
de linge qui appartenait à M. Broughton. Moerree,
qui s'était chargé de nous couper du bois, n'en
avait point envoyé depuis le premier ou le second
jour, et il n'avait pas rendu deux haches que je lui
avais fournies. Je lui supposai des intentions malhonnêtes ; j'en parlai, ainsi que du vol, à Urripiah,
qui me répondit sur-le-champ qu'il irait chercher
les haches et le linge.

En allant à bord le 21 janvier, je fus informé
d'un fait plus propre encore que le vol du linge
à rompre la bonne intelligence qui subsistait depuis si long-temps entre nous et les insulaires.

Towereroo, le naturel des îles Sandwich, était
parvenu à se sauver du vaisseau pendant la nuit.

[1] Elles provenaient du fonds qu'y avait établi le capitaine Cook.

Nous avions depuis quelque temps des soupçons sur ce dessein, mais je ne voulus pas sans preuves l'emprisonner tout-à-fait. Il s'était attaché à la fille de Poënó, chef de Matavaï, et il lui avait prodigué toutes ses richesses. Elles étaient assez considérables ; car, outre les dons du gouvernement, à notre départ d'Angleterre, il avait eu beaucoup de présens particuliers ; et, manquant de moralité, il s'était emparé de plusieurs choses précieuses appartenant au maître canonnier, avec qui il avait fait chambrée à cette époque. Towereroo avait un esprit faible et un caractère sournois et opiniâtre : quoiqu'il fût, aux îles Sandwich, d'une condition si subordonnée que selon toute apparence il ne devait pas y rendre des services importans à nous ou à nos compatriotes, il fallait bien insister sur son retour. J'avais à craindre que des gens de l'équipage, ne me supposant pas assez de crédit sur les chefs pour faire rendre des déserteurs, ne fussent tentés de se cacher dans l'île. A mon retour à terre, je trouvai au camp Pomurrey et ses femmes : ils paraissaient bien instruits de cet événement, et les explications ne furent pas longues. Un serviteur de Moerree, dépêché par Pomurrey, rapporta, relativement à la hache, le même message qu'Urripiah nous avait déjà communiqué ; et Pomurrey me pria de consentir à l'arrangement. Je lui montrai la hache que j'avais fait raccommoder ;

mais je déclarai qu'avant de la rendre je voulais
la mienne. Après une petite conférence avec ses
compatriotes, il me dit qu'il allait chercher la hache
confiée à Moerree : il donna des ordres pour qu'on
recherchât Towereroo, et promit solennellement
de le livrer. Il ajouta qu'il allait aussi prendre sur-
le-champ des mesures pour faire retrouver le
linge ; mais, ainsi qu'Urripiah l'avait déjà fait, il
me pria de m'adresser à Whytooa, chef du district où devait être ce linge. Pomurrey revint à
midi avec ma hache, et je rendis celle qui appartenait à Moerree.

Pomurrey me demanda alors devant Taow son
père, ses deux frères, Poatatou et plusieurs autres
chefs, si, conformément à ma promesse, je ferais
tirer des feux d'ârtifice dans la soirée. Je répondis
que non ; que lorsque je l'avais promis, je ne pouvais soupçonner le traitement que s'étaient permis
depuis à notre égard ceux qui auraient dû avoir
une autre conduite relativement au vol de linge
et à la fuite de Towereroo ; que plusieurs des chefs
principaux avaient eu part à ces deux délits que
je ne pouvais pardonner. Pomurrey me répliqua,
sans hésiter, que Towereroo serait livré le l'ende-
main, soit au camp, soit à bord de *la Découverte*.
Comme je l'interrogeais encore sur le linge, les
trois frères se parlèrent très vivement ; et Pomurrey accusa Whytooa, en particulier, d'avoir

manqué de soins et d'amitié en cette occasion. Arreheah fut souvent nommé dans le cours de la
dispute; et Pomurrey, autant que je pus le comprendre, semblait le regarder comme un des principaux coupables. Cet homme était chef inférieur
à Hapino, l'un des districts appartenant à Whytooa, qui, de concert avec Urripiah, nous l'avait
recommandé; et depuis quelques jours il avait presque toujours été au camp. Un autre insulaire, que
quelques-uns des chefs nous avaient engagés à
employer comme un bon cuisinier, avait été vu, la
nuit du vol, couché, ainsi qu'Arreheah, près de
la marquise. Pomurrey, instruit de cette circonstance, dit que le vol avait certainement été commis
par l'un ou l'autre, et peut-être par tous les deux.
Le dîner qui se trouvait servi termina le débat.
Dans l'après-midi les trois frères allèrent à la recherche du linge volé, et revinrent bientôt avec le
serviteur qui s'était caché. Dans son interrogatoire,
il accusa Arreheah d'avoir commis le vol : à l'en
croire, il avait pris la fuite, parce que, connaissant
le voleur, il craignait d'être lui-même soupçonné
et puni. Ses aveux prouvaient clairement sa complicité : comme je le soupçonnais d'être le principal
auteur du vol, je lui fis mettre une corde au cou, et
je l'envoyai à bord, avec ordre de l'y retenir aux
fers; afin d'épouvanter davantage, je déclarai qu'il
serait pendu si on ne rendait pas le linge.

Une nouvelle discussion pareille à celle dont j'ai déjà rendu compte eut encore lieu entre les trois frères, et Whytooa me parut très affecté des réprimandes de Pomurrey. Le voleur étant alors connu, je saisis cette occasion pour dire aux princes que j'avais eu le dessein de leur faire des présens considérables, ainsi qu'à plusieurs chefs ; mais que je ne donnerais rien, à moins qu'on ne rendît Towereroo et qu'on ne rapportât le linge de M. Broughton : ils me quittèrent en assurant que tout serait rendu.

Le ressac laissant le rivage assez tranquille, la grande tente des ouvriers et d'autres objets furent renvoyés à bord dans l'après-midi : il ne restait plus à terre que la marquise, la tente de la garde et l'artillerie. Sur ces entrefaites, les chefs s'étaient tous imperceptiblement retirés : vers le coucher du soleil, nous vîmes en mouvement la plupart des pirogues amarrées jusqu'alors dans la rivière : les maisons qui sur le rivage opposé avaient été si bien remplies, se trouvèrent désertes et dépouillées de leurs meubles. On nous fit entendre que les earées et le peuple étaient *mattowed* (alarmés), parce que je montrais de la colère : un insulaire nommé *Boba* mit beaucoup d'empressement à m'en avertir. Dans la soirée du vol du linge, il avait passé la rivière pour se rendre près de nous, sous un léger prétexte qui ne me satisfit point, et

il n'avait pas reparu depuis. Le soupçonnant de
complicité avec les voleurs, je donnai ordre de
l'arrêter et de retenir la seule pirogue encore à
notre portée, laquelle contenait plusieurs des objets précieux qui forment leurs richesses : dans le
cas où les chefs nous auraient abandonnés, ce que
je commençais à craindre, car un mattow général
semblait avoir été proclamé, je voulais avoir quelque chose en mon pouvoir.

M. Broughton, qui suivit les naturels de l'autre
côté de la rivière, m'informa que l'arrestation de
Boba était la principale cause du mattow, et qu'ils
croyaient que j'avais aussi arrêté la reine-mère.
Cette bonne femme avait toujours été parmi nous,
même en l'absence de son mari, et elle était, dans
toutes les occasions, très empressée d'imiter nos
manières : je la priai de parler sur-le-champ à Pomurrey, qui, avec plusieurs chefs et un grand concours d'habitans, se trouvait sur le rivage de l'autre
côté de la rivière. Elle y consentit, mais tout-à-fait
contre son gré : elle leur dit qu'elle savait bien que
j'étais l'ami de son Pomurrey et de tous les chefs,
et que c'était à eux comme à elle de venir auprès
de moi. Cette affaire se traitait d'un bord de la
rivière à l'autre; Pomurrey et les naturels persis-
tant à dire que je la retenais, elle les démentit sur
ce point avec beaucoup de force. La foule répli-
quait que je lui ordonnais de parler ainsi, et que

je savais bien leur langue : dans cette position, je
la pressai de passer la rivière; y ayant à la fin
consenti, elle fut reçue de l'autre côté avec de
grandes démonstrations de joie. Pomurrey, persuadé par elle que j'étais toujours son ami et que
je désirais instamment conférer avec lui sur ces
malheureux événemens, voulut traverser la rivière; mais il en fut empêché par la multitude. Il
protesta alors que son intention n'était pas de la
passer, mais de s'approcher pour me bien comprendre, et on lui permit de faire quelques pas en
avant : il me questionna de nouveau sur mes intentions pacifiques, et il me demanda si, une fois arrivé sur l'autre bord, je l'arrêterais. Après avoir
reçu de ma part les assurances les moins équivoques de la continuation de mon amitié et de
sa sûreté personnelle, il se dégagea des mains de
ceux qui essayaient de le retenir de force et il arriva près de nous, contre le vœu et l'opinion de la
foule, qui murmura vivement. Les murmures
apaisés, ses femmes ne tardèrent pas à suivre son
exemple. Je dis à Pomurrey que je retenais une
pirogue, et que j'avais fait arrêter un insulaire. Dès
qu'il vit que c'était Boba, il me répondit de l'innocence de cet homme et me pria de le relâcher:
je l'avais fait arrêter sur des soupçons, et je n'hésitai pas à contenter Pomurrey, qui me charmait
par sa confiance en mon intégrité.

La réconciliation faite, Pomurrey et ses femmes passèrent la soirée avec nous et couchèrent dans la marquise. Ils partirent le lendemain de bonne heure. Pomurrey me dit qu'il allait à Oparre chercher Towereroo, qu'on croyait caché dans les montagnes de ce district; que ce déserteur serait arrêté dans la journée, et qu'il le ramènerait à Matavaï. Il ajouta que Whytooa allait de son côté à la recherche du linge, qui serait aussi rapporté.

Il était bien fâcheux qu'au moment où nous nous trouvions en état de reprendre la mer, après avoir vécu trois semaines dans la plus parfaite amitié avec ces bonnes gens, leur mauvaise conduite, à la veille de notre départ, nous empêchât de mettre dans nos adieux la cordialité et la bienveillance qu'ils avaient si bien méritées jusqu'alors.

Nos opérations à terre étant terminées, tout ce qui se trouvait encore au camp fut renvoyé à bord, à l'exception de la marquise, où M. Puget demeura, à la tête d'une garde, afin de communiquer plus aisément avec les chefs, s'ils voulaient renouveler leurs visites : aucun insulaire de quelque distinction n'avait paru depuis que Pomurrey nous avait quittés. M. Broughton, ayant passé la rivière et fait une course dans l'intérieur du pays, trouva Whytooa qui folâtrait chez lui avec sa femme, au lieu de s'occuper de la recherche du linge : il l'engagea à venir à la tente; mais Why-

tooa, qui avait d'abord répondu qu'il était mattowed, se rendit à de nouvelles instances, et lorsqu'il fut en face du camp, il demanda quelques
assurances d'amitié de ma part. Je me hâtai de les
donner. Il était déjà au milieu de la rivière, venant près de moi à l'autre bord, lorsque les insulaires le contraignirent à retourner sur ses pas.
M. Broughton ayant proposé de demeurer avec
eux durant l'absence de Whytooa, celui-ci passa
en effet la rivière, et content de sa situation parmi
nous, un domestique alla, par son ordre, dégager
M. Broughton, qui ne tarda pas à nous joindre.
Whytooa était accompagné de sa femme, et ils
vinrent avec moi dîner à bord. Il me dit que Pomurrey et Urripiah étaient à Oparre, et qu'ils ar-
riveraient dès que Towereroo serait pris. Je ne pus
rien apprendre de satisfaisant sur le linge; au
reste, afin d'entretenir la confiance qu'il m'avait
témoignée, je ne crus pas devoir pousser trop loin
mes questions. J'avais dessein de le retenir lui et
sa femme, si leur emprisonnement devenait nécessaire par la suite; mais attendant des nouvelles du
père et des deux oncles du roi, je différai toute
mesure ultérieure. La pirogue et les richesses que
nous avions saisies la veille paraissant appartenir
à un chef d'Ulietea qui n'avait sûrement pris aucune part aux derniers événemens, la justice pres-
crivait de les rendre au légitime propriétaire, et
je l'ordonnai en effet.

Pomurrey ni Urripiah n'étant arrivés le 23 au matin, M. Broughton proposa de se faire accompagner à Oparre par Whytooa et sa femme qui étaient toujours avec nous, afin d'y voir Pomurrey, et de savoir comment allaient nos affaires dans ce district. Whytooa y consentit de bon cœur; et tandis qu'on préparait le canot qui devait les conduire, les princesses survinrent. Elles m'apprirent que Pomurrey était encore à Oparre, et qu'il viendrait à mon bord dès qu'on aurait trouvé Towereroo. On les informa de l'objet du voyage de M. Broughton, et je les avertis qu'elles devaient demeurer parmi nous jusqu'à son retour. Elles se montrèrent très satisfaites de cet arrangement. Leur gaîté et leurs plaisanteries sur le grand voyage, sur la manière dont elles seraient reçues en Angleterre, etc., me firent penser que Towereroo était déjà arrêté, mais qu'elles se plaisaient à me tenir dans l'incertitude. Nous n'y demeurâmes pas longtemps : le canot fut de retour à midi, avec les trois frères et Towereroo. M. Broughton les avait rencontrés venant aux vaisseaux et suivis d'une flotte de pirogues chargées de toutes sortes de provisions : c'étaient des présens de la famille royale et de plusieurs de nos autres amis, qui tous montèrent à bord avec une telle profusion de ce qu'ils ont de plus précieux, que nous n'eûmes pas assez de place pour tant de biens, et que plusieurs de leurs embarcations remportèrent à terre leurs cargaisons.

Je sens bien qu'en raison de notre relâche à Taïti, les philosophes attendent de moi beaucoup de détails nouveaux sur une peuplade qui depuis quelque temps fixe l'attention publique ; mais la brièveté de notre séjour et diverses circonstances ne m'ont laissé que peu de moyens de répondre ici à l'empressement général.

M. Anderson a déjà remarqué la vénération de ces insulaires pour les noms de leurs souverains ; mais je présume que cet observateur judicieux n'a pas eu occasion de connaître toute l'étendue de ce respect. A l'avénement d'O-Too au *maro*, c'està-dire lorsqu'il a pris la ceinture royale, leur langue a subi une altération considérable. Les noms propres de tous les chefs ont changé ; on a changé aussi quarante ou cinquante des mots qui se présentent le plus communément dans la conversation, et ceux qu'on y a substitués n'ont pas la moindre affinité avec les anciens.

Chaque insulaire est obligé de se servir du nouveau langage, et on punit sévèrement la négligence ou le mépris sur ce point. Le souvenir des anciens mots n'est pas effacé, et, pour la facilité des communications, je crois qu'on avait permis de les employer avec nous. Pomurrey cependant me reprenait lorsque par hasard j'employais l'ancienne

expression ; il me disait, et cela lui arrivait souvent, que je savais qu'elle était mauvaise, et qu'on
ne devait plus en faire usage. Si une innovation
aussi pernicieuse avait lieu généralement d'après
la volonté arbitraire des souverains des îles de la
mer du Sud, il en résulterait des difficultés insur-
montables pour les étrangers. Mais il paraît que
c'est un règlement nouveau, borné jusqu'à présent
aux îles de la Société ; autrement il serait impossible d'expliquer l'affinité de langage qu'on a reconnue chez les diverses peuplades de la grande
nation de la mer du Sud. Ces termes nouveaux éta-
blissent une différence essentielle dans les tables
de comparaison qu'on a rédigées avec tant de
peine ; et si l'on parvient à découvrir les raisons
de ces changemens, il sera curieux de connaître
les vues politiques qui les ont déterminés. Il aurait
fallu plus de loisir et de connaissance de la langue
que je n'en avais. Des soins plus importans, rela-
tifs au grand objet de notre expédition, ont absorbé
presque tous les momens de mon séjour à Taïti ;
et les difficultés que nous avons éprouvées après
l'introduction de tant d'expressions nouvelles ont
rendu infructueuses la plupart de nos recherches.
D'ailleurs il n'est point facile d'obtenir des réponses vraies d'une peuplade toujours occupée du soin
de ne pas causer la plus légère offense.

A la moindre apparence de déplaisir de notre

part, même en conversation, les insulaires, recou-
rant, pour sortir de l'embarras qu'ils craignaient,
à ces acceptions multipliées des mêmes mots qu'offre leur langue, donnaient souvent à leurs assertions les plus positives une explication qui nous
semblait en contradiction directe avec ce qu'ils
avaient dit d'abord ; ou, ce qui revenait à peu près
au même, dans une seconde conversation nous
donnions fréquemment à leurs réponses un sens
tout-à-fait opposé à celui que nous avions compris
dans une première. Avec une connaissance plus
exacte de leur langue, nous aurions probablement
observé que ces deux modes d'expression voulaient
dire la même chose, et différaient seulement par
le récit figuré des circonstances qu'ils énoncent
souvent. Je me suis plus d'une fois aperçu de cette
erreur, et en y réfléchissant je voyais disparaître
la contradiction que j'avais cru d'abord remarquer. Ainsi, malgré les observations les plus dé-
taillées, il faudra toujours beaucoup de travail et
d'étude pour connaître au-delà d'une certaine
étendue superficielle la langue, les mœurs et les
usages des contrées nouvellement découvertes. Au
milieu de tant de désavantages, il est fort certain
que j'eusse pu faire de pareilles recherches avec
succès si le temps et d'autres occupations me l'a-
vaient permis. J'abandonne la palme aux observateurs qui m'ont précédé, et qui dans leur descrip-

tion générale de ce pays ont publié un si grand nombre de remarques exactes et judicieuses.

Les outils, les instrumens et les autres marchandises de l'Europe sont devenus si importans pour le bonheur ou l'aisance de ces insulaires, que je ne puis m'empêcher de remarquer avec le capitaine Cook dans quelle déplorable situation se trouveraient ces bonnes gens si leur communication avec les Européens était tout à coup interrompue. La connaissance qu'ils ont acquise de la supériorité de nos outils, de nos instrumens et des objets de nos fabriques, l'approvisionnement passager qu'ils s'en sont procuré leur ont fait dédaigner les leurs : ils en perdent l'usage et même le souvenir. Nous en eûmes une preuve convaincante dans le petit nombre d'outils ou d'ustensiles de pierre ou d'os que nous vîmes parmi eux : ceux qu'ils apportèrent au marché étaient d'un travail grossier, destinés seulement à nous être vendus comme articles de curiosité. Je suis convaincu aussi qu'une petite quantité de draps d'Europe, ajoutée à ce qu'ils en ont déjà, leur fera abandonner entièrement la culture du mûrier, dont ils tirent leurs étoffes, et que, relativement à cet objet ainsi qu'à beaucoup d'autres de première nécessité, ils compteront sur l'arrivée très précaire des navigateurs.

Il suit de ces tristes réflexions que toutes les lois de l'humanité imposent aux Européens l'obligation

de fournir régulièrement à des besoins qu'ils ont
seuls créés; d'envoyer de temps à autre à ces insulaires une provision des articles importans dont
ils ont adopté l'usage, et qui, ayant écarté les articles
analogues du pays, sont devenus pour eux d'une
nécessité indispensable : au reste, ils donneront en
paiement des vivres et des rafraîchissemens, très
utiles aux navires de commerce qui pourront naviguer sur l'océan Pacifique.

Nos ouvrages de fer, nos étoffes et nos toiles
sont pour eux si nécessaires maintenant, que leur
valeur est la même après les relâches multipliées
des navires européens, et que la quantité des vivres
et des rafraîchissemens n'a pas diminué. Nous y
avons trouvé de tout dans la plus grande profusion. Je fis saler six grandes barriques de très beau
porc, et si j'avais eu plus de sel j'aurais pu en
embarquer une quantité dix fois plus forte : les
deux vaisseaux emportaient pour la consommation
journalière autant de cochons vivans et de végétaux
que pouvait en contenir l'espace qui nous restait
libre. Quoique *la Pandora* eût quitté si récemment
Taïti, je payai le tout deux cents pour cent meilleur marché qu'à aucune époque des relâches du
capitaine Cook.

Les opérations militaires de ces peuplades ont
aussi beaucoup changé. Leurs guerres étaient surtout maritimes lorsque nous en fîmes la décou-

verte : il paraît qu'il n'en est pas de même aujour-
d'hui ; nos excursions se sont prolongées à une
grande distance, et nous n'avons pas vu une seule
pirogue de guerre appartenant à Taïti. Ce sujet a
été la matière de plusieurs de mes conversations
avec Urripiah : il m'apprit que dans les dernières
batailles ils les trouvèrent d'une manœuvre si difficile, particulièrement lorsque le vent soufflait
avec force, qu'ils y ont tout-à-fait renoncé; qu'ils
livrent maintenant leurs combats sur terre; que si
les guerres sont offensives, les plus grandes de
leurs pirogues ordinaires les transportent au lieu
de leur destination, où ils débarquent au milieu
de la nuit ou par un temps pluvieux très obscur.

On a donné jusqu'ici de grands éloges, et très
justement, à la beauté des femmes de ce pays. Je
dois avouer combien je me suis vu trompé dans
l'attente qu'avaient fait naître des impressions reçues à l'époque des relâches du capitaine Cook,
dans un temps où j'étais fort jeune. Les naturels
eux-mêmes conviennent sans façon du changement
qui a eu lieu en un petit nombre d'années : ils paraissent l'attribuer en grande partie aux affreuses
maladies introduites par les navigateurs européens,
dont leurs plus belles femmes sont mortes dans
leur première jeunesse. La beauté est ici, surtout
parmi les femmes, une fleur qui s'épanouit promptement et se flétrit aussitôt. Leurs charmes person-

nels, comme ceux des créoles des îles d'Amérique,
arrivent bientôt à leur maturité, se soutiennent
peu de temps et déclinent avec la même rapidité. Le défaut de beauté chez les femmes de ces
îles est aujourd'hui tel, qu'on est singulièrement
étonné qu'un si grand nombre d'individus de l'é-
quipage du *Bounty* [1] se soient épris au point de
sacrifier leur patrie, leur honneur et leur existence à leur amour pour des Taïtiennes : nous avons
vu souvent ces maîtresses dont ils ont des enfans.
Nous n'avons pas eu occasion de juger du mérite
de leur esprit ou de leur caractère ; mais quant aux
attraits de leurs personnes, on n'aurait certainement pas imaginé qu'ils dussent porter des Anglais
à une infidélité aussi criminelle ; d'ailleurs elles
étaient toutes sans crédit et sans pouvoir.

Les animaux et les plantes d'Europe dont le capitaine Cook et les autres navigateurs avaient enri-
chi cette contrée ont été détruits presque entièrement dans les dernières guerres des différens
partis. Mes regrets sur cet événement furent d'autant plus vifs, que tout annonçait un meilleur
succès si j'avais pu les remplacer. L'altération qu'a
subie le gouvernement me donnait lieu de croire
qu'on protégerait efficacement toutes les richesses
de ce genre que j'y laisserais. Je n'y ai déposé que
trois oies du Cap, deux femelles et un mâle. Nous

---

[1] Vaisseau du capitaine Bligh. (Voir tome XIII.)

avons planté des ceps de vigne qui s'étaient très bien-conservés à bord, quelques orangers et quelques limoniers, et semé un assortiment de graines de jardin ; mais la nature libérale a donné à ce pays une si grande variété de productions végétales, que les naturels désirent peu d'en accroître le nombre; et si l'on peut se former une opinion d'après le déplorable état dans lequel nous trouvâmes les terrains où l'on avait déposé des plantes et des graines étrangères, il reste peu d'espérance qu'on prenne soin de nos plantes potagères. Je ne pense pas que de pareilles tentatives réussissent jamais, à moins que des Européens ne restent dans l'île, et que par la force de leur exemple ils n'excitent chez les naturels le désir de cultiver la terre de leurs mains, travail auquel ils sont aujourd'hui presque étrangers.

L'ava et une petite quantité de mûriers dont ils tirent leurs étoffes sont les seules productions végétales que les Taïtiens prennent la peine de cultiver. De tous les végétaux exotiques si variés et si nombreux dont on a essayé d'enrichir cette île à différentes époques, je n'ai vu que quelques shaddecks médiocres, du blé de Turquie assez bon, un petit nombre de cosses de capsicum, et quelques raiforts très grossiers.

Le lait de la chèvre n'ayant été employé à aucun usage, et sa chair n'étant pas assez grasse pour le goût des insulaires, ce quadrupède a perdu sa réputation; il en reste peu d'individus : j'en rassemblai cependant un assez grand nombre, avec le dessein d'en établir la race aux îles Sandwich, si les habitans y mettaient du prix.

DEUXIÈME SECTION.

RELACHE AUX ÎLES SANDWICH. RECONNAISSANCE D'UNE PARTIE DE CES ÎLES ET DE LA CÔTE DE LA NOUVELLE-ALBION. NOTRE NAVIGATION INTÉRIEURE. OPÉRATIONS A NOOTKA. ARRIVÉE AU PORT SAN-FRANCISCO.

§ 1.

Passage de Taïti aux îles Sandwich. Visite de Tianna et des autres chefs. Nous laissons Towereroo à Owhyhée. Nous nous portons aux îles sous le vent. Nous mouillons dans la baie de Whyteete, île de Waohoo. Notre arrivée à Attoway.

Nos amis de Taïti nous ayant quittés le 24 janvier 1792, nous fîmes route au nord; et quoique nous fussions en mer depuis environ dix mois, notre voyage ne paraissait que commencer, puisque les vaisseaux portaient pour la première fois le cap vers le grand objet de notre expédition. J'éprouvai beaucoup de regrets en me voyant si peu avancé. Nous étions, à peu de jours près, à l'époque où, selon mes calculs en Angleterre, j'avais compté partir des îles Sandwich, dont je me trouvais en-

core éloigné d'environ huit cents lieues. Je me
consolai par l'idée qu'il n'y avait eu ni temps perdu
ni délais inexcusables, et que, si j'avais passé un
mois à la côte sud-ouest de la Nouvelle-Hollande,
j'avais utilement employé cet intervalle. Des vents
contraires et la marche très médiocre de nos bâtimens étaient surtout la cause de notre retard.

Le 1ᵉʳ mars à la pointe du jour nous eûmes connaissance de l'île d'Owhyhée, qui nous restait du
nord au nord-est, à environ vingt-quatre lieues.

On fit à l'équipage une nouvelle lecture de l'ordre qui défendait le commerce avec les naturels
du pays. Son exécution, dans les circonstances où
nous nous trouvions, ne devait pas être seulement
d'une grande utilité, elle se trouvait encore indispensable.

Le 2 au matin, à l'aide d'une petite brise de
terre, nous la prolongeâmes vers le nord, à la distance d'environ trois milles. Plusieurs pirogues
arrivèrent avec de petits cochons et des productions végétales, entre autres de très bons melons
d'eau : les naturels en demandaient un prix exorbitant; ils montrèrent d'ailleurs peu de désir de
faire des échanges ou d'avoir avec nous quelque
communication. Le 3 à midi nous avions un beau
temps et de petites brises généralement du large
de la terre; la baie de Karakakooa nous restait au
nord à environ cinq milles, et nous eûmes la sa-

tisfaction de reconnaître que notre chronomètre, d'après son mouvement journalier à Taïti, indiquait la longitude, à peu de secondes près, ainsi que l'a déterminée le capitaine Cook.

L'escarpement à pic qui forme le côté nord de la baie de Karakakooa est trop remarquable pour qu'on puisse se tromper, d'autant qu'à partir de cet escarpement l'intérieur du pays s'élève d'une manière plus brusque que du rivage de la mer qui est au nord ou au sud de la baie. Cette baie, quoique offrant des terrains boisés et des cultures au-dessus de ses stériles bords de roche, où se trouvent principalement les habitations des naturels, est néanmoins dénuée de la variété de sites qu'on pourrait y espérer d'après le caractère général de toute la bande de l'île où on la rencontre.

Plusieurs pirogues qui dans le cours de la matinée avaient été lancées à la mer couraient après nous : je fis mettre en panne afin de les attendre, et je ne tardai pas à recevoir la visite de Tianna, dont il est parlé dans le voyage de M. Meares [1]. Je le reçus avec les égards dus à l'estimable caractère qu'on lui supposait, et que l'intérêt reconnaissant qu'il gardait à son protecteur semblait prouver. Il parut désirer terminer promptement la première conversation de civilité, et il se hâta de nous informer que depuis son retour de la

_____
[1] Voir tome XIII.

Chine il avait résidé à Owhyhée, où de sanglantes batailles s'étaient livrées.

Tianna ayant plusieurs chèvres, je ne lui donnai aucun de ces quadrupèdes : mais des ceps de vigne, des plants d'orangers et d'amandiers, des graines de plantes potagères, le rendirent très heureux, et il me promit d'en avoir le plus grand soin. Il nous quitta, ainsi que Towereroo, sur les cinq heures du soir, après avoir reçu des objets précieux en retour de dix petits cochons. Quoiqu'il parût bien satisfait de sa réception et enchanté d'un salut de quatre coups de canon que j'ordonnai à son départ, on voyait clairement qu'il était affligé de n'avoir pu se procurer ni armes à feu ni munitions. Lui et tous ses compatriotes me pressèrent vivement de leur en donner, mais je refusai toujours de les satisfaire.

Je confiai à Towereroo une lettre pour le vaisseau d'approvisionnement que j'attendais. J'instruisais le commandant de notre départ d'Owhyhée, de mon intention de toucher aux îles sous le vent pour y faire de l'eau, et de me rendre tout de suite à la côte d'Amérique ; je lui ordonnais de m'y suivre sans perdre de temps, conformément à ce que j'avais réglé avec le secrétaire d'État en Angleterre.

En prolongeant la côte à l'aide d'une brise légère, nous fûmes très surpris, le soir, de nous entendre héler en mauvais anglais, par une grosse pirogue qui nous approcha : on nous demanda très civilement qui nous étions, de quel pays, et si nous voulions permettre qu'on vînt à bord. J'y consentis. Le jeune homme qui nous avait adressé la parole en anglais se nommait Tareehooa ; il était originaire d'Attoway, et avait accompagné M. John Ingraham, capitaine d'un navire américain chargé de fourrures de la côte nord-ouest de l'Amérique, qui s'était rendu par la voie de la Chine à Boston, dans la Nouvelle-Angleterre. Tareehooa avait passé environ sept mois aux États-Unis, et M. Ingraham l'avait ramené dans sa patrie quelques mois auparavant.

J'appris qu'il se trouvait au service d'un chef d'une grande autorité, appelé *Kahowmotoo*, à peu près l'égal de Tianna, et qui, ainsi que Tianna, avait beaucoup contribué à procurer à Tamaah-Maaha la souveraineté de toute l'île. Le chef, qui était présent, me remit une lettre en espagnol, datée du sloop *la Princesse Royale*, le 28 mars 1791 (probablement le navire pris à Nootka), avec une traduction anglaise ayant la même date ; l'original et la traduction étaient signés *Emanuel Kimper*. La lettre recommandait dans les termes les plus forts Tamaah-Maaha, Tianna et Kahowmotoo, qui, dans toutes les occasions, avaient traité M. Kimper avec beaucoup d'amitié et d'hospitalité. Kahowmotoo me donna ensuite trois beaux cochons, que j'eus soin de lui bien payer; mais, comme Tianna, il eut de grands regrets de ne recevoir ni armes à feu ni munitions. Il me pria de lui permettre de coucher à bord et de prendre sa pirogue à la retraite : je lui répondis que je le voulais bien. Le soir nous causâmes beaucoup : il confirma ce qu'avait dit Tianna sur la non arrivée d'aucun vaisseau depuis quelques mois, et sur les guerres qui avaient eu lieu.

Le lendemain au matin nous étions par le travers de la pointe sud de la baie de Toea-yah-ha, près de laquelle se trouve la résidence de Kahowmotoo. J'eus bien du plaisir à voir l'empressement de tous les chefs pour les productions végétales dont je voulais enrichir ces îles; et s'ils ne les négligent pas, elles ajouteront beaucoup aux richesses de leur territoire. Kahowmotoo mit un grand prix à toutes les acquisitions de ce genre : je le charmai en lui donnant de beaux plants d'orangers et un paquet de différentes graines de jardin. Je lui fis présent aussi d'une chèvre et d'un chevreau; il parut enchanté de tant de biens, et il promit d'en prendre un soin extrême.

Une petite brise, qui soufflait surtout du sud, nous porta lentement vers la pointe nord d'Ow-hyhée, jusqu'au moment où nous atteignîmes le vent alisé d'est-nord-est qui n'était plus intercepté par les hautes montagnes dont cette île est formée.

Nous fîmes route sur Woahou. Nous trouvant, le 6 dès le grand matin, un peu trop en dedans de l'île de Tahoorowa, un signal enjoignit au *Chatam* d'arriver le long du côté sud de cette île ; mais comme il ne répondit ni à ce signal ni à d'autres que je lui avais déjà faits, je jugeai qu'il était resté en calme au-dessous de la haute terre d'Owhyhée, tandis qu'il avait venté bon frais pour nous, parce que nous étions plus en avant. Au reste, Woahou étant notre premier rendez-vous, je ne craignais pas une longue séparation.

Quelques insulaires de Ranaï vinrent nous voir, uniquement, je crois, pour satisfaire leur curiosité, car ils n'avaient presque rien à échanger. Le pauvre aspect que présente leur île pourrait cependant expliquer pourquoi ils n'apportèrent rien. D'après sa stérilité apparente et le petit nombre de misérables huttes clair-semées que nous parvînmes à découvrir avec nos lunettes, il nous sembla que cette partie est peu habitée et sans ressources pour les navigateurs : l'après-midi nous marchâmes au nord, le long du côté ouest ; et au coucher du soleil nous retrouvâmes le vent alisé, à l'aide duquel nous aperçûmes à minuit l'île de Woahou, qui nous restait à l'ouest à six ou sept milles, et dont les rivages à l'est présentent la même stérilité que ceux de Ranaï, et sont principalement composés de roches nues et d'escarpemens élevés qui tombent perpendiculairement dans la mer. Quoique nous l'ayons prolongée à une distance qui n'excédait pas une lieue, nous n'avons remarqué nulle part ni verdure ni culture. Le rivage, au nord de la pointe est, paraissait très dentelé; mais nous étions trop au large pour discerner si les navigateurs y trouveraient un abri. La partie sud-est offre deux promontoires remarquables : le premier, ou celui qui est le plus à l'est, est composé de falaises de roches stériles et à pic qui s'élèvent brusquement du sein de la mer; d'ici la terre s'enfonce un peu et forme une baie dans la direction du nord, où l'eau, d'ailleurs peu profonde, indique un fond de roche par sa couleur. Le ressac brise avec violence sur la grève, au-delà de laquelle une lagune s'étend à quelque distance vers le nord : si l'on trouve que le fond soit bon, les vaisseaux pourront y mouiller assez à l'abri du vent alisé ordinaire; mais nous ne l'avons pas examiné plus particulièrement, parce que notre rendez-vous était derrière le second promontoire.

En continuant notre route, sur les neuf heures, nous tournâmes le récif, qui est à peu près à un quart de mille de cette pointe. Sur les dix heures, nous laissâmes tomber l'ancre à dix brasses. Le sommet de ce promontoire, qui est la pointe sud de l'île, a l'apparence d'un cratère de volcan. Quelques insulaires nous arrivèrent de la côte et nous

apportèrent une très petite quantité de rafraîchissemens; des melons ordinaires et des melons d'eau,
les uns et les autres d'une espèce excellente, en
faisaient la plus grande partie. Notre mouillage
dans la baie, que les naturels du pays appellent
Whyteete, nous parut à peu près aussi bon que le
sont communément la plupart des ancrages de ces
îles. Les habitans étaient très sages et très dociles,
quoiqu'il n'y eût parmi eux ni chef ni personnage
de distinction pour les contenir : aucun homme,
aucune femme n'entreprit de venir sur le vaisseau
sans en avoir obtenu la permission; et lorsqu'on
la leur refusait, ils demeuraient bien tranquilles
dans leurs pirogues, le long du bord.

Ayant débarqué, je demandai de l'eau, et on me
conduisit à des réservoirs stagnans et saumâtres
qui se trouvaient près du rivage; mais je la trouvai
mauvaise. On me dit qu'il y en avait de bonne et
en abondance à quelque distance, et on s'offrit à
m'y conduire. Comme les naturels paraissaient dans
des intentions amicales et pacifiques, je laissai les
canots, et nous allâmes avec les soldats de marine
à la recherche de l'aiguade. Nos guides nous menèrent vers le nord; et quand nous eûmes traversé
le village, nous rencontrâmes une digue très bien
faite, d'environ douze pieds de largeur, avec un
fossé de chaque côté.

Alors s'ouvrit devant nous une plaine spacieuse,

qui, auprès du village; ressemblait à une des bruyères d'Angleterre; mais en avançant, la majeure partie se trouva divisée en champs très bien cultivés, d'étendue et de formes irrégulières, séparés les uns des autres par de petits murs de pierre. Ces portions de terrain étaient plantées d'eddo ou de racine de taro, et plus ou moins inondées; aucune n'était complétement à sec, et quelques-unes étaient couvertes de trois à six pouces d'eau. La digue se prolongeait à environ un mille de la grève, et l'aiguade se voyait à l'extrémité. C'était un ruisseau de cinq ou six pieds de large sur une profondeur de deux ou trois pieds, bien encaissé et presque sans mouvement : seulement quelques filets d'eau, s'échappant par les écluses qui arrêtaient le courant, entretepaient l'humidité des plantations de taro. L'eau était excellente, mais le chemin trop mauvais pour rouler si loin nos barriques sans les endommager beaucoup. Je fis comprendre à nos guides que si les insulaires voulaient se réunir et nous apporter de l'eau dans des calebasses, ils seraient bien récompensés. Ma proposition fut à l'instant communiquée aux naturels qui étaient près de nous, et on me répondit tout de suite que nous en aurions le lendemain une ample provision.

La douceur et l'honnêteté des insulaires nous décidèrent à faire au milieu des plantations une promenade qui nous enchanta. Une jolie brise rafraîchissait l'air, et les gens du pays se tenaient assez loin pour ne pas nous incommoder. Ces champs d'une si belle culture étaient plantés principalement de taro et remplis d'oiseaux sauvages, surtout du genre des canards : nos chasseurs en tuèrent quelques-uns d'un excellent goût. Les flancs des collines qui se montraient à quelque distance paraissaient de roche et stériles : les vallées intermédiaires, toutes habitées, produisaient quelques gros arbres et offraient un joli coup d'œil; mais les plaines, si l'on en juge par le soin qu'on met à leur culture, semblent fournir la majeure partie des productions végétales qui servent à la nourriture des habitans. Le sol, quoique assez riche et d'une assez grande vigueur, diffère extrêmement de celui de Mataváï et des autres cantons de Taïti. La nature n'a pas été, envers Woahou, prodigue de végétaux utiles à l'homme; elle ne lui a presque donné que la plante du taro, dont la culture exige beaucoup de soin, d'industrie et de travail manuel. Pour la planter, la sarcler ou la récolter, les naturels doivent se mettre dans la vase jusqu'à la ceinture, tandis que les rayons du soleil tombent verticalement sur eux. Les plaines de Taïti, au contraire, produisent spontanément et en abondance des végétaux propres à la nourriture de ses habitans : les fortunés Taïtiens n'ont pas la peine de les semer, de les

planter, de les soigner, ou de se livrer à de grands
travaux pour construire des aquéducs qui assurent
leurs récoltes : des bocages continus d'arbres à
pain, d'une espèce de pommiers, de palmiers et
d'autres arbres, leur offrent des retraites déli-
cieuses et d'une fraîcheur charmante. L'île de Woahou n'a rien de pareil, et ce n'est pas sur ce point
seul qu'elle a été moins favorisée de la nature. Les
deux peuplades, quoique sans doute elles viennent
primitivement de la même nation, diffèrent beaucoup entre elles : et il semblerait que la bonté relative des Taïtiens et des insulaires de Woahou est
proportionnée à la fertilité naturelle de leur sol
respectif.

On jugera peut-être qu'il est peu charitable d'arrêter ainsi ses idées d'après une aussi courte entrevue ; mais quand on visite différentes contrées
dans des circonstances à peu près pareilles, les
premières impressions ont toujours beaucoup d'influence ; alors il est bien difficile d'écarter les
comparaisons. A notre débarquement à Taïti, l'effu-
sion de l'amitié et de l'hospitalité s'est toujours
montrée sur le visage des naturels : chacun d'eux,
par des soins enchanteurs, s'efforçait de prévenir
nos besoins et nos désirs ; tous, à l'envi, s'empres-
saient de nous rendre les petits services que nous
demandions ; dès que nous approchions d'une maison, on nous invitait à y prendre des rafraîchisse-

mens; en un mot, ils nous témoignaient une bienveillance qui ferait honneur aux nations les plus
civilisées. Les insulaires de Woahou nous regar-
daient avec une sévérité d'un mauvais accueil; en
général ils ne s'occupaient pas de nos besoins :
durant la promenade, ils ne témoignèrent aucune
envie de nous plaire : rien n'annonça qu'ils crai-
gnissent de nous offenser; personne ne nous proposa de nous rafraîchir, et on ne nous invita à
entrer dans aucune maison. Leur maintien fut, en
général, de cette civilité à distance qui paraissait
inspirée par le désir de communiquer en paix avec
des étrangers dont ils comptaient tirer des objets
précieux qu'ils n'obtiendraient pas d'une autre manière; car, en nous voyant à terre, ils durent être
persuadés que nous étions trop puissans pour être
vaincus, et trop sur nos gardes pour être surpris.
Au reste je dois des éloges à l'hospitalité de nos
deux guides qui, à notre arrivée sur le rivage, s'y
donnèrent des soins de police, et dont chacun fit
préparer un cochon et une certaine quantité de végétaux. Au retour de notre excursion ce repas était
prêt, et on nous pria avec instance de l'accepter;
mais le soleil étant déjà couché, il fallut se refuser
à leur invitation, et alors ils eurent soin d'embarquer dans nos canots le souper qu'ils nous desti-
naient. Après avoir fait des présens à tous deux,
et obtenu une nouvelle promesse touchant l'eau

que je demandais pour le lendemain, nous revînmes à bord.

Le Chatam arriva vers minuit et laissa tomber l'ancre un peu à l'ouest de *la Découverte*. Ainsi que je l'avais présumé, M. Broughton s'était trouvé en calme le soir de notre départ, jusqu'à une heure après minuit qu'il fit route sur Mowee : mais n'apercevant pas *la Découverte* à la pointe du jour, il mit le cap au nord-ouest, et, prolongeant la côte sud de cette île, il rencontra un mouillage avantageux par le travers de la pointe ouest, avec des sondes régulières et un fond de bonne tenue : les naturels lui ayant apporté beaucoup d'eau, il eut lieu de croire qu'il serait aisé d'y remplir nos futailles.

Le peu d'insulaires qui étaient autour des vaisseaux se conduisaient toujours avec civilité et soumission ; mais ils nous apportèrent une si petite quantité d'eau dans le cours de la journée du lendemain que, renonçant au projet de remplir ici nos barriques, je me décidai à me rendre tout de suite à Attoway, où j'étais assuré d'en trouver à portée du mouillage. Nous levâmes l'ancre dans la soirée, et je fis mettre le cap à l'ouest.

Woahou étant un des rendez-vous assignés au navire d'approvisionnement que j'attendais, il fallait prendre les précautions nécessaires pour l'instruire de ma marche. Je confiai une lettre à un

XIV.   9

insulaire qui me paraissait avoir de l'intelligence et de l'activité ; il promit d'en prendre beaucoup de soin et de la remettre à l'arrivée de ce vaisseau : je l'assurai qu'il serait bien récompensé s'il tenait sa parole, et qu'à mon retour il recevrait un second présent.

La baie de Whyteete est formée par un petit enfoncement de la côte, derrière la pointe sud de Woahou, et quoique ouverte sur plus de la moitié du compas dans les rumbs du sud, il est de fait que cette île n'offre pas de meilleur mouillage. D'après quatre bonnes observations de la hauteur du soleil à midi, la position en latitude de *la Découverte* à l'ancre était de 21 degrés 16 minutes 42 secondes : sa longitude, par le chronomètre, de 202 degrés 9 minutes 37 secondes.

Le 9 mars, j'arrivai le long du côté sud d'Attoway, sur la baie de Whymea, où je mouillai par vingt-quatre brasses, fond de sable gris foncé, mêlé de vase, et en amarrant des deux bords.

§ 2.

Opérations à Attoway. Le prince et le régent viennent aux vaisseaux. Fidélité des naturels. Observations sur les changemens qu'ont éprouvés les divers gouvernemens des îles Sandwich. Entreprises commerciales des citoyens des États-Unis.

Dès que nous fûmes mouillés, quelques naturels aussi tranquilles, aussi soumis et mieux approvisionnés que ceux de Woahou, vinrent nous voir. *Le Chatam* arriva à midi ; mais le vent qui changeait ne lui permit pas avant le coucher du soleil de laisser tomber l'ancre : il amarra un peu à l'ouest de notre position.

Nos préparatifs de débarquement étant achevés, nous descendîmes à terre à une heure. M. Menzies m'accompagnait sur l'yole, et M. Puget suivait avec le grand canot et une des chaloupes : le ressac n'étant pas fort, le débarquement se fit aisément et sans danger. Le petit nombre d'insulaires qui étaient sur le rivage nous reçurent avec cette civilité à distance que nous avions éprouvée à Woahou.

L'un d'eux, appelé *Rehooa*, se chargea sur-le-champ de maintenir le bon ordre ; et apprenant que nous avions le dessein de passer ici quelques jours, il fit tabouer deux excellentes maisons pour notre usage, l'une destinée aux officiers, et l'autre aux travailleurs et à la garde composée d'un sergent et de six soldats de marine. On planta des

piquets, depuis la rivière jusqu'à ces deux maisons,
et ensuite à travers la grève : l'espace qu'on nous
donna suffisait à tous nos besoins, et les insulaires
dépassèrent rarement nos lignes. Cette opération
fut exécutée par deux hommes dont le pouvoir semblait reconnu et respecté des spectateurs, mais
que je ne jugeai pas des chefs de quelque importance. J'eus soin de leur faire des présens, et on
ne tarda point à nous donner des provisions et du
bois à brûler, en échange de nos objets de traite.
Des naturels qui avaient la permission d'entrer dans
nos lignes furent employés à remplir et à rouler
nos barriques, et ils se crurent bien payés de leurs
services avec quelques grains de verre et de petits
clous.

N'ayant lieu de craindre aucune interruption
dans la bonne intelligence qui paraissait exister,
et l'après-midi étant fort agréable, je m'avançai
sur les bords de la rivière, avec M. Menzies, Jack
et Rehooa. Je trouvai les champs de la basse terre
qui se prolonge du pied des montagnes vers la
mer plantés surtout en *taro*, cultivé ici à peu près
comme à Woahou; je remarquai un petit nombre
de cannes à sucre d'une forte végétation, et quelques patates. Les patates se plantent sur un terrain
sec, et les cannes à sucre sur les bordures et les
intervalles des planches de *taro* qui, dans cette île
ainsi qu'à Woahou, seraient bien plus commodes

si elles étaient un peu plus larges; car elles offrent à peine l'espace nécessaire pour y marcher : c'est peut-être tout à la fois une suite de la disette des bons terrains et de l'économie. Les flancs des collines, qui se prolongent depuis ces plantations jusqu'au commencement de la forêt, espace comprenant au moins une moitié de l'île, ne nous ont paru produire qu'une herbe grossière, sur un sol argileux qui doit avoir subi l'action du feu, et que je compare à cette terre rouge de la Jamaïque dont on ne fait guère plus de cas que d'un *caput mortuum*.

La plupart des terrains cultivés étant bien au-dessus du niveau de la rivière, je ne pouvais concevoir comment ils se trouvaient si bien arrosés. Les flancs des collines n'offraient point de ruisseaux; et en supposant qu'il y eût des masses d'eau au sommet, les collines sont tellement percées, qu'il ne doit s'écouler qu'une très petite quantité d'eau sur les plantations de *taro*. Ces nombreuses perforations sont très visibles à l'extrémité des montagnes, qui se terminent brusquement en falaises à pic sur les terrains cultivés, et qui, je crois, ont été produites par des éruptions de volcan que je supposerais d'une ancienne date.

En pénétrant plus loin, un objet excita vivement notre admiration, et nous montra par quel moyen les plantations sont arrosées : c'était une haute côte

à pic qui s'élevait immédiatement du bord de la
rivière, et qui nous aurait arrêtés si les naturels
n'avaient pas pratiqué sur son flanc un mur très
bien fait de pierre et de glaise, d'environ vingt-
quatre pieds de hauteur, lequel est tout à la fois
un passage dans l'intérieur du pays et un aquéduc
alimenté par les eaux que les insulaires y apportent de fort loin et avec beaucoup de peine. Ce
mur, qui ne fait pas moins d'honneur à l'esprit de
l'architecte qu'à l'habileté du maçon, fut le terme
de notre promenade. A notre retour nous traversâmes les plantations qui, par leur belle tenue,
nous donnèrent une opinion favorable de l'industrie des habitans.

De retour sur la grève, j'eus le plaisir de voir
que tout allait bien. Les travailleurs et les personnes chargées de nos échanges étant fort bien logés,
je jugeai qu'en les laissant à terre nos affaires s'ex-
pédieraient plus promptement, et que nous obtien-
drions un supplément plus considérable de vivres.
J'y laissai en effet M. Puget, à la tête du détachement, et je retournai à bord sans inquiétude touchant sa sûreté.

Ainsi qu'à Woahou, l'accueil que nous reçûmes
ici n'eut pas le caractère de cordialité ou d'amitié
que j'avais toujours rencontré chez nos amis des
îles de la Société. L'empressement et même l'avidité
des hommes à concourir à la prostitution des fem-

mes; la promptitude de toutes les femmes, sans
auoune exception, à se livrer sans la moindre ré-
sistance, ne pouvaient manquer d'exciter en nous
d'abord de l'animadversion et de l'éloignement,
et, en y réfléchissant ensuite, du dégoût et de
l'aversion. Mes lectures et mes diverses relâches
dans ces mers m'en avaient beaucoup appris sur
les obscénités qu'on attribue aux habitans de Taïtî
et des îles de la Société; mais aucune des indé-
cences que j'avais eu occasion d'observer n'est
comparable à l'excessive dissolution dont je fus
témoin durant cette promenade. Si ce déborde-
ment, si révoltant et si audacieux, s'était présenté
à moi à d'autres époques, ses impressions n'en auraient pas été effacées, et je m'en serais souvenu
avec toute l'horreur qu'il m'aurait inspirée dès la
première fois; mais ne me rappelant rien de pareil,
il fallut bien voir dans cette licence une nouvelle
perfection, sortie peut-être de l'école des volup-
tueux Européens qui depuis quelques années ont
abordé ici.

Nous fîmes voile le 14 mars pour Onehow, où,
dès le 16 dans l'après-midi, les achats que je désirais se trouvèrent terminés; et comme le calfatage des ponts du *chatam* était achevé, nous fîmes
route vers la côte d'Amérique sur les six heures du
soir.

Deux Anglais et les naturels des autres îles que

nous avions amenés à Onehow ne nous quittèrent qu'à ce moment. Ils nous avaient rendu des
services, et je leur fis à tous des présens qui sur-
passèrent de beaucoup leurs espérances.

Le supplément de vivres que nous embarquâmes
aux îles Sandwich fut néanmoins très pauvre : je
ne l'attribuai pas seulement à la disette des insulaires, car j'eus souvent lieu de croire qu'on nous en
aurait fourni en abondance si nous avions voulu
les payer avec des armes et des munitions de guerre.
La conduite impardonnable des navires de commerce les a familiarisés avec ces armes, et la généralité des soldats européens ne s'en sert pas mieux.
Leur empressement extrême à s'en procurer a pu
s'accroître par le succès de Tianna, qui, à ce qu'il
paraît, doit en grande partie son rang élevé aux
armes à feu qu'il a apportées de la Chine, et à celles
qu'il a depuis achetées de différens navigateurs.
Son exemple a inspiré à chaque chef un peu considérable une passion désordonnée pour le pouvoir, et un esprit d'entreprise et d'ambition paraît
généralement répandu parmi eux. S'il faut ajouter
foi aux renseignemens qu'on m'a donnés, les navires d'Europe et des États-Unis ont excité ces
coupables désirs par toutes sortes d'artifices, et
sont parvenus ainsi à accroître de beaucoup la
valeur des fusils, de la poudre et du plomb : c'est
contre ces objets seuls que les naturels se mon-

trent disposés maintenant à échanger des comestibles, dont il paraît sûr que leurs îles sont remplies. Les vaisseaux qui y aborderont sans avoir des munitions de guerre pour objets d'échange ressentiront vivement ce mal. Il est fort à craindre qu'il ne s'étende plus loin, car nous savons des navigateurs qui ont fait dernièrement la traite des loutres de mer, que ces insulaires ont tenté à diverses reprises de massacrer les équipages et de s'emparer de quelques navires de commerce, et qu'ils n'ont que trop réussi à Owhyhee, à l'égard de la goëlette de M. Metcalf : c'est uniquement la supériorité des armes à feu, de la part de ces navires, qui a fait échouer en plusieurs occasions de si abominables projets ; et cependant, malgré la conviction que leur sûreté dépend tout-à-fait de ces moyens de défense, en dépit des principes communs de l'humanité et de tous les devoirs de la morale, ils se sont livrés par cupidité à un si odieux trafic.

Le changement survenu dans le gouvernement de plusieurs de ces îles, depuis que le capitaine Cook en a fait la découverte, est la suite de l'état de guerre continuel que des chefs ambitieux et entreprenans ont eu soin d'entretenir dans l'intérieur de chacune ou dans les environs, et auquel le commerce des armes à feu et des munitions donnera la plus déplorable étendue.

La multitude de naturels qui se montrèrent lors des premières relâches des vaisseaux du capitaine Cook, et qui alors nous environnèrent constamment, comparée au petit nombre que nous en avons vu cette fois, nous fait croire que la mortalité a été très grande. On dira peut-être qu'ils ne sont plus aussi curieux de voir des navigateurs étrangers, et que cette apparente dépopulation n'a point d'autre cause; mais on n'adopte pas une pareille explication quand on considère jusqu'à quel point nos outils et les ouvrages de nos fabriques leur sont devenus nécessaires; car chacun d'eux s'empresse d'apporter le superflu de ses richesses dès qu'il arrive un vaisseau européen.

Quoique la bourgade de Whiteete fût étendue, et qu'il y eût beaucoup de maisons, je remarquai qu'elles contenaient peu de monde, et un grand nombre me parurent entièrement abandonnées ; celle de Whymea est réduite au moins d'un tiers depuis 1778 et 1779; les lieux où, à l'époque de nos premières relâches il y avait le plus d'habitations, n'offraient plus qu'un espace vide, couvert d'herbages et de ronces. Le résultat de nos recherches par le travers d'Owhyhee m'a confirmé de plus en plus dans l'opinion que des guerres au dehors et des commotions dans l'intérieur ont produit cette dévastation. Excepté Tamaah-maaha, je jugeai que tous les chefs que j'y avais connus étaient morts : le cours ordinaire de la nature avait terminé les jours de quelques-uns, mais la plupart avaient été tués au milieu de ces tristes querelles.

Le peu de temps que je passai parmi les insulaires ne me permit pas d'obtenir tous les renseignemens que je cherchais, et qui étaient désirables sur ce point, ainsi que sur d'autres objets importans. Je n'insérerai pas en cet endroit les détails que j'ai recueillis ; je les réserve pour une autre époque de mon voyage, où je les combinerai avec les informations postérieures que je me suis procurées. Je termine, pour cette fois, ce qui a rapport aux îles Sandwich, en indiquant les avantages que se promettent les citoyens des États-Unis des relations commerciales qu'ils s'efforcent d'établir dans ces mers.

Les deux Anglais, avant de nous quitter, m'apprirent que leur capitaine croyait ouvrir une branche précieuse de commerce en portant le bois de sandal de ce pays dans l'Inde, où il se vend un prix exorbitant ; que le commerce des fourrures ayant donné de grands bénéfices, ils s'attendaient à voir arriver de la Nouvelle-Angleterre vingt navires avec le capitaine Kendrick, et qu'ils avaient pour mission d'engager les naturels à préparer plusieurs cargaisons de ce bois qu'on se procure aisément, puisque les montagnes de l'île d'Attoway, ainsi que celles d'Owhyhee, sont remplies des arbres qui le fournissent. Nous n'avons pu examiner aucune des feuilles, ainsi nous ne sommes pas en état d'indiquer leur classe ou leur espèce particulière; le bois lui-même nous parut mal répondre à la description qu'on a donnée du bois de sandal jaune de l'Inde, où il est si précieux qu'il se vend au poids.

Les perles que je vis étaient en petit nombre et de trois espèces, blanches, jaunes et couleur de plomb. Je jugeai les blanches très médiocres, car elles sont petites, d'une forme irrégulière et de peu de beauté; les jaunes, et les troisièmes couleur de plomb sont mieux formées et m'ont paru d'une qualité supérieure. M. Kendrick se flattait sans doute de faire là-dessus de gros bénéfices, autrement il n'aurait pas gardé si long-temps trois Européens à sa solde, avec la promesse d'une récompense ultérieure s'ils soignaient bien ses intérêts. Au reste, tous ses calculs furent le résultat d'une idée soudaine : c'est au moment de son appareillage d'Onehow qu'il prit sa résolution, et débarqua les trois hommes, qui, n'ayant pas eu le temps de s'équiper, furent laissés presque sans vêtemens et sans linge. Le peu d'habits qu'ils avaient étaient usés; je leur en donnai. Afin d'améliorer leur situation autant qu'il était en moi, et de les rendre respectables aux yeux des insulaires parmi lesquels ils devaient encore passer plusieurs mois, je leur donnai en outre des outils et des objets de traite, des livres, des plumes, de l'en cre et du papier pour leur amusement, ainsi qu'un assortiment de graines de jardin et des plants d'orangers et de citronniers qui se trouvaient dans le meilleur état.

Je confiai à Rowbottom, qui me parut avoir le plus de crédit, une lettre d'instruction pour le capitaine du navire d'approvisionnement que j'attendais, et une seconde pour les lords de l'amirauté, dans laquelle je les informais de l'époque de mon départ des îles Sandwich, de l'état des vaisseaux, de la santé des équipages, de la route que j'avais suivie pour arriver ici, et des découvertes que nous avions faites.

§ 3.

Passage à la côte d'Amérique. Nous avons connaissance de la terre de la Nouvelle-Albion. Nous en prolongeons la côte. Rencontre d'un navire américain. Notre entrée dans le détroit supposé de Fuca. Nous y mouillons.

En partant d'Onehow, nous fîmes route au nordouest. A partir du 29 mars, nous eûmes une belle mer, et en général un temps sombre et nuageux. Le 7 avril, nous n'étions qu'à 35 degrés 25 minutes de latitude, et 217 degrés 24 minutes de longitude. Nous nous trouvâmes ici au milieu d'une immense quantité de corps animés, de l'espèce de la *medusa villilia* : la surface de l'Océan, aussi loin que pouvait s'étendre la vue, en était couverte avec une telle abondance, qu'ils ne laissaient pas un intervalle suffisant pour y poser un pois. Les plus gros n'avaient pas plus de quatre pouces de circonférence : un ver, d'une belle couleur bleue, qui ressemblait beaucoup à la chenille, y était adhérent. Ce ver a environ un pouce et demi de longueur; il est plus épais vers la tête; il présente une figure à trois côtés, et la partie de derrière est la plus large; le ventre ou le dessous est pourvu d'une membrane festonnée, par laquelle il est attaché à la *medusa villilia :* le long de l'épine qui lie le dos et les flancs, depuis les épaules jusqu'à la queue, il a de chaque côté de petites fibres sans nombre de la longueur d'à peu près un huitième de pouce, qui ressemblent au duvet des insectes, mais qui sont plus fortes, et qui vraisemblablement facilitent sa marche dans l'eau.

Depuis que nous avions perdu la terre de vue, de gros oiseaux qui ne se montraient qu'un ou deux à la fois voltigèrent chaque jour autour de nous; ils nous parurent des quebrantahuesos et une espèce d'albatros. Le temps étant, le 8 avril, d'un calme parfait, M. Menzies en tua un, qui se trouva être un albatros brun, de l'espèce qui, je crois, est très nombreuse aux environs de la Terre de Feu, et que les matelots anglais distinguent vulgairement sous le nom d'*oie de la mère Carey*, parce qu'elle ressemble par son croupion blanc, la forme de sa queue, etc., au pétrel des tempêtes, qu'ils appellent communément *poulet de la mère Carey :* il avait une marque blanche, d'environ un huitième de pouce de largeur sur deux pouces de long, qui s'étendait dans une direction diagonale du coin intérieur de l'œil vers le cou ; sept pieds d'envergure et trois pieds de l'extrémité du bec à celle de la queue.

Le temps fut agréable, mais à peu près en calme, ou n'offrant que des brises variables très légères jusqu'au 10. Nous étions à cette époque par 36 degrés de latitude, et 219 degrés 34 minutes de longitude; le vent devint petit frais; il parut se fixer dans la partie du sud, et nous fîmes route à l'est, toutes voiles dehors. En cas de séparation, j'avais désigné au *Chatam* Berkley-Sound pour premier rendez-vous; mais si nous parvenions à marcher toujours de conserve, je voulais attérir à la côte de la Nouvelle-Albion, aussi loin au sud de cette rade que le permettraient les circonstances.

Plusieurs petites baleines et des espadons s'étaient montrés dans les derniers jours autour des vaisseaux, et l'après-midi nous passâmes à peu de verges d'une vingtaine de baleines, de l'espèce à tête d'enclume, ou *sperma ceti :* elles étaient probablement attirées par le nombre infini de *méduses* dont ce parage abonde. Nous avancions à l'est d'une manière agréable, et peu après nous perdîmes de vue ces *méduses*, que nous avions trouvées en si grande profusion sur un espace de 7 degrés de longitude.

Ces animaux sont d'une forme ovale, entièrement plats, et d'à peu près un pouce et demi dans leur plus grande longueur : le dessous des flancs est un peu concave; les bords, sur une largeur d'environ un quart de pouce, sont d'un bleu foncé qui se change en vert pâle vers la partie de dessous, dont la substance est plus mince et plus transparente que celle de dessus. Perpendiculairement à leur surface se trouve une membrane très mince qui se prolonge dans une direction diagonale à peu près sur toute la longueur de son plus grand diamètre; elle a environ un pouce de hauteur, et forme un segment de cercle : je l'ai vue quelquefois dressée en faisant l'office d'une nageoire et d'une voile; d'autres fois elle était aplatie, ce qui arrivait ordinairement le matin; mais elle s'étendait à mesure que le jour avançait : il n'est pas facile de dire si c'était un effet volontaire, ou une suite de l'action du soleil. Lorsque la membrane se trouvait abaissée, ces petits animaux étaient rassemblés en groupes serrés qui paraissaient dénués de tout mouvement, et se montraient alors d'un vert foncé.

Par **236** degrés **8** minutes de longitude, et **39** degrés **20** minutes de latitude nord, nous dé-

passâmes des quantités considérables de bois flot-
tans, d'herbages, de goëmons, etc. : beaucoup de
nigauds, de canards, de pétrels-puffins et d'autres
oiseaux voltigeaient autour de nous, et la couleur
de l'eau nous promettait que bientôt la sonde rap-
porterait fond. Ces divers indices annonçaient que
nous n'étions pas loin de la terre ; elle se montra
en effet le 18 avril par 39 degrés de latitude nord,
et 235 degrés 41 minutes 30 secondes de longitude.

Nous arrivâmes le long de la côte à la distance
de trois à quatre lieues. Le temps était fort beau :
en nous rapprochant de la terre, la côte se montra
sans aucune coupure ; et en général elle présente
des falaises d'une élévation modérée, et à peu près
perpendiculaires. Le pays, qui s'élève dans l'intérieur, est agréablement varié par des collines et
des vallées, et revêtu partout de très grands arbres
de haute futaie : les clairières, qui la veille nous
avaient paru défrichées, se prolongeaient maintenant sur toute la longueur des bords de la mer, et
si elles semblaient dénuées de bois, c'était évidemment l'effet d'une cause naturelle. Elles étaient
d'un beau vert, tapissées d'herbages d'une végétation forte, que coupaient des rayures de terre
rouge. Au coucher du soleil, la partie de la terre
la plus méridionale qui fût en vue nous restait
au sud-est : nous avions à l'est un petit rocher

XIV. 10

blanc, qui est près de la côte et ressemble à un vaisseau sous voiles ; à l'est-est, à quatre lieues, le rivage le plus voisin ; et au nord-ouest, à environ dix lieues, la portion de terre la plus septentrionale qui fût en vue, et que je pris pour le cap Mendocin.

Nous prolongions la côte du nord, et notre latitude observée à midi fut de 40 degrés 3 minutes, notre longitude de 235 degrés 51 minutes. Le 19 avril nous dépassâmes le cap Mendocin : il est formé par deux promontoires élevés, éloignés l'un de l'autre d'environ dix milles : le plus au sud, qui a le plus d'élévation, et qui, lorsqu'on le voit du nord ou du sud, ressemble beaucoup à Dunnoze, gît par 40 degrés 19 minutes de latitude, et 235 degrés 53 minutes de longitude. Par le travers du cap, et à peu près à une lieue de la côte, il y a des roches submergées et des rochers qui forment des îles : le plus méridional de ces rochers se trouve au sud-ouest, à environ une lieue du promontoire le plus au nord, et on voit en dedans deux îles de roche qui ont la forme de meules de foin : le plus septentrional gît au nord-ouest, à cinq ou six milles ; il est presque de la même forme et de la même grandeur que l'autre, auquel il paraît lié par un banc de roches dont la partie extérieure est au nord-ouest, à environ deux lieues du promontoire ci dessus : il y a une île plus petite dans l'espace intermédiaire, à peu près à mi-chemin. La mer brise toujours avec beaucoup de violence sur quelques parties de ce banc, et seulement par intervalles sur les autres.

La totalité du cap Mendocin, sans avoir beaucoup de saillie, est d'ailleurs très remarquable, puisque cette partie de la Nouvelle-Albion n'a pas de côte aussi élevée. Les montagnes qui sont parderrière ont une grande élévation, et forment une haute masse escarpée qui ne présente pas des falaises à pic, mais différentes collines qui s'élèvent brusquement et sont séparées par un grand nombre de profondes ouvertures. Quelques arbres nains croissent dans plusieurs de ces ouvertures, ainsi que sur les sommets de plusieurs des collines. La surface était couverte partout de productions végétales d'un vert terne, entremêlées par-ci parlà de couches perpendiculaires d'une terre rouge. Au sud du cap, la ligne de la côte est à peu près droite; car elle n'offre qu'un petit coude jusqu'au point le plus avancé vers le sud qui soit tombé sous nos regards. Son élévation est régulière : on peut la regarder comme une haute terre; et selon toute apparence elle est à pic, puisqu'une ligne de cent vingt brasses ne rapporta point de fond à des distances de deux à cinq lieues. Depuis le 17 au soir que nous en eûmes connaissance, nous n'avions trouvé de fond, ni vu de bois flottant, des goëmons, des oiseaux, ni remarqué de différence dans la couleur de l'eau, que la seule fois dont j'en ai parlé, à la date de ce jour. D'après ces circonstances, plusieurs personnes de mon bord furent disposées à croire qu'il y avait une petite entrée ou rivière au sud du point où nous étions. Au nord du cap Mendocin, l'élévation du pays paraissait tout à coup diminuer derrière les roches qui forment des îlots, et n'avoir plus qu'une hauteur médiocre.

Depuis le cap Mendocin la côte prend la direction du nord-est, et nous la prolongeâmes à la distance d'environ deux lieu. Après avoir dépassé les îlots ci-dessus, les rivages se montrèrent en ligne droite, sans coupures, et n'offrant pas le moindre abri ; quoiqu'ils montent graduellement des bords de la mer à une hauteur qui n'est que médiocre, des montagnes très élevées forment l'intérieur du pays dans l'éloignement, et présentent à leurs pieds une grande variété de collines et de vallées agréablement entremêlées de terrains boisés et de clairières, comme s'ils étaient en culture; nous ne pûmes cependant distinguer ni maisons, ni cabanes, ni fumée, ni rien qui annonçât qu'elles fussent habitées. La partie de côte que nous dépassâmes dans le cours de l'après-midi semblait généralement défendue par une grève de sable : mais le soir nous nous trouvâmes à portée d'une région très différente; les rivages n'offraient que des rochers en précipices, et un nombre sans fin de petites roches et de rochers formant des îlots s'étendait l'espace d'un mille dans la mer. J'ai donné le nom de ROCKY POINT ou *Pointe des Rochers* à la partie la plus saillante, qui gît par 41 degrés 8 minutes de latitude, et 236 degrés 5 minutes de longitude. Lorsque nous fûmes par le travers de Rocky point, la couleur de la mer changea tout à coup; et aussi loin que nous pûmes la distinguer, elle n'offrit plus que la nuance des eaux de la rivière légèrement colorées. Nous conjecturâmes qu'il y avait aux environs une ou plusieurs rivières considérables.

Un vent frais de la partie du Sud nous permit de prolonger la côte à une lieue du rivage, qui se montrait sans aucune ouverture, et, comme celui que nous avions dépassé dans la soirée de la veille, bordé de petites roches et de rochers formant des îlots sans nombre. L'aspect du pays peut passer pour montueux, et nous ne l'avons pas jugé aussi agréable que celui qui se trouve au sud de Rocky point. A cet égard toutefois je ne puis rien assurer; car la brume obscurcissait presque entièrement la terre, si j'en excepte le rivage, lequel est composé de rochers escarpés, en forme de précipices, coupés par des crevasses qu'on peut prendre de loin pour des havres. A midi, la mer avait repris la couleur de l'Océan : notre latitude observée fut de 41 degrés 36 minutes, notre longitude de 235 degrés 58 minutes. A la jonction du terrain bas et uni et de la haute côte de roche, on aperçoit une baie de petit fond, au centre de laquelle il paraît y avoir un petit havre ou une ouverture, qui nous restait au nord. J'espérais y rencontrer un abri; mais outre les brisans qui se montrent le long du rivage du terrain bas et uni, dont quelques-uns sont détachés et à une distance considérable du bord de la mer, nous voyions du haut des mâts un banc de roches et des rochers, formant des îlots, se prolonger dans l'ouest jusqu'au nord-ouest; et l'aspect du ciel était sombre, terne, et pareil à celui qui avait précédé le dernier gros temps : je pensai qu'il serait plus prudent de ne pas entreprendre d'y mouiller, et de profiter d'un bon vent du sud-sud-ouest pour continuer ma reconnaissance de la côte, où je ne pouvais manquer de découvrir bientôt un meilleur ancrage.

Nous portâmes au large dans l'ouest-nord-ouest, afin d'arrondir le plus extérieur des rochers. Après l'avoir dépassé sur les quatre heures, à la distance de trois ou quatre milles, nous remîmes le cap vers le côté du nord du terrain bas et uni. Il forme une pointe très visible, que j'ai appelée *pointe Saint-Georges*, et j'ai donné le nom de *rochers du Dragon* au dangereux groupe de rochers qui en sort. Le plus extérieur est au nord-ouest, à trois lieues de la pointe Saint-Georges, qui gît par 41 degrés 46 minutes et demie de latitude, et 235 degrés 57 minutes et demie de longitude. Les rochers découverts sont au nombre de quatre : il y en a beaucoup de submergés, et des brisans s'étendent depuis le plus extérieur (au sud de la pointe Saint-Georges) vers la petite baie dont je parlais tout à l'heure. La pointe Saint-Georges forme une baie de chaque côté : celle dans laquelle nous portâmes, depuis le côté nord, est entièrement ouverte au nord-ouest; mais il paraît que les rochers du Dragon la mettent à l'abri des vents de l'ouest-sud-ouest et de la partie du sud. Nous avions au nord-ouest, à six ou sept milles, la pointe nord de cette baie que j'ai appelée *baie Saint-Georges.*

Le ressac avait beaucoup de violence tout autour de la baie; et quoique l'eau fût redevenue blanchâtre, on ne voyait aucune ouverture de ce côté de la pointe : les rivages de la partie la plus septentrionale de la baie, ainsi que la côte de la baie à la bande sud de la pointe Saint-George, s'élèvent brusquement du bord de la mer, et forment des crevasses innombrables, couvertes d'herbages d'un brun terne, et produisant peu ou point de bois. Au nord de la baie, la côte de l'Océan est de nouveau bordée de petites roches et de rochers formant une grande quantité d'îlots, pareils à ceux que j'ai déjà décrits; mais le terrain bas de la pointe Saint-Georges est terminée par une grève de sable, d'où les rivages courent au nord-ouest.

Ne trouvant pas ici de mouillage qui me convînt, nous continuâmes à prolonger la côte jusqu'à la nuit, et je fis prendre le large. Le lendemain au matin, la pointe nord de la baie Saint-Georges nous restait à l'est du compas, à deux lieues. A l'aide d'une brise favorable du sud-est et d'un temps moins brumeux, nous suivîmes notre reconnaissance au nord le long des rivages, qui offrent de hautes roches à pic et coupées de profondes crevasses, aboutissant brusquement à la mer. Les montagnes de l'intérieur du pays sont fort élevées, et à l'aide de nos lunettes, elles nous semblèrent assez bien couvertes d'arbres de différentes espèces, communément de la classe des pins, parmi lesquels nous remarquâmes quelques arbres à large feuillage et d'une grande étendue : plusieurs, qui se montraient entièrement stériles, n'avaient point de neige; et cependant nous en avions aperçu de petites taches sur celles qu'on voyait adossées au cap Mendocin, quoiqu'elles fussent plus au sud, et parussent moins élevées. La côte de la mer était toujours bordée d'une quantité considérable d'îlots de roche : dans le cours de l'après-midi nous en dépassâmes un groupe, ainsi que plusieurs rochers submergés qui sont aux environs, et qui gisent à une lieue de la terre, laquelle, se repliant un peu vers l'est, offre une petite baie sur laquelle nous gouvernâmes. La brise qui nous avait été si favorable depuis le 22 ayant cessé, et la marée ou un courant nous portant avec rapidité sur la côte, il fallut mouiller par 39 brasses, fond de sable et de vase : la latitude de ce mouillage est de 42 degrés 38 minutes, et sa longitude de 235 degrés 44 minutes : le rocher le plus extérieur du groupe dont je parlais tout à l'heure nous restait au sud-est du compas, à six milles; nous avions au nord-ouest l'extrémité la plus septentrionale de la grande terre, laquelle est un terrain bas qui se projette en saillie de la haute côte de roche fort loin dans la mer, et se termine sous la forme d'un coin par une falaise basse et perpendiculaire. Je lui ai donné le nom de *cap Oxford*, en l'honneur de mon digne ami le comte Georges d'Oxford : il y a par son travers plusieurs îles de roche.

Nous fûmes à peine mouillés qu'une pirogue vint le long du bord avec la plus grande confiance et sans la moindre invitation. Durant l'après-midi deux autres nous arrivèrent, et quelques-unes des différentes parties de la côte en vue firent visite au *Chatam*. Nous jugeâmes que les naturels qui habitent ici les rivages de la mer résident vraisemblablement dans les petits recoins qui sont protégés contre la violence de la houle de l'ouest

par quelques-uns des plus gros îlots de roche répandus en si grande profusion sur cette côte. Leur
maintien était civil et agréable : leur physionomie
n'a rien de féroce , et leurs traits ressemblent assez
à ceux des Européens ; leur teint est couleur d'o-
live claire : ils étaient tatoués selon la mode des
insulaires de la mer du Sud : leur peau offrait
beaucoup d'autres marques , probablement les cicatrices des blessures qu'ils se font dans leurs
courses au milieu des forêts avec peu ou point de
vêtemens qui puissent les garantir ; au reste , quelques personnes à bord n'y virent que des ornemens
selon l'usage des habitans de la terre de Van Diémen.
Leur stature est au-dessous de la taille moyenne,
et nous n'en avons vu aucun qui eût plus de cinq
pieds six pouces [1]. Ils sont assez robustes, mais leur
corps est mince ; ils n'ont qu'une faible ressemblance avec la peuplade de Nootka, si même ils
en ont quelqu'une, et ils ne paraissent point du
tout connaître sa langue; ils ne se peignent point
le corps, jugeant sans doute la propreté préférable
à cette sale parure; ils portent aux oreilles et au
nez de petits ornemens de bois : leurs cheveux
noirs sont dans toute leur longueur, propres, bien
peignés et noués au sommet de la tête ; plusieurs
cependant les avaient noués sur le front. Des peaux

[1] Le pied anglais est plus court que le pied français d'environ
un pouce.

de cerf, d'ours, de renard et de loutre de rivière composaient leurs vétemens, qui les couvraient à peu près en entier : nous remarquâmes de plus une ou deux peaux de jeunes loutres de mer.

Leurs pirogues, destinées à contenir huit personnes, étaient grossièrement faites d'un seul arbre ; elles ressemblaient beaucoup au plateau sur lequel les bouchers anglais portent leur viande, et paraissaient très mauvaises pour une navigation en pleine mer ou un voyage éloigné. Ils n'apportèrent qu'un petit nombre de bagatelles à notre marché, et demandèrent vivement du fer et des grains de verre en échange. Ils se montrèrent scrupuleusement honnêtes dans ce trafic, et en particulier dans le soin qu'ils eurent toujours de conclure le marché avec le premier enchérisseur : si un second leur offrait un article plus précieux, ils ne lui donnaient pas leur marchandise, mais ils engageaient le premier, par des signes fort intelligibles, à payer le prix proposé par le second ; et à cette condition, ils finissaient avec lui. Ils ne pensaient en aucune manière à recevoir des présens ; car leur ayant donné des grains de verre, des médailles, du fer, etc., ils me présentèrent au moment même leurs vétemens en retour, et semblèrent bien étonnés, mais, je crois, bien contens, lorsque je les refusais. J'eus de la peine à persuader le premier à qui je fis des largesses qu'il devait les prendre et garder son vétement.

Nous demeurâmes à l'ancre jusqu'à près de minuit. Il s'éleva alors une petite brise du sud-sud-est : quoiqu'elle fût accompagnée de pluie et d'un temps noir, je fis appareiller ; nous louvoyâmes jusqu'à la pointe du jour, et nous dirigeâmes notre route autour du groupe de rochers qui est par le travers du cap Oxford : il y a quatre îlots détachés, et aux environs plusieurs roches submergées, dangereuses, sur lesquelles la mer brise avec beaucoup de violence ; la plus extérieure gît au sud-ouest, à environ quatre milles du cap. Le cap Oxford, situé par 42 degrés 52 minutes de latitude et 235 degrés 35 minutes de longitude, à l'extrémité d'un terrain bas qui se projette en saillie, forme une pointe très visible, et présente le même aspect quand on s'en approche du nord ou du sud : il est couvert de bois jusqu'au point où le ressac permet la végétation des arbres. L'espace entre la forêt et la laisse de la mer nous a paru n'offrir que des rochers noirs remplis d'aspérités : du haut des mâts on peut apercevoir ce cap à la distance de sept ou huit lieues ; mais je ne suppose pas qu'on parvînt à le distinguer de beaucoup plus loin. Quelques-uns de nos officiers pensèrent que c'était le cap Blanc de Martin d'Aguilar ; sa latitude cependant diffère beaucoup de celle qu'il assigne au cap Blanc, et son aspect sombre, qui au reste pouvait être un effet du temps brumeux, ne semble lui donner aucun titre à la dénomination de cap Blanc.

Les îlots de roche que nous avions vus en si grand nombre le long de la côte cessent à environ une lieue au nord du cap Oxford : à leur place se présente une grève de sable en ligne presque droite, et par derrière un terrain qui près du rivage s'élève graduellement à une hauteur modérée ; mais l'intérieur du pays est très élevé, très varié par ses éminences et ses productions, bien boisé et entremêlé de beaucoup de clairières qui lui donnent quelque ressemblance à une région où la culture a fait des progrès.

Comme nous avions un bon vent du sud-sud-ouest et un ciel serein et beau, nous prolongeâmes la côte à la distance d'une lieue, afin de déterminer l'existence ou la non-existence d'une grande rivière ou détroit qu'on dit avoir été découvert par Martin d'Aguilar. Sur les trois heures de l'après-midi nous dépassâmes à une lieue le cap que je jugeai être le cap Blanc, par 43 degrés 6 minutes de latitude nord, et 235 degrés 42 minutes de longitude. Sans offrir une pointe aussi saillante que le cap Oxford, il est néanmoins très visible, particulièrement quand on le cherche du nord : il est formé par une colline arrondie, sur de hautes falaises perpendiculaires, dont quelques-unes sont blanches et à une grande élévation au-dessus du niveau de la mer. Il est assez bien boisé au-dessus de ces falaises, et réuni à la grande terre par un terrain beaucoup plus bas : sous ce rapport il correspondait exactement à la description que donne le capitaine Cook du cap Gregory; mais sa position n'était pas également d'accord. Toutefois je pense que c'est le cap Gregory du capitaine Cook, et que c'est aussi le cap Blanc de d'Aguilar, si pourtant d'Aguilar a vu la terre dans cette partie de l'Amérique. La latitude qui résulta de nos calculs diffère de 7 minutes de celle du capitaine Cook; c'est de cette quantité que nous le plaçons plus au sud. *La Résolution* et *la Découverte* ayant eu à lutter contre un temps orageux, il est probable que le capitaine Cook n'a pu déterminer la position des différens caps avec l'exactitude dont je suis redevable à de bons vents et à un temps très beau. La terre vue par le capitaine Cook au sud du cap Gregory, et qu'il a jugée correspondre à peu près à la position qu'on donne au cap Blanc, fut vraisemblablement l'une des montagnes de l'intérieur qui, au sud du cap Grégory, s'élèvent à une grande hauteur : le terrain près la côte de la mer, surtout aux environs du cap Oxford, est beaucoup trop bas pour avoir été aperçu de la distance où il se trouvait alors, et il est bien juste de présumer que le temps excessivement mauvais l'a trompé ainsi que ses officiers, et leur a fait prendre pour de la neige le sable extrêmement blanc du rivage et des collines.

Ce sable avait pour nous la même apparence lorsqu'il n'était pas interrompu par des massifs d'arbres, ou qu'il ne se perdait pas entièrement dans les forêts : sans nul doute, on ne manquerait point en hiver de le prendre pour de la neige; mais la température générale indiquée par le thermomètre ayant été à 59 et 60 degrés depuis notre arrivée sur la côte, ce que je viens de dire fut prouvé clairement.

Le 26 avril nous dépassâmes la seule pointe saillante qui se trouve depuis le cap Grégory ; c'est un rocher escarpé et élevé, presque perpendiculaire à la mer, contre lequel les lames alors très hautes brisaient avec une extrême fureur. Je jugeai que c'est le promontoire appelé *cap Perpetua* par le capitaine Cook : nos observations le placent à 44 degrés 12 minutes de latitude, et 236 degrés 5 minutes de longitude. D'ici la côte prend la direction du nord, et nous la prolongeâmes jusqu'à midi, à la distance d'environ trois lieues. Nous étions à peu près arrivés au point où le capitaine Cook cessa de voir cette partie de la terre. Le vent augmentant toujours, je m'étendis au large jusqu'à ce que le temps devînt plus favorable pour reconnaître des rivages inconnus. Le cap Foul-Weather (Gros-Temps) nous restait alors au nord-est du compas, à trois ou quatre lieues, et la côte se montrait peu distinctement : notre latitude observée était de

44 degrés 42 minutes, notre longitude de 235 degrés 53 minutes.

Depuis le cap Foul-Weather la côte se dirige un peu à l'est du nord; elle est à peu près en ligne droite et sans coupures, très élevée et en général à pic sur le bord de la mer. L'aspect du pays offre de la bigarrure; on le voit tapissé d'une jolie verdure en quelques endroits, et en d'autres rempli de rochers et de sables stériles, mais nulle part très boisé.

Au coucher du soleil nous eûmes connaissance de la partie de côte qu'a vue M. Meares: l'extrémité septentrionale de ce que nous en apercevions nous restait au nord-ouest du compas; le cap Look-out, au nord-est; la partie de rivage la plus voisine également au nord-est, à environ une lieue. Celle-ci présentant une falaise à pic, d'un escarpement remarquable, nous crûmes quelques momens y voir l'entrée d'un havre; mais en l'approchant davantage nous reconnûmes notre méprise; elle fut occasionée par le terrain bas qui est au nord de la falaise, et forme une baie de petit fond ouverte.

Depuis le cap Look-out, qui gît par 45 degrés 32 minutes de latitude et 236 degrés 11 minutes de longitude, la côte prend à peu près la direction du nord-ouest, et elle est agréablement variée par des éminences et de petites collines près le rivage de la mer, où il y a des baies de sable de petit fond et quelques rochers détachés à environ un mille de la terre. Plus avant dans l'intérieur, le terrain est fort élevé; les montagnes s'étendent vers la mer, et de loin paraissent former diverses entrées et des pointes saillantes; mais la grève de sable, qui est continue, en fait une côte sans coupures, interrompue de temps à autre par des falaises de roche perpendiculaires, sur lesquelles le ressac brise avec violence. Ce pays montueux de l'intérieur se prolonge environ dix lieues au nord du cap Look-out, où, s'abaissant tout à coup, il n'a plus qu'une hauteur modérée; et sans les arbres, qui semblent être d'une grandeur considérable et présenter une forêt continue, on le jugerait un terrain bas. A midi, nous voyions une pointe de terre, très sensible, composée d'un groupe de mondrains médiocrement élevés et se projetant dans la mer depuis le terrain bas dont je viens de parler. Ces mondrains sont stériles et escarpés près du rivage, mais ils ont leurs sommets un peu couverts de bois. Le côté sud du promontoire offrait l'apparence d'une entrée ou d'une petite rivière; la terre qui se présentait par-derrière n'indiquait point qu'elle dût être très étendue, et ne semblait pas accessible à des vaisseaux de notre port, car les brisans se prolongeaient de la pointe ci-dessus jusqu'à deux ou trois milles dans l'Océan, et se réunissaient à ceux de la grève, près de quatre lieues plus loin au sud. En examinant la description que fait M. Meares du côté sud de ce promontoire, je crus d'abord que c'était le cap Shoalwater; mais en vérifiant sa latitude, je présumai que c'est ce qu'il appelle le *cap Disappointment*, et l'ouverture qui est au sud sa *baie de Déception*. J'ai trouvé que ce cap gît par 46 degrés 19 minutes de latitude, et 236 degrés 6 minutes de longitude.

La mer, qui avait changé de couleur, présentait la teinte de l'eau de rivière, effet probable de quelques ruisseaux tombant dans la baie ou dans l'Océan au nord, après avoir traversé des terrains bas. Ne jugeant pas cette ouverture digne de plus d'attention, je continuai mes recherches au nord-ouest. Notre latitude était alors de 46 degrés 14 minutes, et notre longitude de 236 degrés 1 minute et demie.

La région qui se présentait devant nous offrait un riche paysage, et le beau temps ajoutait probablement à ses charmes. Les parties les plus intérieures étaient un peu élevées et agréablement entrecoupées de collines, du pied desquelles le terrain s'abaissait peu à peu jusqu'à la côte et se terminait par une grève de sable. Il paraissait une forêt continue se prolongeant au nord aussi loin que pouvait s'étendre la vue, ce qui me fit désirer vivement de trouver un port dans le voisinage d'un pays d'une si heureuse fertilité : nous le cherchâmes avec application; mais la grève de sable, bordée de brisans qui s'avancent à trois ou quatre milles en mer, sembla entièrement inaccessible jusqu'à quatre heures de l'après-midi qu'une assez bonne baie parut se montrer. Nous portâmes dessus, espérant apercevoir une coupure dans le récif : nous avions lieu de compter sur un mouillage bien abrité si nous parvenions à découvrir un passage; mais lorsque nous fûmes à deux ou trois milles des brisans, nous ne vîmes qu'un récif compacte qui depuis une pointe de terre basse et saillante se prolonge vers le sud le long des rivages, et se réunit à la grève qui est au nord du cap Disappointement. Cette pointe saillante, un peu plus élevée que le reste de la côte, gît par 46 degrés 40 minutes de latitude, et 236 degrés de longitude. Nous continuâmes notre route, avec beaucoup de regret, le long des rivages de ce joli pays.

Le 28 avril nous remîmes le cap sur la terre avec une petite brise de l'est-sud-est, et nous reconnûmes qu'un courant portant vers le nord avait fort affecté notre marche. La partie de côte en travers de laquelle nous nous étions trouvés la veille au soir nous restait au sud-est du compas, à six ou sept lieues. La partie immédiatement au nord de celle-ci offrant toujours un rivage en ligne

droite et sans coupures, je n'entrepris pas de l'examiner de plus près, et je continuai ma route au
nord, me tenant à environ une lieue du rivage
qui court presque au nord, jusqu'à une pointe
située à 42 degrés 22 minutes de latitude, et 235
degrés 58 minutes et demie de longitude, que j'ai
appelée *pointe Grenville*, et depuis laquelle la côte
se prolonge au nord-nord-ouest. Il y a par le travers de la pointe Grenville trois petits îlots de
roche, dont l'un est troué comme celui qu'on voit
au cap Look-out.

D'ici vers le nord l'élévation de la côte commence à augmenter régulièrement, et l'intérieur
du pays, derrière les terrains bas qui bordent les
rivages, prend un degré considérable de hauteur.
Les rivages que nous dépassâmes le matin diffèrent
à quelques égards de ceux que nous avions trouvés
jusqu'alors : ils sont composés de falaises basses
qui s'élèvent perpendiculairement sur une grève de
sable ou de petits cailloux ; il présentent plusieurs
rochers détachés, de forme pittoresque, placés à
environ un mille de la grève; les sondes sont régulières entre seize et dix-neuf brasses, fond mou
de sable. A midi nous eûmes vue d'une terre qui
nous parut être celle que M. Barclay a nommée *île
de la Destruction*.

Cette île, qui gît par 47 degrés 37 minutes de
latitude, et 235 degrés 49 minutes de longitude, se

trouve de beaucoup la plus grande terre détachée que nous eussions jusqu'ici observée sur la
côte d'Amérique. Elle est d'environ une lieue de
tour, basse et à peu près plate au sommet, d'un
aspect très stérile et ne produisant qu'un ou deux
arbres nains qui se montrent à chaque extrémité.
Une ou deux pirogues naviguaient dans le voisinage.
Ce qui est singulier et digne de remarque, sur
toute l'étendue de la longue côte de la Nouvelle-
Albion, et plus particulièrement encore dans les
environs de ces fertiles et beaux rivages que nous
venions de dépasser, nous n'avions vu, excepté ici
et au sud du cap Oxford, aucun habitant, ni rien
qui indiquât particulièrement que le pays fût
habité.

La sérénité du ciel, quoique bien agréable, fut
très fâcheuse par le défaut de vent. Nous faisions
peu de chemin, et cependant nous étions bien
curieux de reconnaître cette grande mer Méditerranée que diverses relations annonçaient près de
nous. Nous venions de vérifier que les grandes rivières et les vastes entrées auxquelles on suppose
une embouchure dans l'océan Pacifique, entre le
40e et le 48e degré de latitude nord, ne sont que
des ruisseaux [1] où nos vaisseaux ne pouvaient na-

---

[1] La description de la rivière Columbia se trouvera dans la
suite du voyage; le capitaine Vancouver ne la connaissait pas à
cette époque, et son assertion est ici un peu trop absolue.

viguer, ou bien des baies qui ne forment point de
havres et où il est impossible de se réparer. Il ne
restait plus qu'à vérifier une indication de Dalrymple : « On prétend, dit-il, que les Espagnols ont
découvert récemment, par 47 degrés 45 minutes
de latitude nord, une entrée qui en vingt-sept
jours les a conduits au voisinage de la baie de
Hudson : cette latitude correspond exactement à
l'ancienne relation de Jean de Fuca, le pilote grec,
en 1592. » Cette entrée ne pouvait plus être qu'à
dix milles; nous n'étions pas à plus de vingt lieues
d'une seconde que M. Meares et d'autres navires
de commerce ont visitée, et nous attendions avec
impatience le retour des vents favorables qui, par
un extrême bonheur, nous avaient accompagnés le
long de cette côte. Nous ne les attendîmes pas
long-temps, car le 29 avril il s'éleva une bonne
brise; je fis appareiller à la pointe du jour, et nous
prolongeâmes le rivage au nord-ouest. Tandis que
nous fûmes à l'ancre, un courant porta sans inter-
mission dans la ligne de la côte, vers le nord, avec
une vitesse uniforme d'environ une demi-lieue par
heure. Depuis que nous avions dépassé le cap
Oxford un courant, affectant aussi notre marche
d'une manière régulière, nous avait entraînés chaque jour dix ou douze milles plus loin au nord que
nous ne le comptions.

A quatre heures nous découvrîmes dans l'ouest

une voile qui gouvernait vers la côte : c'était une
grande nouveauté, car depuis huit mois nous n'a-
vions vu d'autre vaisseau que *le Chatam*. Elle ar-
bora bientôt pavillon américain et tira un coup de
canon sous le vent. Nous la hélâmes à six heures. C'é-
tait le navire *la Colombia*, commandé par M. Robert
Gray, parti de Boston dix-huit mois auparavant. Je
pensai que ce pouvait être le même capitaine qui
avait autrefois commandé le sloop *le Washington*;
je le priai de mettre en panne, et afin d'acquérir
des renseignemens qui pussent nous servir dans
nos opérations futures, j'envoyai MM. Puget et
Menzies à son bord.

Une montagne, la plus remarquable de celles que
nous avions vues sur la côte de la Nouvelle-Albion,
s'offrait à nos regards. Son sommet, couvert d'une
neige qui sans doute ne fond jamais, présentait
deux beaux fourchons et sortait d'une manière
très sensible d'une base de hautes montagnes tapissées de la même manière, descendant graduellement jusqu'à des collines d'une hauteur modérée
et se terminant, comme celles que nous avions vues
la veille, par de basses falaises tombant en ligne
perpendiculaire sur une grève de sable, par le travers de laquelle sont semés beaucoup de rochers et
d'îlots de roche de forme et de taille différente.
Quoique la latitude ne fût pas d'accord, nous pensâmes généralement que c'était le mont Olympe de

M. Meares, car c'est la seule montagne bien saillante que nous eussions remarquée jusqu'ici sur toute la côte. M. Meares place le mont Olympe à 47 degrés 10 minutes de latitude; notre latitude était de 47 degrés 38 minutes, et cette montagne, nous restant au nord 55 degrés est, se trouvait par conséquent encore plus au nord. Au reste, le temps épais et brumeux qui survint bientôt après nous empêcha de déterminer sa position d'une manière précise.

M. Puget et M. Menzies m'apprirent, à leur retour, que je ne me trompais pas, et que c'était le même M. Gray qui commandait le sloop *le Washington*, à l'époque où ce navire avait, dit-on, fait un voyage si curieux derrière Nootka. En approchant de cette mer intérieure, il était singulier de rencontrer le navigateur même qui, selon ce qu'on prétendait, l'avait traversée. Sa relation toutefois différait essentiellement de celle qu'on a publiée en Angleterre. Jamais on ne fut plus étonné que M. Gray, lorsqu'on l'informa qu'on citait son autorité, et qu'on lui montra la route dont on faisait honneur au sloop *le Washington*. Contredisant ces assertions, il assura mes officiers qu'il n'avait pénétré qu'à cinquante milles dans le détroit en question, et dans la direction de l'est-sud-est; qu'il y trouva cinq lieues de largeur sur son passage; qu'il apprit des naturels que l'ouverture s'étend fort loin vers le nord; que c'est tout ce qu'il put savoir touchant cette mer intérieure, et qu'il regagna l'Océan par la route qu'il avait faite en entrant. Il supposait que l'entrée est celle dont on attribue la découverte à de Fuca, et il croyait cette opinion universellement adoptée parmi les capitaines qui en ont eu connaissance dans les derniers temps. Il leur dit encore qu'il avait été par 46 degrés 10 minutes de latitude, à l'embouchure d'une rivière, où le débouché des eaux, ou bien le reflux, avait une telle force, que pendant neuf jours il lui fut impossible d'y entrer. C'est probablement l'ouverture que nous dépassâmes dans la matinée du 27; et selon toute apparence il la trouva inaccessible, non par l'effet du courant, mais par des brisans qui en prolongent l'ouverture. Il avait aussi pénétré dans une autre entrée au nord, par 54 degrés et demi de latitude; et il y avait navigué jusqu'au cinquante-sixième parallèle, sans en découvrir le terme. Il nous indiquait, à 48 degrés 24 minutes de latitude, la pointe sud de l'entrée du détroit de Fuca, et il nous en jugeait éloignés d'environ huit lieues. Il avait passé le dernier hiver au port Cox, ou, comme l'appellent les naturels du pays, à *Clayoquot*, et il en était parti depuis peu de jours.

Pendant l'hiver, il avait construit un petit navire sur lequel il venait de détacher un de ses seconds et dix hommes pour acheter des fourrures sur les

îles de la Reine-Charlotte, et il commençait ses
courses d'été le long de la côte vers le sud. Durant
son séjour à Clayoquot, Wicananish, chef de ce
district, ayant formé le plan de s'emparer de son
vaisseau, détermina un insulaire d'Owhyhée, que
M. Gray avait avec lui, à mouiller l'amorce de toutes
les armes à feu qui étaient à bord et toujours
chargées : le chef avait rassemblé pour ce coup de
main un certain nombre de sauvages audacieux,
et il aurait ensuite vaincu l'équipage sans beaucoup
de peine. Son complot fut heureusement découvert, et les Américains, se tenant sur leurs gardes,
prévinrent les funestes suites d'une pareille entreprise.

Après avoir obtenu ces renseignemens, nous reprîmes notre route le long de la côte au nord. A mesure que nous avancions, sa hauteur augmentait :
elle présentait toujours des îlots de roche sans nombre, parsemés de beaucoup de roches submergées,
qui en quelques endroits s'étendent à une lieue
du rivage. Au moment où nous dépassâmes la plus
extérieure de ces roches, à la distance d'un mille,
nous vîmes distinctement la pointe sud de l'entrée
du détroit de Fuca, qui nous restait au nord-ouest
du compas : la position de l'autre côté du détroit,
quoique aperçue d'une manière peu distincte à
cause de la brume, indiquait clairement une ouverture d'une grande étendue. Un ciel épais et

pluvieux ne nous permettait pas de bien distinguer la ligne de la côte ; nous en vîmes assez
cependant pour juger que, comme celle que nous
avions reconnue depuis le cap Mendocin, elle est
sans coupures ; qu'elle n'offre aucune entrée dans
la mer Méditerranée ; qu'il n'y en a point, par conséquent, par 47 degrés 45 minutes de latitude,
ainsi qu'on l'a dit ; et qu'à cette hauteur, ou depuis
ce point jusqu'au cap Mendocin vers le sud, il n'y
a pas la moindre apparence d'un bon havre, quoique les géographes se soient avisés d'en placer
plusieurs dans cet intervalle. Les navigateurs qui,
d'après ces rapports imaginaires, compteraient y
trouver un asile ou des rafraîchissemens, seront
bien trompés dans leur attente, et ainsi que moi
ils éprouveront de très grands regrets.

Pour revenir à l'époque dont je parlais tout à
l'heure, nous vîmes plusieurs villages dispersés le
long de la côte : les habitans mirent leurs embar
cations à la mer dans l'intention, à ce que je supposai, de faire des échanges. *La Colombia* s'étant
tenue en panne quelque temps, et ayant ensuite
forcé de voiles après nous, nous conjecturâmes que
M. Gray conservait des doutes sur les déclarations
de mes officiers, et qu'il était tenté de nous croire
comme lui occupés de commerce, car il avait dit
à M. Puget et à M. Menzies qu'il se portait bien
avant dans le sud.

Nous étions alors à deux ou trois milles du rivage : le vent était frais de l'est-sud-est, et toujours accompagné d'un temps épais et pluvieux ; mais il se trouvait favorable pour pénétrer dans l'entrée. Je ne manquai pas d'en profiter, et je diminuai de voiles, afin que *le Chatam* pût marcher en avant. Vers midi, nous étions près de la pointe sud de l'entrée que les naturels du pays, suivant les relations des navires de commerce, nomment *Classet* [1]. C'est un promontoire saillant et très visible : il nous restait du nord 56 degrés est au nord 39 degrés est du compas, la partie la plus voisine de nous dans un éloignement d'environ deux milles ; l'île de Tatootche, réunie au promontoire par un banc de rochers sur lequel la mer brise avec violence, se montrait au nord 30 degrés est.

Nous n'avons pas trouvé la marée très forte, et nous n'avons aperçu ni le Pinnacle Rock, que supposent M. Meares et M. Dalrymple afin de mieux prouver que c'est le détroit de Fuca, ni aucun rocher plus remarquable que les mille autres qui sont le long de la côte, de toute forme et de toute grandeur, ceux-ci coniques, ceux-là à flancs plats et à sommets aplatis, et enfin de presque toutes les figures qu'on peut imaginer.

Nous suivîmes *le Chatam* entre l'île de Tatootche et le rocher, en faisant route vers l'est, le long

[1] Le cap Flattery.

du rivage sud du détroit supposé de Jean de Fuca. J'ai donné au rocher qui se montre à peine au-dessus de la surface de l'eau, et sur lequel le ressac brise avec beaucoup de violence, le nom de *Rock Duncan*, en mémoire de la découverte de M. Duncan. Il est, en effet, à peu près au nord-est, à environ une demi-lieue de l'île de Tatootche, et, selon toute apparence, le passage est parfaitement sain dans l'intervalle.

L'île de Tatootche, de forme oblongue, d'un aspect verdoyant et fertile, mais sans aucun arbre, court à peu près dans la direction nord-ouest et sud-est, et elle a environ une demi-lieue de tour. Sur le côté de l'est, une anse la divise en deux parties presque égales : la partie supérieure de la falaise, au centre de l'anse, semble avoir été coupée à main d'homme, pour la protection ou la commodité du village qui s'y trouve : on communique d'un bord à l'autre de la falaise par-dessus les maisons du village, au moyen d'un pont ou d'une chaussée, sur lequel nous voyions les habitans passer et repasser.

Ce promontoire, sans être très haut, s'élève brusquement de la mer en falaises à pic et stériles, au-dessus desquelles il paraît bien boisé : le temps, qui obscurcissait le pays adjacent, nous empêcha de déterminer sa position.

Depuis la partie nord-ouest de l'île de Tatootche,

à environ deux milles de la pointe nord du promontoire de Classet, la côte extérieure prend une direction à peu près sud, l'espace d'environ dix lieues; et en la prolongeant, je recherchai avec soin la pointe que le capitaine Cook a nommée *cap Flattery*; mais il m'est resté des doutes, à raison de la différence de latitude. Une petite baie qui s'étend environ trois lieues au sud de Classet se replie à quelque distance en dedans de la ligne générale de la côte; et la base des montagnes de l'intérieur, qui est ici saillante et forme des ravins profonds, présente de loin l'apparence d'un bon port; cependant, en l'approchant davantage, nous reconnûmes que le tout est réuni par une grève de sable.

C'est très probablement la baie vers laquelle *la Résolution* et *la Découverte* firent route; et Classet, avec l'île qui est par son travers, doit être ce que le capitaine Cook a appelé *capFlattery*. Si l'on peut compter sur l'exactitude de M. Gray, qui l'a dépassé plusieurs fois et dont les observations ont toujours donné le même parallèle, la différence en latitude a pu résulter d'un courant semblable à celui que nous avions dernièrement éprouvé le long de la côte, lequel aurait affecté *la Résolution* entre le moment de midi où la latitude fut observée, et l'instant de la soirée où le capitaine Cook prit le large.

En suivant la côte, nous dépassâmes le village
de Classet, qui est situé à environ deux milles en
dedans du cap, et paraît étendu et bien peuplé.
Le vent frais de la partie du sud se trouvant fort
diminué par l'interposition de la haute terre au-
dessous de laquelle nous étions, quelques-uns des
habitans vinrent sans peine nous faire visite. Ils se
présentèrent d'une manière honnête et amicale; ils
n'essayèrent de monter à bord que lorsqu'ils en
eurent demandé la permission; et après avoir reçu
des présens et des assurances de notre amitié, ils
nous pressèrent poliment de nous arrêter à leur
village : le mouillage était fort exposé; je désirais
un port mieux fermé, où nous pussions commodément nous occuper de plusieurs travaux nécessaires; et me refusant à leur invitation cordiale,
je fis continuer la route, bien persuadé que nous
rencontrerions bientôt une position plus avanta-
geuse.

Le peu de naturels du pays qui nous arrivèrent
ressemblaient à la peuplade de Nootka sous la
plupart des rapports; leurs figures, leurs vêtemens,
leur maintien sont les mêmes : nous remarquâmes
quelque différence dans la parure, surtout dans
celle du nez; car au lieu du croissant, qui est généralement adopté parmi les habitans de Nootka,
ceux-ci y portent des morceaux d'os en ligne droite.
Les pirogues, les armes, les outils sont aussi exac-

tement les mêmes : ils parlent la même langue ; mais ils ne s'approchèrent pas de nous avec le cérémonial de ceux qui abordèrent *la Résolution* et *la Découverte*, ce qui vient probablement de ce qu'ils se sont familiarisés avec les étrangers.

Le vent, ayant passé au sud-est, nous obligea d'aller au plus près le long du rivage, sur la côte sud du détroit qui, depuis le cap Classet prend la direction du sud-est. A environ deux milles du village, nous dépassâmes une petite baie ouverte, qui a, par les travers de sa bande est, une petite île, et qui ne parut pas du tout offrir ce qu'il fallait pour nous réparer. Le temps étant devenu plus mauvais à mesure que le jour avançait, nous jetâmes l'ancre à un mille du rivage.

Je fus alors instruit qu'après avoir pénétré en dedans de l'île de Tatootche, on remarqua un rocher, et qu'on supposa que c'était le Pinnacle Rock de Fuca ; il ne fut visible que quelques minutes, parce qu'il gît tout près du rivage de la grande terre, au lieu de se trouver à l'entrée du détroit ; et d'ailleurs il ne correspond pas à celui du pilote grec, tel qu'on l'a décrit.

§ 4.

Le mouillage que nous prîmes, le 29 avril 1792. est à huit milles en dedans du rivage sud de ce qu'on suppose le détroit de Fuca. Le lendemain au matin il s'éleva une petite brise du nord-ouest, accompagnée d'un beau temps clair, qui offrit à nos regards cette fameuse entrée. Nous voyions ses rives, du côté du sud, s'étendre du nord-ouest à l'est du compas. La première portion était la petite île que nous avions dépassée dans l'après-midi de la veille, laquelle gît à un demi-mille à peu près de la grande terre; nous en étions alors à environ quatre milles. Les rives du nord se prolongeaient du nord-ouest au nord-est; le point le plus proche nous restait au nord-ouest, à la distance d'environ trois lieues. Le vent étant favorable, je fis appareiller, et nous marchâmes à l'est, le long du rivage sud, nous en tenant à environ deux milles. Entre l'est et le nord-est, notre horizon n'était point interrompu; les deux côtés du détroit sont d'une hauteur modérée, et l'agréable sérénité du ciel nous permit de le bien voir. Le côté sud a des falaises basses qui tombent à pic sur des grèves de sable ou de pierre du sommet de ces éminences,

le terrain semblait former une petite élévation
ultérieure; il était partout couvert d'arbres de la
famille des pins, et la forêt aboutissait à une rangée de hautes montagnes remplies d'aspérités, qui,
paraissant sortir brusquement du pays boisé, n'offraient que quelques arbres clair-semés sur leurs
flancs stériles, et étaient couvertes de neige. Le côté
du nord ne se montrait pas tout-à-fait si haut; il
s'élevait plus graduellement du rivage de la mer
aux sommets des montagnes, qui présentaient une
rangée compacte beaucoup plus uniforme et bien
moins couverte de neige.

Notre latitude, à midi, fut de 48 degrés 19 minutes; notre longitude de 236 degrés 19 minutes:
dans cette position, le côté du nord se prolongeait
du nord-ouest au nord-est du compas : entre ce
dernier point et l'extrémité est du côté sud, notre
horizon n'était point borné; et nous avions au sud-
ouest l'île dont j'ai parlé ci-dessus, qui forme
l'extrémité ouest du côté sud. D'après ces observations, que j'ai lieu de croire exactes, le promontoire nord de Classet gît par 48 degrés 23 minutes
et demie de latitude, et 235 degrés 38 minutes de
longitude. La tranquillité de la mer et la clarté de
l'atmosphère nous permirent de faire plusieurs
observations de distances. A mesure que le jour
avança, le vent, qui aussi bien que le temps était
très agréable, nous porta rapidement le long de

la côte. Nous crûmes rencontrer bientôt la fin de l'entrée, car une haute terre commençait à paraître sur cet horizon, qui n'avait point de bornes quelques heures auparavant. En avançant, chaque nouvel aspect faisait naître de nouvelles conjectures : ce qui semblait comme le fond de l'entrée ne se montrait pas distinctement réuni; il pouvait former un groupe d'îles séparées par de grands bras de mer, ou réunies par des terrains trop peu élevés pour être aperçus. Sur les cinq heures de l'après-midi nous voyions une longue et basse pointe de sable, sortant des falaises en saillie dans la mer; par derrière, l'apparence d'une baie bien abritée; et un peu au sud-est, une ouverture dans le rivage qui promettait un port sûr et étendu. Vers ce temps s'offrit à nos regards, et au nord-est du compas, une très haute montagne remplie d'aspérités et très aisée à reconnaître, qui élevait sa tête au-dessus des nuages : elle était couverte de neige aussi bas que les nues permirent de la voir, et il y avait au sud une longue chaîne de montagnes escarpées, aussi tapissées de neige, mais moins élevées, et qui semblaient se prolonger fort loin.

Voulant passer la nuit à l'ancre au-dessous de la pointe basse, je fis au *Chatam* les signaux nécessaires, et à sept heures nous l'arrondissions à environ un mille. Cette distance n'était pas assez considérable, car bientôt la sonde ne rapporta plus

que trois brasses; mais en nous portant à peu près
un demi-mille au nord, nous arrondîmes la batture, qui, sans être bien visible, se reconnaît au
gros clapotage qu'y produit la marée. Après avoir
un peu remonté la baie, nous mouillâmes par quatorze brasses, fond de sable mou et de vase : la
basse pointe de sable que j'ai appelée *New Dun-*
geness, parce qu'elle ressemble beaucoup au Dun-
geness du canal de la Manche ; nous restait au nord-
ouest du compas, à environ trois milles : de cette
pointe, le terrain bas en saillie se prolonge jusqu'à
une falaise escarpée d'une médiocre hauteur, qui
nous restait au sud-ouest, à environ une lieue. Les
côtes offraient la même apparence que celles que
nous avions dépassées le matin, et formaient aussi
une forêt continue; mais les montagnes de l'intérieur du pays n'étaient ni si élevées, ni si hachées,
et se trouvaient encore plus éloignées du rivage
de la mer. Depuis notre mouillage, en tournant
par le nord et le nord-ouest, les terrains élevés
formaient dans le lointain comme des îles détachées, parmi lesquelles la haute montagne découverte dans l'après-midi par M. Baker, mon troisième
lieutenant, et que j'ai nommée *mont Baker*, s'élevait majestueusement et nous restait au nord-est,
à une grande distance, au moins apparente. Un
petit village se trouvait près de nous, au côté sud
de la baie; mais aucun des naturels du pays n'était

encore venu nous voir. Nous avions déjà remonté
ce détroit plus avant que M. Gray, et (à notre connaissance) qu'aucune autre personne du monde civilisé, lors même qu'on prouverait par la suite
que Fuca y a pénétré; tradition qui n'est étayée
d'aucun monument écrit, et d'autant plus douteuse qu'il y a entre les récits et nos observations
une différence d'au moins 40 minutes en latitude.

Avant de commencer la reconnaissance d'une région entièrement nouvelle, je dois ajouter quelques remarques touchant cette partie du continent
de l'Amérique qui embrasse un espace d'environ
deux cent quinze lieues, sur lequel venaient de se
porter nos recherches, avec un vent et un temps
à souhait. Nous avons examiné cette longue côte
dans un si grand détail, que, du haut des mâts,
nous avons toujours vu le ressac sur les rivages;
il est même peu d'intervalles où on ne l'ait pas
aperçu de dessus le pont. Lorsque nous n'avons
pu la ranger de si près, ou lorsque nous avons
pris le large pendant la nuit, le retour du beau
temps et du jour nous a retrouvés, sinon à l'endroit même dont nous nous étions éloignés, du
moins à peu de milles de cette position, et toujours en dedans des limites nord de la partie de
côte que nous avions déjà vue. D'après un examen
ainsi combiné, et les circonstances si heureuses
qui en ont permis l'exécution, il ne nous a rien

manqué pour déterminer ses tours et retours, ainsi que la position de toutes ses pointes; nous sommes toujours parvenus à prendre la hauteur du soleil à midi, pour la latitude; et, si j'en excepte la seule journée du 29 avril, nous avons eu le bonheur de faire tous les jours une fois, et en général deux fois, des observations de distances pour reconnaître la longitude par le chronomètre.

La rivière dont nous parla M. Gray doit, d'après la latitude qu'il lui assigne, se trouver dans la baie qui est au sud du cap Disappointment. Nous dépassâmes ce cap le 27 au matin; et comme je l'ai déjà observé, s'il y a une entrée ou une rivière, il paraît que les récifs et les brisans de la mer qui se montrent dans ses environs la rendent très embarrassée, et inaccessible aux vaisseaux de notre port. M. Gray dit qu'il essaya durant plusieurs jours d'y entrer, et qu'un très fort débouché des eaux l'en empêcha constamment. C'est un phénomène difficile à expliquer; car, en général, lorsqu'il y a sur une côte de la mer des débouchés d'une si grande force, le flot de la marée y est d'une force correspondante. Quoi qu'il en soit, je fus parfaitement convaincu, avec la plupart des personnes en état d'observer qui se trouvaient sur mon bord, que depuis le cap Mendocin jusqu'au promontoire de Classet, nous n'avions dépassé aucune ouverture d'une navigation sûre, non plus qu'aucun havre ou retraite offrant un bon asile à des vaisseaux. Nous n'avons pu changer d'opinion en lisant les assertions des faiseurs de géographie théorique, qui placent dans cet intervalle des bras de l'Océan communiquant avec une mer Méditerranée, et des rivières étendues contenant de bons ports.

Depuis que la chimère du continent austral (d'où l'on tirait l'origine des Incas du Pérou) s'est évanouie, on a fait revivre les prétendues découvertes de Fuca et de Fonte, afin de prouver l'existence d'un passage au nord-ouest. Elles se trouvent appuyées des opinions de nos modernes marchands de fourrures, dont l'un imagine, dit-on, qu'une ouverture plus au nord est celle où pénétra Fuca. Si donc on parvenait à découvrir plus au nord une ouverture menant à un passage au nord-ouest, le mérite de cette découverte serait nécessairement attribué à de Fuca, à de Fonte, ou à quelque autre voyageur favori de ces philosophes spéculateurs.

Le premier jour de mai s'annonça par le plus beau temps du monde. D'après les coupures des rivages qui se présentaient devant nous, nous nous croyions certains d'arriver bientôt à un havre sûr et commode. Au reste, le mouillage que nous avions pris au-dessous de New-Dungeness la veille au soir était assez bon, et il semblait nous permettre d'approcher de la rive autant que nous le voudrions. M. Whidbey, que je détachai dans le canot, alla sonder et chercher de l'eau douce.

Des cabanes annonçaient que les naturels du pays résidaient aux environs, mais passagèrement, car elles différaient beaucoup des habitations des sauvages d'Amérique que nous avions rencontrées jusqu'ici. Ce n'étaient que des nattes jetées sur des piquets surmontés d'une traverse; celles, au contraire, que nous avions remarquées la veille dans deux ou trois petits villages situés à l'est de Classet étaient construites exactement sur le modèle des maisons de Nootka [1]. Les habitans parurent nous voir avec la plus grande indifférence; ils continuèrent à pêcher devant leurs huttes, sans faire aucune attention à nous : on eût dit que le spectacle de pareils vaisseaux leur était familier, ou qu'ils ne les jugeaient pas dignes d'être regardés. Sur le terrain bas de New-Dungeness se trouvaient élevées perpendiculairement, et à ce qu'il parut avec régularité, un certain nombre de hautes perches, bien droites, pareilles à des bâtons de pavillon ou des balises, et étayées par le pied. Nous les crûmes d'abord destinées à soutenir des échafauds sur lesquels on séchait du poisson; mais, en les examinant de plus près, nous jugeâmes cette opinion invraisemblable; car leur élévation et leur distance respectives auraient exigé

---

[1] Voyez le troisième voyage de Cook.

pour les traverses des chevrons si gros que les
perches n'auraient pu les porter. Elles avaient sans
doute un objet particulier; mais il faut laisser au
temps le soin de découvrir s'il était religieux, civil
ou militaire.

Nous allâmes reconnaître les deux ouvertures
qui se montraient les plus près de nous. Nous trouvâmes la surface de la mer couverte presque entièrement d'oiseaux de différentes espèces, mais si
farouches, que nos chasseurs, malgré toutes leurs
tentatives, ne purent les amener à la portée de
leurs fusils. La première ouverture, au sud-est,
semblait formée par deux hautes falaises; le terrain, plus élevé en dedans, paraissait se prolonger
à une distance considérable. Les rivages étaient
partout sans coupures; ce que nous prenions pour
des vides finissait par se montrer rempli d'une
grève de sable très basse, précédée d'une batture
où il y a peu d'eau. Nous nous portâmes ensuite
vers une partie de terre qui ressemblait à une île,
en travers de l'autre ouverture présumée. De son
sommet, d'un accès facile à ce qu'il paraissait, nous
comptions découvrir si la côte offrait quelque port
où les canots pussent se rendre dans la journée.
Nous débarquâmes à l'extrémité ouest de l'île présumée, et après avoir gravi la falaise qui était à
peu près perpendiculaire, un paysage d'une beauté
presque aussi enchanteresse que celle des jardins

d'ornement qui en Europe ont le plus d'élégance, s'offrit à nos yeux. C'était en effet une île, ainsi que nous l'avions conjecturé : le sommet présente une surface à peu près horizontale, entremêlée de quelques inégalités de terrain qui produisent une variété charmante sur une vaste prairie couverte des plus beaux herbages, et semée d'une grande quantité de fleurs et de groupes d'arbres placés sans ordre, mais que le plus habile artiste n'aurait pu établir d'une manière plus agréable; il y a au nord-ouest un massif de pins et d'arbrisseaux divers qu'on croirait avoir été plantés pour la garantir des vents de nord-ouest.

Tandis que nous contemplions des beautés naturelles si inattendues, nous cueillîmes des groseilles et des roses très avancées. En examinant les côtes de la mer nous eûmes la satisfaction de les voir bien rompues et offrant, selon toute apparence, beaucoup d'entrées navigables : celle qui se présentait devant nous ne nous sembla pas aussi étendue que nous l'avions cru en l'observant des vaisseaux; mais il nous parut à peu près hors de doute qu'elle serait sûre et nous conviendrait sous tous les rapports. Nous nous remîmes en route pour la reconnaître : nous la trouvâmes large d'environ une lieue à l'ouverture, avec de bonnes sondes régulières, depuis dix brasses tout près des rivages, jusqu'à trente, trente-cinq et trente-huit au milieu, et nous n'aperçûmes ni rochers, ni bas-fonds qui pussent la rendre dangereuse. L'eau douce toutefois semblait rare; mais d'après l'aspect général du pays, nous n'avions pas à craindre d'en manquer. Les rives du havre étaient d'une hauteur modérée; je jugeai que son côté ouest, borné à une distance peu considérable par une chaîne de hautes montagnes escarpées. et couvertes de neige, se réunissait à la montagne que nous avions prise pour le mont Olympe. Cherchant toujours la seule chose qui lui manquât pour en faire un des plus beaux ports du monde, je rencontrai tout à coup un courant d'une excellente eau. Le but de notre excursion étant ainsi heureusement rempli, après un léger rafraîchissement nous retournâmes aux vaisseaux, où nous arrivâmes vers minuit, bien satisfaits du succès de notre petite expédition, et bien récompensés de nos peines.

Durant notre absence quelques naturels y avaient fait des échanges avec honnêteté et politesse. Ils ne parurent point connaître la langue de Nootka, car ceux de nos gens qui la savaient un peu ne parvinrent pas à se faire entendre.

Nous appareillâmes le 2 mai au matin avec une jolie. brise, et nous fîmes route sur le port que nous avions découvert la veille, dont l'entrée nous restait au sud-est, à environ quatre lieues. L'agréable sérénité du ciel ajoutait aux charmes du paysage ; la mer était d'une tranquillité parfaite, et tout ce que la bienfaisante nature peut rassembler de riches dans un lieu du monde s'étalait devant nous. N'ayant aucune raison de penser que ce pays dût à la main de l'homme quelques-uns de ses ornemens, il me parut impossible qu'on eût jamais découvert une contrée sans culture formant un si magnifique tableau. La partie de terre qui interrompait l'horizon entre le nord-ouest et le nord se montrait très rompue. Son étendue dans l'est, en tournant au sud-est, était bornée par une chaîne de montagnes couvertes de neige, qui paraissaient courir dans une direction nord et sud, et sur lesquelles le mont Baker s'élevait majestueusement : il est aisé à reconnaître par sa hauteur et par les montagnes revêtues de neige qui de sa base se prolongent au nord et au sud. Entre notre position et cette rangée de montagnes couvertes de neige, le terrain derrière le rivage de la mer, où il se terminait comme ceux que nous avions dépassés dernièrement en basses falaises à pic ou en grèves de sable ou de galet, s'élevait doucement à une petite hauteur, et était revêtu de différens arbres de haute futaie. Ces arbres toutefois ne présentaient pas l'aspect d'une forêt déserte ininterrompue, mais semblaient seulement tapisser ses éminences et embellir ses vallées : ils offraient en plusieurs directions des espaces étendus qu'on aurait crus défrichés, ainsi que la belle île que nous avions visitée la veille. En prolongeant le rivage, près d'un de ces sites charmans nous aperçûmes un grand nombre de traces de cerf ou de quelque autre quadrupède analogue, et nous nous flattâmes de l'espoir de ne pas manquer ici de cette sorte de rafraîchissement. Un tableau si ravissant nous rappela, on le pense bien, certains lieux chéris de la vieille Angleterre.

Rien n'arrêtait notre marche : quoiqu'elle ne fût pas rapide, nous étions avant midi devant le ruisseau qui tombe dans la mer du côté de l'ouest, à près de cinq milles en dedans de l'entrée du havre, auquel j'ai donné le nom de *port de la Découverte*, et où nous amarrâmes par trente-quatre brasses, fond de vase, à environ un quart de mille du rivage.

L'entrée de ce havre est formée par des pointes basses en saillie, sortant de chaque côté des hautes falaises boisées qui en général bordent le rivage; elles nous restaient au nord-ouest du compas, sur la même ligne que deux pointes correspondantes de l'île que j'ai décrite, et qui gît par son travers. Si le plus habile ingénieur avait donné le plan de cette île produite par la nature, il n'aurait pu la mieux placer pour garantir le port, non-seulement des vents de nord-ouest à la violence des-

quels il serait d'ailleurs fort exposé, mais encore,
si elle était bien fortifiée, de toutes les entreprises
d'un ennemi ; c'est pour cela que je l'ai appelée
île de Protection.

Le courant d'eau douce près duquel nous avions
pris un mouillage si commode paraît avoir sa source
à quelque distance de son embouchure, et traverser
un des bas épis de sable déjà décrits qui forment la plupart des pointes saillantes que nous
avions vues depuis que nous étions dans cette entrée. Ces épis prennent ordinairement une forme
un peu circulaire, quoique irrégulière; en général
ils sont à peu près escarpés, se prolongeant du
pied des falaises boisées sur un espace de cent à
six cents verges vers le bord de l'eau, et n'offrant
que du sable en poudre. Une lagune d'eau salée,
ou un marais saumâtre, remplit la surface presque
entière de plusieurs; d'autres sont complétement à
sec; aucun ne produit des arbres : on les voit surtout couverts d'un gramen grossier, de forme pyramidale, entremêlé de fraisiers, de deux ou trois
espèces de trèfle, de perce-pierre, et d'une grande
variété de petites plantes dont quelques-unes ont
de très belles fleurs. Un petit nombre de pointes
offrent des arbrisseaux, tels que des rosiers, des
églantiers, des groseilliers rouges et noirs, des
framboisiers, et d'autres plus petits, qui dans la
saison donnent, selon toute apparence, les divers

fruits communs à la côte nord-est et à la côte nord-
ouest de l'Amérique : ils paraissaient tous d'une
végétation forte, et, d'après la quantité de fleurs
dont ils se trouvaient chargés, nous jugeâmes qu'ils
produiraient beaucoup.

Nous eûmes peu de peine à nettoyer le terrain
de notre camp, très commodément placé près de
la rive nord du ruisseau. Les tentes, l'observatoire, les chronomètres et les instrumens furent
débarqués dans l'après-midi, et mis sous la garde
d'un détachement de soldats de marine. Tandis
qu'on les arrangeait je fis une petite excursion vers
le haut du havre. Il s'étend dans une direction à
peu près sud, à environ quatre milles du ruisseau,
et aboutit à une batture vaseuse placée en travers
du fond à environ un quart de mille du rivage :
la profondeur de l'eau, qui est de sept brasses
auprès de la batture, augmente graduellement à
dix, vingt et trente brasses, fond de bonne tenue.
Je trouvai de petites huîtres médiocres sur la basse.
Par derrière les rivages sont abaissés, bien boisés,
et arrosés par un courant d'eau considérable et
d'autres plus petits qui ont leur embouchure dans
le havre. Plus loin l'intérieur du pays paraissait
un marécage à une grande distance. Ayant débarqué non loin du ruisseau le plus gros, je rencontrai un village désert, qui pouvait contenir à peu
près cent habitans. Les maisons étaient bâties sur

le modèle de celles de Nootka ; il semblait que les naturels du pays n'y avaient pas résidé récemment. Elles tombaient en ruines. Des herbes sauvages, semées de plusieurs crânes d'hommes, et d'autres ossemens, en remplissaient l'intérieur, ainsi que le terrain des environs qui avait été aussi occupé.

Le 3 mai nos divers travaux furent en pleine activité : à terre, les voiliers faisaient des réparations et des changemens à la voilure ; les tonneliers examinaient les futailles ; les canonniers mettaient la poudre à l'air, et des détachemens coupaient du bois, brassaient de la bière de *spruce* et remplissaient d'eau nos barriques : à bord, on réparait le grément, on examinait les vivres ; on préparait la cale à recevoir le bois d'arrimage dont nous avions besoin depuis quelque temps ; les charpentiers arrêtaient des voies d'eau autour des joues de *la Découverte*, ou aidaient au calfatage des flancs du *Chatam*. La sérénité du ciel et la saison étaient très favorables à ces différens services, ainsi qu'à nos observations astronomiques. La partie des rivages qui nous environnaient étant à peu près dénuée d'habitans, peu d'événemens venaient nous distraire ou se mêler à nos occupations.

Nous avions eu si peu de loisir ou de repos dans nos relâches depuis le cap de Bonne-Espérance, que le 6 fut pour les équipages le premier jour de fête : je leur permis d'aller prendre à terre un peu de récréation.

Quelques naturels nous arrivèrent sur deux ou trois pirogues ; ils nous apportaient du poisson et du gros gibier. Le gibier était très bon, et nous le trouvâmes d'autant plus agréable que nous n'avions pu nous en procurer, quoique les traces nombreuses et fraîches de cerfs ou de daims que nous voyions à notre arrivée dans toutes les directions nous eussent donné l'espoir d'en embarquer.

Par la figure, les pirogues, les armes, les outils, etc., ils ressemblaient surtout aux habitans des environs de Nootka ; mais ils étaient moins barbouillés de peintures et moins sales sur leurs personnes. Ils avaient des pendans d'oreilles, mais point de parure au nez. Quelques-uns comprenaient un petit nombre de mots de l'idiome de Nootka : ils étaient vêtus de peaux de daim, d'ours et d'autres animaux, principalement d'une espèce d'étoffe de laine de leur fabrique, et très bien travaillée. Ils échangèrent volontiers leurs arcs et leurs meubles contre des couteaux, des grains de verre, du cuivre, etc. : ce qui est fort extraordinaire, ils offrirent de nous vendre deux enfans âgés de six ou sept ans ; et comme on leur montrait du cuivre, ils mirent beaucoup d'empressement à conclure ce marché. Je m'y refusai absolument, et je témoignai,

XIV.   13

le mieux qu'il me fut possible, l'horreur que nous inspirait un pareil commerce

A notre arrivée dans le port de la Découverte, nous avions passé au sud-ouest de l'île de Protection; nous découvrîmes dans une excursion au sud-est de cette île un autre chenal aussi sûr et aussi commode. Après avoir lutté le long du rivage contre une forte marée, l'espace de deux ou trois lieues au nord-est depuis l'entrée du port de la Découverte, nous arrondîmes une pointe basse en saillie; et quoique la brume nous empêchât de voir autour de nous, nous ne doutions pas que nous ne fussions dans un autre havre ou bras qui courait vers le sud. Je voulus attendre ici que le temps fût meilleur; et, sur ces entrefaites, on jeta la seine le long de la grève au sud, mais avec peu de succès.

En continuant à pêcher le long de la grève, nous arrivâmes près d'une pointe semblable à celle que nous avions déjà dépassée, et éloignée de la première d'environ deux milles : la brume étant dissipée, nous trouvâmes qu'elle gît par 48 degrés 7 minutes 30 secondes de latitude, et 237 degrés 31 minutes et demie de longitude. Ici se présenta devant nous une entrée spacieuse, dont la pointe nord-est, se montrant sur la même ligne que la pointe sud-ouest (celle que nous venions de quitter), nous restait au nord-ouest du compas : il semblait y avoir une lieue d'intervalle entre les deux pointes.

Nous avions au sud-est une haute montagne arrondie, très remarquable et tapissée de neige, qui se présentait à l'extrémité sud de la chaîne éloignée de montagnes couvertes de neige dont j'ai déjà parlé : les rivages de cette nouvelle entrée, comme ceux du port de la Découverte, offrent plusieurs pointes de sable basses et saillantes.

Nous dînâmes en cet endroit; et après avoir mesuré les angles nécessaires, je chargeai M. Puget de sonder le milieu de la passe, et M. Johnston d'examiner le côté de babord ou de l'est, tandis que je continuerais mes recherches de l'autre côté : je fixai, pour premier rendez-vous, la pointe basse la plus au sud. A mesure que nous avancions, la beauté du pays augmentait : les clairières étaient plus étendues et en plus grand nombre; et les montagnes couvertes de neige dans le lointain faisaient briller davantage les fertiles productions des terrains moins élevés. En arrivant près du rendez-vous, j'aperçus une ouverture qui donnait l'apparence d'une île à toute la côte de l'est que M. Johnston devait reconnaître, et j'allai l'examiner : je la trouvai fermée par un isthme de sable très abaissé, d'environ deux cents verges de largeur, et je vis le rivage opposé battu par un grand lac d'eau salée, ou plus probablement par un bras de mer se prolongeant au sud-est, et dirigeant sa principale branche vers la haute montagne arrondie et couverte de neige que nous avions découverte à midi : mais je ne pus en distinguer l'entrée; seulement je fus porté à croire qu'on la trouverait autour de la pointe escarpée que nous avions remarquée de l'endroit où nous dînâmes.

Aucun vestige de population ne frappa nos regards, si ce n'est un village désert, placé au coin ouest de cet isthme, et à peu près dans le même état de ruine que celui que nous avions rencontré au fond du port de la Découverte. Nous n'allâmes pas l'examiner; la nuit approchait, et je crus qu'il valait mieux gagner sans délai le rendez-vous fixé. M. Johnston ne nous ayant pas rejoint pendant la nuit, je supposai qu'il avait découvert un passage dans le lac ou le bras de mer; et je ne me trompais pas, comme on le verra tout à l'heure. Après avoir déterminé l'étendue de l'entrée que je venais de parcourir, et fixé la position de son extrémité sud à 47 degrés 59 minutes et 237 degrés 31 minutes de longitude, nous nous rembarquâmes le 8 à la pointe du jour, cherchant l'entrée dans le lac ou le bras de mer que nous avions aperçu la veille au soir.

Vers ce temps, nous entendîmes un coup de pierrier, et nous y répondîmes. L'eau d'un gros ruisseau que nous rencontrâmes étant saumâtre, il fallut, pour remplir nos barils, les porter près

d'un mille dans l'intérieur du pays : depuis notre
départ des vaisseaux nous n'avions point aperçu
d'eau douce. M. Johnston arriva sur ces entrefaites.
Il avait découvert un chenal étroit dans le bras de
mer, ce qui lui avait donné l'espoir de revenir par
l'isthme qui nous avait arrêtés, et qu'alors il ne
connaissait pas pour tel ; mais, à son grand regret,
il le trouva fermé, et fut obligé de faire ramer la
plus grande partie de la nuit pour pouvoir nous
rejoindre en revenant sur ses pas. La partie sud
est navigable seulement pour de petites embarcations depuis le mi-flot jusqu'au mi-jusant, et à sec
au temps de la mer basse ; mais la partie nord
forme un petit port bien fermé, et la marée qu'on
y éprouve se montrant favorable à des opérations
de carénage, il s'était décidé à en achever l'examen.

La reconnaissance de cette entrée qui nous avait
occupés depuis la veille à midi se trouvait terminée
par la réunion des canots, et il nous fut démontré
qu'elle offre un havre plus sûr et plus étendu que
le port de la Découverte ; plus agréable aussi, en ce
que les terrains élevés sont plus loin du bord de
l'eau : il est meilleur encore relativement aux
sondes, très régulières d'un côté à l'autre et de
dix à vingt brasses, fond de bonne tenue ; mais,
ainsi que je l'ai déjà remarqué, il n'offre pas beaucoup d'eau douce, autant du moins que nous avons
pu en juger dans notre courte visite. Je lui ai donné

le nom de *port Townshend*, en l'honneur du marquis de ce nom.

M. Johnston, qui fut plus à portée que moi de bien voir la petite entrée ou lac indiqué ci-dessus, le jugea très étendu et divisé en deux ou trois branches : et sans avoir pu reconnaître sa communication avec l'Océan ou la grande entrée, il crut cette communication établie par la route de la pointe escarpée dont j'ai déjà fait mention ; ce qui s'est vérifié. En faisant cette route, nous rencontrâmes sur une des pointes basses en saillie qui sortent du rivage de l'est deux épieux d'environ quinze pieds de hauteur et grossièrement sculptés, fichés perpendiculairement en terre. Le sommet de chacun offrait une tête d'homme qu'on y avait placée depuis peu ; les cheveux et la chair étaient en bon état : les têtes semblaient indiquer des restes de fureur et de vengeance, car la partie épointée de l'épieu, qui les enfilait par la gorge jusqu'au crâne, sortait de quelques pouces au-dessus de la sagittale et de la chevelure. On avait fait du feu entre ces deux épieux, et dans le voisinage nous remarquâmes des os calcinés ; mais nous ne pûmes asseoir aucune opinion sur la manière dont on avait disposé des corps.

Dans la plupart de mes excursions je remarquai une argile durcie qui ressemble beaucoup à la terre à foulon. Une falaise haute et escarpée sur

laquelle nous montâmes paraissait surtout de cette
substance qui, examinée de plus près, se montra
une riche espèce de *medulla saxi*. Je lui ai donné
le nom de *pointe Marrow Stone*. A l'est de la falaise, une de ces pointes de sable en saillie que
nous avions rencontrées si souvent prolonge le
rivage l'espace d'un quart de mille. Nous dînâmes
en cet endroit, et nous eûmes une excellente vue
de cette entrée, qui se montrait d'une étendue
assez considérable.

Le 9 mai, nous nous vîmes près de l'extrémité
sud du passage étroit et de petit fond par où
M. Johnston était venu du port Townshend, dans
une belle anse qui offre un bon mouillage de dix
à vingt-cinq brasses, fond de bonne tenue, et qui
est assez vaste pour contenir un certain nombre
de vaisseaux. Nous parcourûmes ses rivages nord ;
mais nous n'y vîmes d'eau douce que celle qui
sortait en petite quantité des rochers : quelques-
uns des midshipmen rencontrèrent dans leurs
courses plusieurs chênes, dont ils rapportèrent
des branches ; mais ils n'en virent aucun de plus
de trois ou quatre pieds de circonférence. En conséquence de cette précieuse découverte, j'ai donné
à l'anse le nom *d'Oak Cove* ou *anse des Chênes*.

Bientôt après notre départ de l'anse des Chênes,
des naturels du pays, qui pagayaient lentement
sous le vent d'une pointe de roche, semblèrent

nous attendre. A notre arrivée auprès d'eux, ils ne parurent pas douter le moins du monde de nos dispositions amicales à leur égard. Ils nous offrirent avec politesse ce qu'ils avaient en leur possession, et ils acceptèrent cordialement, et d'un air charmé, des médailles, des grains de verre, des couteaux et d'autres bagatelles. Nous étions alors occupés du soin de mesurer des angles, autant que le temps le permettait, et d'acquérir quelques connaissances de plus sur cette entrée. Elle se divisait en deux branches : la plus étendue se prolongeait au sud-est de la partie de terre qui se montrait comme une longue île basse; l'autre, beaucoup plus petite à l'œil, courait au sud-ouest de la même terre; les rivages des deux branches venaient aboutir à une haute pointe escarpée et perpendiculaire que j'ai appelée *Foul-Weather bluff* ou *pointe de Mauvais-Temps,* parce que le temps changea pour nous dans ses environs.

Comme je ne voulais pas m'éloigner du rivage continental, le bras de l'ouest fut le premier objet de notre reconnaissance : nous dirigeâmes notre route sur une haute masse de terrain qui paraissait former une île, à peu près convaincus que nous trouverions au sud de ce que nous supposions une longue île basse un passage dans la branche sud-est, ou la principale branche. Il y a, par le travers de la pointe dont je viens de parler, des ro-

chers au-dessus de l'eau, et d'autres qui ne découvrent qu'à la mer basse; ils prolongent la côte l'espace d'un mille, et ils en sont éloignés de trois
quarts de mille. Le pays des environs offre un aspect très différent de celui que nous étions habitués à voir. Au lieu des dunes de sable qui forment
les rivages en dedans du détroit, ceux-ci se trouvent composés de roches solides; quoique les arbres y soient d'espèces plus variées, l'herbage et
les arbrisseaux y semblent plus faibles. Nous débarquâmes sur les neuf heures pour déjeuner et
sécher un peu nos vêtemens : dix-sept naturels du
pays débarquèrent aussi de six pirogues, un demi-
mille en avant de la position que nous avions prise,
et vinrent ensuite à pied vers nous; une seule pirogue les suivait le long du rivage; les autres avaient
été retirées sur la grève. Ils s'approchèrent avec la
plus grande confiance; ils n'étaient point armés, et
ils se conduisirent de la manière la plus respec-
tueuse et la plus tranquille. Je fis tracer avec un
bâton une ligne sur le sable entre eux et nous;
et s'étant assis à l'instant même, aucun d'eux n'entreprit de la dépasser sans en avoir demandé par
signes la permission.

A tous égards ils ressemblaient beaucoup à ceux
du port de la Découverte; ils n'avaient pas la moindre connaissance de l'idiome de Nootka; et il ne fut
point aisé de découvrir les mots de leur langue qui

désignent les nombres. Ils n'avaient rien à vendre que leurs arcs, leurs traits et leurs vêtemens de laine ou de peaux : nous crûmes reconnaître parmi les peaux qui les couvraient celle d'une jeune lionne. Ils les échangèrent contre des bagatelles de peu de valeur, et se conduisirent loyalement et honnêtement dans ce petit commerce.

Nous nous remîmes en route avec le flot, et nous reconnûmes que ce que nous supposions une haute île arrondie est réuni à la grande terre par un isthme de sable, bas et à peu près rempli par un marais d'eau salée. La baie qui se trouve entre cette pointe et celle que nous venions de quitter reçoit de petits courans d'eau douce, article qui, autant que nous avons pu en juger, n'abonde pas ici : nous en fûmes d'autant plus convaincus, que les naturels qui vinrent nous voir dans la matinée avaient de petites boîtes carrées remplies d'eau douce qu'ils refusèrent de nous vendre. Les rivages ne présentent point cette végétation forte que nous avions laissée par derrière ; ils sont à peu près dénués de clairières verdoyantes ; on y voit alternativement des dunes et des falaises de roche qui tombent brusquement dans la mer ou aboutissent à une grève ; et en quelques endroits le terrain uni commence au bord de l'eau, avec peu ou point d'élévation.

Après avoir fait deux ou trois milles nous perdî-

mes l'avantage du flot, et nous eûmes un courant
qui portait toujours au large; ce qui, joint à un
vent frais du sud-ouest, nous retarda tellement que
nous atteignîmes seulement le 11 mai à midi cette
pointe éloignée de 13 milles dont je parlais tout à
l'heure. Elle se trouva directement au sud de notre
observatoire, dans le port de la Découverte; et elle
gît par 46 degrés 39 minutes de latitude : je l'ai
nommée *Hazel-Point* ou *pointe des Noisetiers*, à
cause du grand nombre de coudriers qu'on y trouve.
Le canal se divise ici en deux branches; l'une court
directement au nord, et l'autre au sud-ouest.

Nous étions en route le lendemain à quatre heures
du matin. Nous n'avions pris que cinq jours de vivres; ils se trouvaient à peu près épuisés; et le
commencement de celui-ci, qui était le sixième,
nous menaçait d'une très petite ration. Nos chasseurs n'avaient point eu de succès, et l'espoir d'obtenir des naturels quelques provisions était bien
incertain. La région que nous venions de parcourir
était à peu près dénuée d'êtres humains : les quadrupèdes avaient aussi déserté la côte; nous ne
voyions plus de trace de cerfs, on n'apercevait pas
un seul oiseau aquatique sur toute l'étendue du
canal, et le morne silence de la nature n'était interrompu que par le croassement du corbeau, le souf-
flement d'un veau marin, ou les cris d'un aigle.
Ces sons solitaires étaient même si rares que le

sifflement de la brise le long du rivage, au milieu
de l'imposante tranquillité qui nous environnait,
donna lieu aux ridicules idées de nos matelots qui
croyaient entendre des serpens à sonnettes ou des
monstres hideux dans ce désert, où les productions
sont de l'espèce de celles que j'ai déjà décrites,
mais beaucoup plus faibles.

Nous avions à l'ouest et au nord-ouest la chaîne
de montagnes couvertes de neige qui frappa nos
regards dans la matinée où nous rencontrâmes le
navire *la Colombia;* elles descendaient graduellement vers le sud, tandis que le sommet de la chaîne
de l'est, qui se montrait par intervalles, paraissait
borner le bas pays de ce côté. Entre le sud-est et le
sud-ouest, une région d'une élévation modérée
semblait se prolonger aussi loin que pouvait s'étendre la vue, et d'après ses éminences et ses vallées,
il y avait lieu de croire que l'entrée continuait à
serpenter à une grande distance, ce qui me fit
beaucoup regretter de n'avoir plus de vivres. Mais
ayant pénétré si loin, je résolus de souffrir un peu
de la faim pour continuer nos recherches jusqu'à
ce que je trouvasse la fin de l'entrée, ou une telle
prolongation de son cours qu'il fût nécessaire d'y
amener les vaisseaux, ce qui aurait été une opération bien ennuyeuse et bien désagréable, car le
canal est très étroit et la mer d'une grande profondeur.

En allant toujours en avant nous dépassâmes plusieurs courans d'eau douce. Notre latitude, observée à midi près d'un des plus considérables, fut de 47 degrés 27 minutes, et nous eûmes encore une fois le plaisir de nous trouver dans des lieux habités. Trois Indiens arrivés sur une pirogue le long du bord de la chaloupe échangèrent quelques bagatelles contre des grains de verre, du fer et du cuivre. Je sus de M. Puget qu'ils se montrèrent fort honnêtes dans ce petit trafic, et qu'ils firent les plus grands efforts pour engager le détachement embarqué sur la chaloupe à les suivre dans leur bourgade, que nous jugeâmes éloignée d'environ une lieue, et vers laquelle les naturels pagayèrent en hâte, sans doute pour avertir leurs amis de notre approche. Nous venions de finir notre dîner lorsque nous aperçûmes de la fumée près de l'endroit où nous supposions leur résidence : elle avait pour but, à ce que nous imaginâmes, de nous guider vers leur demeure, et, conformément à leur invitation, nous en prîmes le chemin.

L'idée que la majeure partie des animaux n'aime pas l'absence de la race humaine s'était présentée à nous durant ce petit voyage. Plusieurs espèces de canards et d'autres oiseaux aquatiques, se montrant pour la première fois depuis trois jours, nous confirmèrent dans cette opinion. Je ne veux pas dire que l'affection pour les hommes les attire aux endroits que préfèrent les êtres humains; car très probablement les animaux trouvent aussi leur subsistance avec moins de peine dans les lieux qui, par rapport aux vivres, offrent aux sauvages la meilleure résidence.

Les habitations de nos nouveaux amis paraissaient situées soit au fond de cette entrée, soit dans un coude, où elle semblait tourner beaucoup au sudest, ce qui entretenait notre espérance de revenir par le grand bras de l'est; mais nous ne l'espérâmes plus après avoir débarqué, car nous trouvâmes sa direction sud-ouest terminée par un terrain qui semblait bas et marécageux, avec un bas-fond s'étendant à quelque distance de ses rivages, et ne laissant au sud-est qu'un étroit passage dans une anse ou bassin qui paraissait la terminer aussi dans cette direction.

Nous n'avions pas encore rencontré un aussi beau courant d'eau douce que celui que nous trouvâmes en ce lieu : sa grandeur, sa limpidité et sa vitesse nous laissèrent peu de doute qu'il ne fût alimenté par une source. Il y avait tout près deux misérables huttes couvertes de nattes posées fort négligemment, qui ne défendaient ni de la chaleur ni de la rigueur du temps; elles pouvaient seulement contenir les cinq ou six Indiens que nous y comptâmes. Nous croyions avoir vu plus de monde en quittant nos canots : c'étaient vraisemblablement des femmes qui à notre approche se retirèrent dans les bois.

Ces bonnes gens nous traitèrent de la manière la plus amicale. Ils avaient peu de choses à vendre; mais ils n'hésitèrent pas à nous céder leurs arcs et leurs traits, quelques petits poissons et des coquillages : nous achetâmes une grande quantité de ces derniers qui arrivaient bien à propos dans notre disette de vivres. Ils nous firent comprendre clairement que, dans l'anse au sud-est, nous trouverions un certain nombre de leurs compatriotes qui nous fourniraient les mêmes choses. Je mettais du prix à ne laisser aucun doute sur l'étendue de navigation intérieure que comporte ce bras de mer; je voulais d'ailleurs établir, autant qu'il me serait possible, des rapports d'amitié avec les habitans, cela ne paraissant pas difficile, d'après la docilité et l'honnêteté de ceux que nous avions vus; et nous portâmes à une basse pointe de terre formant l'entrée nord de l'anse. Nous y abordâmes des naturels qui à notre approche ne témoignèrent pas la moindre crainte : ils demeurèrent assis tranquillement sur l'herbe, à l'exception de deux ou trois que nous jugeâmes chargés de faire les honneurs du pays. Ils nous donnèrent du poisson et reçurent différentes bagatelles qui leur causèrent un extrême plaisir; ils nous menèrent auprès de leurs camarades, au nombre d'environ soixante, y compris les femmes et les enfans.

Ceux-ci nous accueillirent avec la même cordialité, et leur bonté hospitalière nous prodigua des témoignages d'amitié : il y eut quelque temps d'employé à des civilités réciproques auxquelles les femmes prirent une part très active. Ils nous présentèrent ensuite du poisson, des traits et d'autres choses, de manière à nous convaincre qu'ils les offraient de bon cœur. Ils ne différaient à aucun égard de ceux que j'ai déjà décrits : mes officiers crurent en reconnaître un ou deux qui étaient venus nous voir dans la matinée du 10, et un en particulier qui avait beaucoup souffert de la petite vérole. Cette déplorable maladie est parmi eux non-seulement commune, mais selon toute apparence très mauvaise, car plusieurs en portaient l'ineffaçable empreinte : nous en remarquâmes plusieurs de borgnes, généralement de l'œil gauche; ce qui était probablement l'effet de ses tristes ravages. Ils ne résidaient sans doute ici qu'en passant : peu d'entre eux avaient pris la peine de construire des huttes; ils couchaient par terre, sans autre couverture que des nattes.

De cette pointe, qui forme à peu près l'extrémité sud du canal, et qui gît par 47 degrés 21 minutes de latitude, et 237 degrés 6 minutes et demie de longitude, il nous parut clair que l'anse termi-

naît sa navigation. Afin de m'en assurer, je chargeai
M. Johntone, tandis que je demeurerais avec les
naturels, de faire en canot le tour de la pointe
qui nous avait empêchés de voir tout le circuit
de l'anse, et, si le canal ne finissait pas, de continuer à le reconnaître. Nos conjectures s'étant vérifiées, nous nous disposâmes à partir dès qu'il fut
de retour. Au moment où nous nous éloignions du
rivage, on nous apporta un manteau de peau de
loutre de mer d'une qualité inférieure que je payai
avec un petit morceau de cuivre. Les naturels nous
avertirent par signes que si nous voulions rester,
on nous en fournirait davantage et d'une qualité
supérieure ; mais l'objet de notre excursion étant
rempli, je fis sur-le-champ, à la grande satisfaction de tout le détachement, reprendre la route du
port de la Découverte, dont nous étions éloignés
d'environ soixante-dix milles.

Un vent frais de la partie du nord et l'approche
de la nuit nous obligèrent à prendre notre logement à environ deux milles des naturels du pays,
dont quelques-uns nous suivaient le long de la
grève. Dès que nous eûmes débarqué, ils se pos-
tèrent à la distance d'un demi-mille afin d'observer
nos mouvemens ; ils se retirèrent tous à la nuit
close, et jusqu'au point du jour rien ne nous annonça leur voisinage. Quoique le courant eût toujours porté au large sans beaucoup de vitesse,

l'élévation et l'abaissement de la marée semblaient
avoir été de près de dix pieds : la mer était haute
3 heures 50 minutes après le passage de la lune
au méridien.

Nous reprîmes nos canots le 13 de grand matin,
et nous continuâmes à redescendre la petite entrée
que j'ai appelée *canal de Hood*, du nom de lord
Hood ; mais nous faisions si peu de chemin, que
nous n'arrivâmes que le 14 dans l'après-midi à
Foul-Weather-Bluff. J'avais eu raison de nommer
ainsi ce promontoire, car tout de suite après notre
débarquement nous fûmes assaillis d'une forte
pluie, qui, continuant le reste du jour, nous y
retint malgré nous. Je comptais du moins que le
lendemain dans la matinée nous pourrions, avant
de rentrer aux vaisseaux, examiner le grand bras
de l'est, ou en avoir une bonne vue ; mais je me
trompais. Après avoir attendu le 15 jusqu'à dix
heures du matin, sans aucun indice que le temps
changerait, nous nous remîmes en marche à l'aide
d'une brise du sud sud-est, accompagnée de fortes
rafales et de torrens de pluie ; et sur les quatre
heures de l'après-midi nous arrivâmes à bord, à
la grande satisfaction de tout le monde, car la prolongation de notre absence y avait donné beaucoup
d'inquiétudes.

§ 5.

Description du port de la Découverte et du pays adjacent. De ses habitans. Manière de disposer des morts. Conjectures sur l'apparente dépopulation de cette partie de l'Amérique.

Voici, relativement à la Nouvelle-Albion, des détails que j'ai crus dignes d'être publiés, mais dont je n'ai pas encore rendu compte.

Les deux pointes extérieures du port de la Découverte, que j'ai déjà indiqué comme un havre très sûr et très commode, sont séparées par un intervalle d'un mille trois quarts, et se trouvent au sud-ouest et au nord-est l'une de l'autre. Son entrée gît par 48 degrés 7 minutes de latitude, et 237 degrés 20 minutes et demie de longitude. S'il a quelque désavantage, c'est à raison de la grande profondeur de l'eau; toutefois nous n'y avons éprouvé aucun inconvénient sous ce rapport, car notre fond était d'une extrêmement bonne tenue et sans rochers.

La mer a moins de profondeur vers la partie supérieure du havre; mais je n'y ai pas vu de meilleur mouillage que celui qu'occupaient nos vaisseaux par le travers de la première pointe basse de sable, au côté ouest, et à peu près quatre milles et demi en dedans de l'entrée. Nous y embarquâmes de l'eau et du bois; nous y fîmes de la bière et toutes nos autres opérations avec la plus grande facilité, sans embarras. La bande sud de l'île de Protection, qui a environ deux milles de longueur, offre une excellente rade, et pour le port de la Découverte un double canal très net, qui a environ deux milles de largeur de chaque côté.

On peut en général réputer d'une élévation modérée le pays des environs de ce port, quoiqu'il aboutisse du côté de l'ouest à des montagnes couvertes de neige : du bord de l'eau jusqu'à ces montagnes il s'élève graduellement, et des collines le varient d'une manière agréable. La neige qui était sur ces collines se fond vraisemblablement en été, car elles produisent des pins à leur sommet. Le terrain se termine communément en basses dunes de sable aux rivages de la mer ; mais il y a des espaces étendus où il est à peu près uni, à partir de la laisse de la marée haute. La majeure partie du sol est une terre grasse, légèrement sablonneuse, d'une grande profondeur en plusieurs endroits, et où il y a beaucoup de détrimens de végétaux : la vigueur et l'abondance de ses productions annoncent sa fertilité, qu'on pourrait peut-être augmenter encore en y ajoutant les matières calcaires renfermées dans la pierre médullaire, qui y est si commune.

A l'égard de ses productions minéralogiques, nous n'en avons pas aperçu une grande variété. Nous avons trouvé généralement la mine de fer sous ses différentes formes; et d'après la pesanteur et les qualités magnétiques de quelques échantillons, nous l'avons jugée assez riche, particulièrement une espèce qui ressemble beaucoup à la pierre de sang : nous avons aussi trouvé généralement le quartz, l'agate, la pierre à fusil ordinaire, et beaucoup d'autres matières vitrifiables, la plupart des pierres que nous avons rencontrées étant de cette classe; et enfin, une certaine quantité de terres calcaires manganèses et argileuses.

Les productions végétales dont on peut tirer parti nous ont semblé abondantes : ce sont la sapinette à feuilles d'if du Canada et de Norwège, le pin blanc, le turamahac et le peuplier du Canada, l'arbre de vie, l'if ordinaire, le chêne noir et commun nain, le frêne d'Amérique, le coudrier, le sycomore, l'érable à sucre, l'érable des montagnes et l'érable de Pensylvanie, l'arbutus d'orient, l'aune d'Amérique et le saule ordinaire : ces arbres, ainsi que le sureau du Canada, un petit pommier sauvage et le cerisier de Pensylvanie, composent les forêts, plutôt embarrassées qu'embellies par le sous-bois : toutefois, dans leur état actuel elles offrent divers espaces où l'on peut pénétrer sans autre embarras que celui des troncs d'arbres tombés qui ne sont pas encore au dernier dégré de pourriture. Les végétaux nous ont fourni peu de comestibles; nous y avons cueilli l'ortie, la plus grande ortie morte, l'arroche suave et la vesce : nous avons rencontré souvent deux ou trois espèces de pois sauvages et la moutarde de haie commune qui nous párurent excellentes; elles rendaient supportable le goût de nos viandes salées, qui, avec un peu de poisson, étaient notre nourriture à tous. Les productions végétales plus petites donnèrent à M. Menzies une occupation continuelle, et des moyens, je crois, de faire quelque addition au catalogue des plantes.

Les lumières que nous avons acquises sur le règne animal sont très imparfaites. Les peaux que j'ai déjà indiquées sont communes parmi les habitans des côtes de la mer situées sous le même parallèle, ainsi qu'aux environs de Nootka; la plupart étaient communes et grossières. Les naturels n'avaient point de vêtemens de peaux de loutre de mer, et nous n'avons vu en leur possession qu'un petit nombre de celles-ci. Les seuls quadrupèdes vivans que nous ayons aperçus sont un ours noir, deux ou trois sangliers, à peu près le même nombre de lapins, de petits écureuils bruns, des rats, des souris, et le puant, qui exhalait la plus mauvaise et la plus insupportable odeur que j'aie jamais sentie.

Nous ne nous sommes procuré qu'un petit nombre de volatiles. A notre arrivée, les oiseaux aquatiques étaient dans une telle abondance que nous comptions en avoir une ample provision;

mais ils se montrèrent tous si farouches et si vigilans que nous parvînmes rarement à les placer
à la portée de nos fusils, et ils disparaissaient dès
qu'on les avait tirés. Nous avons remarqué sur les
rivages et les rochers une espèce d'hirondelle de
mer, le goëland ordinaire, le pigeon de mer de
Terre-Neuve, des courlis, des alouettes de rivage,
des nigauds et la pie de mer noire, pareille à celles
de la Nouvelle-Hollande et de la Nouvelle-Zélande,
mais en moindre quantité que les autres; ils fré-
quentaient peu les bois, où nous n'avons vu que
deux ou trois perdrix d'Amérique, une faible
quantité de petits oiseaux et d'espèces peu variées,
parmi lesquels les colibris étaient les plus nombreux. Nous avons aperçu sur la bordure des bois
et au bord de l'eau une assez grande quantité d'ai-
gles à tête blanche et brune, de corbeaux, de
corbines, de martins-pêcheurs d'Amérique, et un
très beau pic : souvent aussi un oiseau que nous
ne connaissions point du tout, mais qui nous parut
être une espèce de grue ou de héron, s'est montré
sur les basses pointes en saillie, ainsi que dans les
clairières des bois; nous avons examiné quelques-uns
de ses œufs, qui sont d'une teinte bleuâtre, beaucoup
plus gros que ceux du dindon, et d'un bon goût;
cet oiseau a les jambes et le cou d'une longueur remarquable, et la grosseur de son corps nous a paru
égaler celle des plus gros dindons; son plumage

est partout d'un brun léger; et lorsqu'il se tient droit, il n'a pas moins de quatre pieds d'élévation : il semble préférer les lieux ouverts, et il ne faisait aucun effort pour se cacher ou se soustraire à notre vue; mais il était trop vigilant pour se laisser surprendre par nos chasseurs. Nous avons vu aussi des hérons bleus et des blancs de la taille ordinaire.

La mer ne nous offrit guère plus de ressource que les rivages. Dans le peu de poissons que nous prîmes se trouvèrent généralement les espèces communes des petits poissons plats, l'éléphant, la brème de mer, la perche de mer, une grosse espèce de sculpin, dont quelques individus pesaient six ou huit livres et avaient une teinte verdâtre autour de la gorge, du ventre et des ouïes : ils étaient d'une chair grossière; cependant après en avoir mangé, nous n'éprouvâmes aucun symptôme fâcheux. Nous prîmes aussi quelques truites, une petite espèce d'anguille d'un vert jaunâtre et d'un goût exquis. Parmi les reptiles, nous n'avons remarqué qu'un petit serpent noir ordinaire, un petit nombre de lézards et de grenouilles. Il y a une grande variété d'insectes communs, mais il ne nous a pas paru qu'aucun fût très incommode.

Sous des rapports de culture, je crois cette contrée susceptible de beaucoup de progrès, quoique le sol, en général, puisse être réputé léger et sablonneux. Dans le voisinage des bois, ses productions spontanées sont à peu près de la même nature et de la même force qu'en Europe au même degré de latitude ; il y a donc lieu de croire que des plantes alimentaires exotiques y réussiraient très bien, si on en prenait le soin convenable : la douceur du climat et l'avancement en maturité où étaient tous les végétaux confirmèrent cette opinion.

Les interruptions de la sérénité générale du ciel ne furent probablement que ce qu'il faut au printemps pour faire éclore les productions de l'année : elles n'arrivèrent pas accompagnées de gros vents ; et la pluie, quoique désagréable d'ailleurs, ne se trouva pas assez lourde pour renverser et détruire les premiers efforts de la végétation. Avec toutes ces circonstances favorables, la rareté de l'eau douce est pour ce pays un désavantage important : au surplus, les ruisseaux que nous avons rencontrés m'ont paru devoir suffire à tous les besoins d'une nombreuse population ; et si l'on défrichait et fouillait le pays, il est à peu près sûr qu'on découvrirait des situations propres à des établissemens où, avec les soins ordinaires, on aurait de bonne eau.

C'est à nos successeurs à reconnaître les productions du bas pays qui se montra devant nous, jusqu'à la chaîne de montagnes couvertes de neige.

D'après ce que nous avons vu, il est plus que probable que les ouvertures où l'Océan s'est frayé des canaux serpentent en différentes directions, et qu'en établissant des communications avec des cantons de l'intérieur commodément et agréablement situés, ces canaux serviraient beaucoup aux entreprises commerciales. La grande profondeur de l'eau peut être présentée comme un obstacle insurmontable ; mais un examen plus détaillé donnerait vraisemblablement la connaissance de lieux propres à la relâche des navires qui s'occuperaient de ces transports.

Après l'exposé impartial que je viens de faire des avantages et des défauts de cette région, autant que j'ai eu occasion de les observer, il ne me reste plus qu'à ajouter quelques mots sur la nature de ses habitans.

Aucun ne résidait au port de la Découverte, et nous avons eu peu de rapports avec eux; ainsi les lumières que nous avons acquises sur leurs mœurs et leurs usages se trouvent très bornées, et nous sommes réduits à en juger surtout par analogie. Depuis New-Dungeness nous avons parcouru cent cinquante milles de côtes sans voir cent cinquante habitans. Ceux que nous avons rencontrés ressemblaient tellement aux naturels de Nootka, que je ne saurais mieux faire que de renvoyer à l'excelcellente et juste description de la peuplade de

Nootka, qui a déjà été publiée [1]. Je n'ai remarqué de différence que sur deux points : en général ils ne m'ont paru ni si robustes ni si forts, et ils sont moins sales ; quoique, pour s'embellir, ils se barbouillent le corps des mêmes peintures, ils en mettent moins, et ils ne chargent pas leurs cheveux de cette énorme quantité d'huile et de matières colorées si à la mode parmi les naturels de Nootka : leurs cheveux, ainsi que je l'ai déjà dit, sont généralement bien peignés et noués par derrière.

Les armes, les outils, les pirogues et les vêtemens sont à peu près les mêmes. Le vêtement d'étoffes de laine était le plus à la mode, et ensuite les peaux de cerf, d'ours, etc. ; un petit nombre portaient une étoffe d'écorce qui, comme celle de laine, était bien travaillée.

Les piques, les traits, les harpons de pêche et les autres armes ont exactement la forme de ceux de Nootka ; mais nous n'y avons pas vu de pointe de cuivre ou de coquille de moule : les trois premières sont en général barbelées, et celles qui offrent une pointe de caillou, d'agate et d'os paraissent de fabrique indigène. Cependant nous remarquâmes plus de traits garnis d'une petite pointe de fer aplati que d'une pointe d'os ou de caillou ; et, ce qui est singulier, ils aimaient mieux nous vendre les traits ar-

[1] Voyez le troisième voyage du capitaine Cook.

més de·fer qu'aucun des autres. Leurs arcs sont
d'un beau travail, de deux et demi à trois pieds de
longueur, d'un pouce et demi dans leur plus grande
largeur vers le milieu, sur une épaisseur de trois-
quarts de pouce; ils forment insensiblement une
pointe à chaque extrémité, où se trouve une co-
che pour retenir la corde : ils étaient tous d'un
bois d'if, qui avait reçu de la nature la courbure
analogue à leur manière de s'en servir; d'une extrémité à l'autre de la partie concave, qui devient
la partie convexe lorsqu'ils sont tendus, une forte
lanière de peau élastique ou de peau de serpent, de
la forme et de la longueur de l'arc, est proprement
et fortement collée au bois avec un ciment d'une
qualité supérieure à tout ce que je connais, car la
sécheresse ou l'humidité ne l'affecte point, et elle
est si bien collée au bois qu'on ne peut l'en séparer
sans la mettre en poudre ou sans briser l'arc; la
corde est un nerf d'animal marin, toujours repliée,
afin de la tendre et de lui donner la longueur convenable, selon le degré de température. En tout,
ces arcs sont jolis, très élastiques, et d'un effet
prodigieux, si j'en juge par l'usage que l'un des naturels en fit devant nous au port de la Découverte.

Nous avons eu peu d'occasions d'acquérir des
lumières satisfaisantes sur leurs règlemens publics
ou leur économie domestique. La position et l'aspect des lieux où nous les avons trouvés annoncent

qu'ils sont dans l'habitude de changer de résidence;
il nous parut qu'ils forment une peuplade errante,
et les villages déserts fortifièrent cette conjecture.
Ils semblaient mettre peu de prix à la propriété ter-
ritoriale : l'espace ne manque pas pour leurs habitations fixes ou passagères ; celles que nous avons
rencontrées étant surtout de la seconde espèce, et
n'offrant que des piquets croisés couverts de quelques nattes, ils trouvent sans peine un lieu propre
à ces constructions lorsqu'ils vont d'un endroit à
un autre, selon qu'ils sont entraînés par leurs inclinations ou par la nécessité ; et comme ils ont
un vaste terrain à leur disposition, ils n'éprouvent
ni trouble ni obstacle de la part du petit nombre
de leurs voisins.

Des faits ci-dessus on ne doit pas conclure précipitamment que la population de ce beau pays a
toujours été aussi faible ; il y a au contraire lieu de
croire qu'il fut autrefois beaucoup plus peuplé.
Chacun des villages déserts aurait pu contenir à
peu près la totalité des naturels épars que nous
avons vus, surtout en supposant la réunion de
plusieurs familles dans la même cabane, selon
l'usage des habitans de Nootka, auxquels ils ressemblent par leurs coutumes et leur manière de
bâtir. Il est possible que l'enlèvement du bois et
du sous-bois qu'ils ont consommés ait produit les
clairières dont j'ai parlé : leur aspect général

donne cette idée, et on s'y attache de plus en plus lorsqu'on examine leur position; car on les voit sur les hauteurs les plus agréables et les plus propres à la défense, protégées par la forêt de chaque côté, excepté de celui qui ôterait la vue de la mer. Ces diverses clairières contenaient peut-être, il n'y a pas bien long-temps, les habitations de différentes tribus, et la grandeur de chaque village peut avoir causé seule la différence de leur étendue. Il est aisé de concevoir que depuis l'éloignement ou l'extermination des habitans rien autre chose ne doit y croître que de petits arbrisseaux ou de petites plantes.

Dans nos différentes excursions, et particulièrement au voisinage du port de la Découverte, nous avons rencontré en bien des endroits des crânes, des côtes, des épines du dos et d'autres ossemens humains dispersés en grand nombre autour de la grève. Souvent aussi nous avons trouvé de pareils restes durant la reconnaissance que nous fîmes en canots, et j'ai su de mes officiers que dans leurs promenades ils eurent fréquemment le même spectacle; que, d'après la quantité d'ossemens qu'ils aperçurent ainsi épars, ils pensèrent que les environs du port de la Découverte étaient le cimetière général de tout le pays d'alentour. S'il n'en résulte pas une preuve directe d'une nombreuse population éteinte, ce fait, réuni à d'autres apparences, autorise à dire qu'à une époque peu éloignée cette contrée avait beaucoup plus d'habitans qu'elle n'en a aujourd'hui. Nous y avons observé une singulière manière de disposer des morts. Des pirogues suspendues entre des arbres, à douze pieds de terre, contenaient les squelettes de deux ou trois personnes ; d'autres plus vastes, retirées aux bords des bois, en renfermaient de quatre à sept et étaient couvertes d'une large planche. Nous remarquâmes dans quelques-unes de celles-ci des arcs et des traits brisés, ce qui fit d'abord imaginer que des guerriers mortellement blessés, mais conservant encore de la force, avaient retiré les pirogues pour y expirer tranquillement. En les examinant davantage on sentit qu'au milieu des agonies de la mort ils n'auraient pu se ranger avec tant d'ordre ; d'ailleurs, la planche qui couvrait ces cercueils donnait seule une autre explication.

Les squelettes ainsi déposés avec tant de soin dans les pirogues étaient probablement ceux de quelques chefs, prêtres ou principaux des tribus particulières, dont le souvenir et les restes sont en vénération parmi leurs partisans. J'avais eu tant d'occasions de connaître le respect de toutes les nations sauvages pour les tombeaux, que je mis beaucoup de zèle à en empêcher la profanation. Nous avons trouvé aussi suspendus à de grands arbres des paniers, dont chacun renfermait le corps d'un jeune enfant; plusieurs contenaient de plus des petites boîtes carrées remplies d'une pâte blanche, ressemblant à celle que nous avions vu manger aux naturels et que nous supposâmes de racine de *saranne* : quelques-unes de ces boîtes étaient remplies et d'autres vides, vraisemblablement parce que les souris, les écureuils et les oiseaux avaient mangé la pâte. Les canonniers, en exposant notre poudre à l'air sur la première pointe basse située au sud de notre camp, découvrirent des trous où l'on avait enterré des morts. Les corps étaient recouverts d'une petite quantité de terre, et dans un état de pourriture plus ou moins avancé; quelques-uns semblaient y avoir été placés récemment. Un demi-mille au nord de nos tentes, dans un endroit où le terrain est presque de niveau avec la marque de la mer haute, à quelques pas en dedans de la bordure du bois, une pirogue suspendue entre deux arbres présentait trois squelettes humains, et on voyait à quelques verges à droite un espace défriché d'environ cent pieds de tour, où des troncs et des racines brûlés annonçaient que le feu avait consumé récemment la majeure partie de ses productions végétales. Nous reconnûmes parmi les cendres les crânes et les ossemens plus ou moins calcinés d'environ vingt personnes; mais le feu n'avait pas atteint la pirogue suspendue, et il ne paraissait pas qu'on l'eût désiré. Les squelettes que nous avons aperçus dans des pirogues ou des paniers étaient en petit nombre, comparés à celui des crânes et des ossemens humains répandus pêle-mêle autour des rivages. Rien ne put nous fournir l'explication de ces faits, et nous ne sûmes s'il fallait les attribuer à une maladie épidémique ou à des guerres peu anciennes. Le caractère et le maintien général du peu de naturels que nous avons rencontrés n'autorisent point la seconde opinion : ils étaient tous honnêtes et dans des dispositions amicales ; ils ne donnèrent pas à notre approche le moindre signe de crainte ou de défiance, et rien n'indiquait qu'ils fussent habitués à la guerre. Nous avons vu les plus forts d'entre eux complétement nus, et leurs corps n'offraient d'autres cicatrices que des restes de petite-vérole. Je dois donc laisser la recherche de la véritable cause de ce phénomène aux navigateurs qui auront plus de loisir ou des occasions plus favorables de la reconnaître. Il est au surplus raisonnable de conjecturer que cette apparente dépopulation peut être la suite de la retraite des habitans, qui ont abandonné ce pays intérieur et se sont rapprochés de la côte extérieure de l'Océan, afin d'obtenir de la première main, par conséquent d'une manière plus facile et à meilleur marché, les objets précieux que les Européens et les citoyens des États-Unis y apportent depuis quelques années, et auxquels ces peuplades mettent beaucoup de prix, puisqu'elles en ont toutes une quantité plus ou moins grande.

§ 6.

Nous pénétrons dans l'entrée de l'Amirauté. Nous mouillons par le travers de Restauration-Pointe. Village du pays. Reconnaissances faites par les canots. Autre partie de l'entrée. Prise de possession du pays.

La Découverte et *le Chatam* se séparèrent le 18 mai, et firent route l'un et l'autre selon la destination que je leur avais assignée. Comme j'avais déjà suivi en canot le rivage de l'ouest, je rangeai celui de l'est, qui offre, ainsi que le premier, un grand nombre de ces clairières tapissées de verdure dont j'ai si souvent parlé. Trente naturels du pays arrivèrent des bois voisins, à l'extrémité d'une belle prairie qui se trouve à peu près à une lieue en dedans de l'ouvert de l'entrée, et à notre passage ils nous examinèrent avec attention : nous ne découvrîmes aucune habitation dans le voisinage, et nous n'aperçûmes aucune pirogue sur la grève. Nous remarquâmes dans la partie sud de la prairie plusieurs poteaux qui semblaient avoir servi à la charpente de leurs grandes maisons de bois. Nous les invitâmes en vain à venir à bord.

Une plume habile se plaira un jour à décrire les beautés de cette région. Si, à la sérénité du climat, aux paysages charmans qu'elle offre en quantités innombrables, et à la fertilité qui est le produit de la nature seule, l'industrie de l'homme ajoutait des villages, des maisons de plaisance et d'autres fabriques, ce serait le pays le plus attrayant qu'on pût imaginer, et le travail des habitans serait bien récompensé par les richesses qui n'attendent que la culture pour éclore. A midi nous dépassions à babord, ou, en d'autres termes, sur la côte de l'est, une petite entrée qui semblait se prolonger bien loin dans le nord; mais comme dans le partage que j'avais fait du travail je ne devais pas pour le moment me porter de ce côté, je continuai à remonter la grande entrée. On la voyait, de dessus le pont, s'étendre dans toute la portée de l'œil; mais, du haut des mâts, la vue de la suite du canal était arrêtée par une terre, au-delà de laquelle on apercevait une autre montagne arrondie et couverte de neige, qui paraissait située à plusieurs lieues au sud du mont Rainier. Je la jugeai une prolongation de la chaîne des montagnes revêtues de neige dans l'est; mais les montagnes intermédiaires qui la liaient au mont Rainier n'étaient pas assez hautes pour être aperçues à cette distance. Après avoir fait environ huit lieues depuis mon dernier mouillage, je me trouvai par le travers d'une pointe saillante qui n'est pas formée par un bas épi de sable; mais qui, à dix ou douze pieds du bord de l'eau, s'élève brusquement en une basse falaise. Sa surface présentait une belle prairie revêtue d'abondans herbages : l'extrémité ouest offrait, sur le bord du bois, un village composé de huttes passagères. Plusieurs des naturels se rassemblèrent pour voir passer mon vaisseau ; mais aucun d'eux ne se hasarda à venir près de nous, quoiqu'ils eussent des pirogues sur la grève. L'entrée se divisait ici en deux branches étendues, l'une courant au sud vers l'est, et l'autre au sud-ouest. J'étais près du rendez-vous que j'avais donné au *Chatam* ; et au-dessous d'une petite île, au sud-ouest du vaisseau, il paraissait y avoir un bon mouillage, où je pourrais attendre son arrivée : mais la sonde ne rapporta jamais moins de soixante brasses, à une encâblure de la rive. Je fus obligé d'aller vers la pointe du village, où je trouvai un lieu convenable, et à sept heures du soir je laissai tomber l'ancre.

La rencontre de différentes marées incommodait un peu notre mouillage. *La Découverte* ayant été remorquée plus avant dans l'intérieur, je laissai tomber l'ancre à la même profondeur et sur un fond pareil, dans une position favorable pour débarquer. Notre vue dans l'est était alors bornée par la rangée des montagnes revêtues de neige, depuis le mont Baker qui nous restait au nord du compas, jusqu'au mont Rainier qui se montrait au sud-est. La nouvelle montagne dont j'ai parlé plus haut se trouvait cachée par les parties les plus élevées du terrain bas; et les montagnes intermédiaires, tapissées de neige, présentaient des formes grotesques et remplies d'aspérités. Au reste, elles ne laissaient apercevoir que leurs sommets au-dessus des grands pins, qui, paraissant former une forêt continue entre nous et la chaîne couverte de neige, offraient un beau paysage : notre vue dans l'ouest ne manquait pas non plus de variété. La chaîne de montagnes où se trouve le mont Olympe étalait par-dessus la forêt les formes de ses cimes escarpées, aussi bizarres que celles de la partie de l'est, et bornait très au loin dans l'ouest notre horizon; cependant aucune élévation ne se faisait remarquer en particulier, et nous ne pouvions distinguer celle qui, de la côte extérieure de la mer, nous avait paru placée au centre et former deux beaux fourchons. Depuis l'extrémité sud de ces chaînes de montagnes, il semblait y avoir une vaste étendue de terrain médiocrement élevé, varié par d'agréables inégalités du sol, et ayant toutes les apparences de la fertilité.

Nous voyions sur la prairie et autour du village un certain nombre de naturels aller et venir, sans faire beaucoup d'attention à nous. Une seule pirogue s'était approchée de très près du vaisseau, et, après avoir jeté à bord la peau d'un petit animal, elle avait repris en hâte le chemin de la côte.

Un peu avant midi, je débarquai à la pointe du village pour observer la latitude. Je me rendis ensuite au village, si l'on peut lui donner ce nom, car c'était le plus pauvre et le plus misérable de tous ceux que nous avions rencontrés. Les meilleures huttes, construites comme les tentes des soldats, n'étaient autre chose que des piquets croisés, de cinq pieds de hauteur, et surmontés d'une perche qui en formait le faîte; les unes revêtues d'une natte grossière, et les autres de branches d'arbre mobiles, d'arbrisseaux ou d'herbages: on voyait que dans aucune on n'avait eu le dessein de se garantir de la chaleur de l'été ou de la rigueur de l'hiver. J'y vis, suspendus autour d'un feu qui était encore allumé, des moules, d'autres coquillages et quelques poissons; je jugeai qu'ils les fumaient pour leur subsistance d'hiver. Tous les coquillages n'avaient peut-être pas cette destination, car nous remarquâmes souvent qu'ils les portaient enfilés autour de leur cou, et qu'ils en détachaient deux, trois ou six à la fois pour les manger. Ils ne paraissaient pas avoir choisi cet endroit pour y pêcher, car nous en vîmes peu se livrant à cette occupation. La presque totalité des habitans de la bourgade, au nombre de quatre-vingts ou cent, y compris les enfans et les femmes, était vivement occupée à fouiller, comme des cochons, cette belle prai-

rie, où ils cherchaient une espèce d'ognon sauvage
et deux autres racines qui, par la forme et le goût,
approchent beaucoup de la saranne : la plus grosse
a surtout cette ressemblance; la plus petite n'excède pas la taille d'un gros pois : M. Menzies les a
jugées d'un genre nouveau. Selon toute apparence,
la récolte de ces racines les retenait ici; il nous
parut que tous les recueillaient avec avidité et les
conservaient avec un grand soin, probablement
pour en faire la pâte dont j'ai déjà parlé.

En les comparant à tous les naturels que nous
avions vus depuis notre entrée dans ce détroit, je
ne leur trouvai aucune différence essentielle. Ils
sont également mal faits de leur personne, aussi
barbouillés d'huile et de peintures de couleur, en
particulier d'une ocre rouge et d'une espèce de
mica luisant, très lourd et de la couleur du plomb
noir. Ils ont plus d'ornemens, spécialement en
cuivre, article auquel ils mettent beaucoup de
prix. Nous n'eûmes pas à leur reprocher de manquer de dispositions amicales et hospitalières; car,
du moment où nous les abordâmes, ils nous offrirent ce qu'ils possédaient, et sur-le-champ ils
préparèrent pour nous quelques racines et de très
bons coquillages. Deux hommes qui eurent la plus
grande part à ces soins, et que nous jugeâmes les
personnages les plus intéressans de la troupe,
cherchèrent particulièrement à nous plaire. Je fis

à tous deux des présens qu'ils reçurent avec reconnaissance; et lorsque je retournai à mon canot,
ils m'avertirent par signes, seul moyen que nous
eussions de converser, que bientôt ils nous rendraient visite à bord du vaisseau.

Ils y vinrent en effet l'après-midi, en grande
cérémonie; outre les deux pirogues qui les portaient, ils en avaient cinq autres à leur suite : les
sept embarcations ne s'établirent pas sur-le-champ
le long du bord; selon l'usage des habitans de
Nootka, elles se placèrent d'abord à deux cents
verges de *la Découverte* et s'y reposèrent sur leurs
pagaies. Ils tinrent un conseil, qui fut suivi d'une
chanson entonnée par un d'eux, auquel d'autres
se joignirent en chœur par intervalles, tandis que
sur chaque pirogue quelques personnes battaient
la mesure en frappant le plat bord de leurs rames,
et formaient ainsi un accompagnement d'un effet
assez agréable, quoiqu'il ne fût composé que de
simples notes : sur ces entrefaites, ils marchaient
lentement autour du vaisseau, et à la fin de cette
cérémonie ils arrivèrent le long du bord avec la
plus grande tranquillité, et sans montrer ni crainte ni
défiance ils firent des échanges avec l'équipage. Les
deux chefs ne se hasardèrent pourtant à monter sur
la Découverte qu'après quelques invitations de notre
part. Je leur fis de nouveaux présens; entre autres
choses, je donnai à chacun d'eux un vêtement

de drap bleu, du cuivre, du fer, sous différentes formes, et les bagatelles que je crus de leur goût. A cet égard je me trompai, ou bien ils ne peuvent résister à leur passion pour le trafic ; car, en sortant de ma chambre, si j'en excepte le cuivre, à peu près tout ce qu'ils avaient reçu de moi fut par eux échangé sur le pont contre des objets moins utiles, ou d'une moindre valeur réelle, mais qu'ils pouvaient mieux employer à leur parure ou à d'autres ornemens. Le cuivre obtint en cette occasion la préférence sur toute autre chose.

Le soir quelques pirogues allèrent du village à la rive opposée, dans le dessein, à ce que nous supposâmes, d'inviter leurs voisins à partager les avantages de notre commerce. Cette conjecture se vérifia le lendemain au matin. Nos amis revinrent accompagnés de plusieurs grandes embarcations, montées d'environ quatre-vingts personnes, qui, après avoir pagayé en cérémonie autour du vaisseau, arrivèrent le long du bord sans aucune hésitation et se conduisirent avec une extrême décence. Ils étaient beaucoup plus propres que nos voisins, et leurs pirogues avaient une forme différente. Celles des habitans du village correspondaient exactement aux pirogues de Nootka; celles des nouveaux venus étaient carrées à chaque bout, et, quoique plus longues et beaucoup plus larges, elles avaient précisément la forme de celles que nous vîmes au sud du cap Oxford. Ils apportèrent au marché les mêmes objets; et sous tout autre rapport, ils ressemblaient généralement aux indigènes que nous avions eu occasion de connaître.

De retour à bord, on m'informa que plusieurs de nos voisins étaient venus au vaisseau : leur troupe se trouvait évidemment diminuée, et ceux qui restaient, ayant satisfait leur curiosité, ou suivant leur manière de vivre habituelle, se disposaient à partir avec leurs petites richesses. Ils n'avaient pas de peine à les transporter : ils ne possédaient guère que des nattes pour couvrir les habitations qu'ils choisissent passagèrement, des vêtemens de peau et de laine, des armes, des outils et les vivres qu'ils avaient amassés pendant leur séjour. Une simple pirogue suffit pour contenir tous ces objets, avec leur famille et leurs chiens, et ils se portent ainsi facilement aux lieux que leur indique le caprice, la commodité ou le besoin. Les chiens appartenant à cette tribu d'Indiens paraissaient en grand nombre, et, quoiqu'en général un peu plus gros, ils ressemblaient beaucoup à ceux de Pomerande : ils étaient tous tondus aussi près que les moutons en Angleterre; et leurs toisons sont si compactes, que j'en soulevais une grosse masse par un coin sans y causer aucune séparation. Elles présentaient une laine grossière, mêlée à de beaux poils très longs, propre à être filée : il me sembla dès lors que leurs vêtemens de laine sont composés de cette substance, unie à une laine plus fine de quelque autre animal, car la robe grossière du chien n'aurait pu donner seule une étoffe si belle. La quantité de ces vêtemens que nous avons vue parmi les naturels annonce que l'animal qui fournit la matière première (sur lequel, au reste, nous n'avons rien pu apprendre) est commun dans les environs; et puisque le chien est leur seul quadrupède domestique, cette laine doit être un produit de leur chasse.

Dans la matinée du 25 mai les naturels nous apportèrent, pour la première fois, un daim entier: ils l'avaient tué sur l'île; et d'après le nombre des personnes employées à cette chasse, je jugeai qu'elle avait occupé la majeure partie des habitans qui étaient encore au village et un grand nombre de leurs chiens. Ce daim et un second, dont nous vîmes des quartiers dans une de leurs pirogues, leur avaient coûté à peu près une journée de travail, car ils étaient descendus sur l'île la veille au soir. Je leur donnai une feuille carrée de cuivre de moins de douze pouces, et ils se crurent bien récompensés : la pièce de gibier aurait fourni deux ou trois bons repas à toute leur troupe, et ce fait indique assez le haut prix qu'ils mettent à ce métal.

Nous attendions *le Chatam :* à quatre heures du

soir on l'aperçut du haut des mâts par-derrière
l'île, et au coucher du soleil il était mouillé près
de nous. M. Broughton me dit que la partie de la
côte dont il avait pris connaissance formait un groupe
d'îles situées devant un bras de mer fort étendu
qui se prolongeait en une variété de branches,
entre le nord-ouest, le nord et le nord-nord-est;
que son étendue dans la première direction était
la plus grande et présentait un horizon sans bornes.

Dans une de mes excursions vers le mont Rainier,
plusieurs indigènes avaient assisté à notre dîner
qui, entre autres choses, fut composé d'un pâté
de gros gibier. Deux d'entre eux ayant témoigné le
désir de passer la ligne de démarcation qui les
séparait de nous, je le permis. Ils s'assirent à nos
côtés et mangèrent sans hésiter du pain et du poisson qu'on leur donna; mais on ne put les déterminer à porter à leur bouche cette venaison qu'ils
nous voyaient manger avec un grand plaisir. Après
avoir reçu d'un air dégoûté le morceau qu'on leur
distribua, ils le montrèrent à chacun de leurs camarades, qui l'examina soigneusement. Leur conduite nous prouva qu'ils le croyaient de chair
humaine, impression qu'il était important de détruire. Pour les convaincre que c'était de la chair
de daim, nous mîmes le doigt sur des peaux de ce
quadrupède qu'ils avaient sur eux. En réplique à
cette démonstration, il nous sembla qu'ils recueil-

laient les voix; et annonçant par leurs signes que
c'était évidemment de la chair humaine, ils la jetèrent dans la boue avec des gestes de déplaisir et
d'horreur. A la fin, la vue d'une hanche de daim
qui était dans notre canot les persuada de leur
méprise, et quelques-uns mangèrent de bon ap-
pétit le reste du pâté.

D'après ce fait, d'où l'on peut, il est vrai, inférer qu'ils connaissaient ou soupçonnaient un pareil
genre de barbarie, nous jugeâmes que le caractère
général qu'on a voulu donner aux naturels du
nord-nord-ouest de l'Amérique ne s'applique pas
à chaque tribu. On a imprimé que non-seulement
ils sont dans l'usage de manger leurs ennemis vaincus, mais qu'on entretient des serviteurs ou plutôt
des esclaves dont la chair est la principale partie
du banquet qui satisfait l'abominable gourmandise
des chefs du pays lorsqu'ils se font visite. Si ces
atrocités avaient lieu une fois par mois, ainsi qu'on
l'a dit, il serait naturel de supposer qu'une peuplade si féroce mange de la chair quelconque sans
aucune répugnance; et cependant on n'imaginera
point un degré d'horreur plus grand que celui que
montrèrent nos amis jusqu'au moment où ils re-
connurent que nous ne leur offrions pas de la chair
humaine : cette tribu particulière est du moins
lavée d'une si détestable accusation ; et d'après l'affinité de mœurs et de coutumes qu'elle nous a

présentée avec les habitans de Nootka et de la côte
de la mer située plus au sud, on peut espérer que
des recherches plus soignées feront découvrir que
ceux-ci sont loin également de mériter un pareil
reproche. Au reste ils ne sont pas exempts des vices
de la vie sauvage : l'un d'eux, ayant pris un couteau
et une fourchette pour imiter notre manière de
manger, parvint à les cacher sous son vêtement;
et lorsqu'on s'en aperçut il les rendit d'un air de
bonne humeur et d'indifférence.

Ils occupaient trois ou quatre mauvaises cases
près de l'endroit où nous dînâmes. Nous ayant accompagnés l'espace de quatre milles, durant cet
intervalle ils échangèrent loyalement des arcs, des
traits et des piques, les seules choses dont ils pussent disposer, contre des clochettes, des boutons,
des grains de verre et d'autres objets aussi inutiles.

Par la réunion de nos efforts, la reconnaissance
de chaque détour de cette longue entrée était
complète; et pour conserver le souvenir du travail
de M. Puget, j'ai donné à l'extrémité sud le nom
de *Puget's-sound*.

M. Puget me rendit compte de la mauvaise conduite d'une tribu de naturels qu'il avait rencontrée
dans le premier bras à l'ouest, après avoir dépassé
le goulet : elle différa beaucoup de celle des habitans en général, particulièrement de celle d'une

vingtaine d'indigènes qu'il avait trouvés peu de temps auparavant. Les rivages de ce bras étant bien boisés et de peu d'élévation, il débarqua sur les huit heures du soir pour y passer la nuit. Des naturels qui l'accompagnaient sur deux pirogues ne voulurent s'approcher qu'à cent verges du détachement, et ils examinèrent attentivement toutes ses opérations. Lorsque les tentes furent dressées, l'explosion de quelques fusils qu'il fallut décharger ne parut leur causer aucune surprise, et ils crièrent peu après chaque coup. Bientôt ils pagayèrent vers l'ouest. Le lendemain au matin, M. Puget remonta le bras, qui prenait une direction nord-est avec une largeur d'environ un mille; mais il ne le trouva plus que d'un quart de mille à mesure qu'il avança : il y eut des sondes régulières du huit à treize brasses. Dans cette position il vit une pirogue qui s'avançait. Nos matelots se reposèrent sur leurs rames pour attendre son approche. La pirogue s'arrêtant tout à coup, aucun présent, aucun signe d'amitié ne put déterminer les naturels à venir auprès du canot. Pour dissiper leurs craintes, M. Puget attacha des médailles, du cuivre et d'autres bagatelles à un morceau de bois qui fut laissé flottant sur les vagues; et les sauvages le ramassèrent dès que notre embarcation fut à quelque distance.

Après avoir ainsi recueilli deux ou trois présens,

ils arrivèrent le long du bord, mais non sans peur. Ils paraissaient plus robustes que la généralité des habitans de ce pays ; la plupart avaient perdu l'œil droit et étaient très marqués de petite-vérole. Ils suivirent quelque temps nos canots et emportèrent de nouveaux présens à terre. Toute leur conduite annonçait le soupçon et la défiance. Lorsqu'on voulait leur faire une question, ils répondaient *pou, pou,* en montrant une petite île où le détachement avait déjeuné et où il avait tué quelques oiseaux. Ils semblaient bien instruits de la valeur du fer et du cuivre ; mais ils ne voulaient donner en échange ni leurs armes ni aucune autre chose. Vers midi, M. Puget descendit à terre pour y dîner ; et tandis qu'il se préparait à tirer la seine devant un ruisseau d'eau douce, on aperçut six pirogues qui pagayaient en hâte autour de la pointe de l'anse et qui marchaient vers les canots. D'après la conduite suspecte des habitans rencontrés le matin, il fallait se tenir sur ses gardes. A leur approche, M. Puget fit tracer une ligne de séparation sur la grève ; les naturels en saisirent le sens et s'y conformèrent. Ils se divisèrent ensuite en deux bandes : l'une demeura à terre, avec des arcs et des carquois ; l'autre se retira dans les pirogues et s'y assit tranquillement.

Le pays que nous venions de parcourir à la hâte ne parut à aucun des détachemens, sous le rapport des productions du sol ou de l'apparence de fertilité, différer essentiellement de celui que j'ai déjà décrit. Toutefois il ne présente pas une aussi belle variété de sites ; c'est une forêt de grands arbres, où le sous-bois dont elle est embarrassée partout permet à peine de pénétrer.

La chaîne ouest des montagnes revêtues de neige qui courent au sud, se terminant fort loin dans le nord-ouest, et le terrain le plus élevé interceptant la vue des montagnes qui peuvent s'étendre au sud du mont Rainier depuis la chaîne de l'est, notre horizon ne présentait partout du côté du sud qu'une terre médiocrement élevée se prolongeant dans toute la portée de l'œil, variée par des éminences et des vallées, offrant probablement une communication facile par terre avec la côte de l'Océan, et où l'on pourra découvrir pour de petits navires un abri qui serait très avantageux si l'on y forme un jour des établissemens.

J'ai dit plus haut que l'intérieur du pays ne semblait avoir d'autre inconvénient que la rareté de l'eau douce ; mais M. Puget en a trouvé durant sa petite expédition plus que je n'en ai vu dans les entrées et les baies dont j'ai fait la reconnaissance. Nous l'avions cru aussi presque dénué d'habitans ; mais un de mes détachemens ayant rencontré près de cent cinquante naturels et plusieurs villages déserts, cette opinion paraît également erronée.

XIV 16

Comme nous célébrâmes ici l'anniversaire d'un événement fameux dans nos annales, j'ai donné le nom de *Restauration-point* à la pointe près de laquelle mouillait *la Découverte*, et qui forme la pointe nord de la baie que j'avais jusqu'ici appelée *la pointe du Village :* d'après le résultat des observations faites sur les lieux, elle gît par **47** degrés **30** minutes de latitude, et **237** degrés **46** minutes de longitude.

Rien ne me retenant plus, j'appareillai le **30** mai, et je fis route vers l'ouverture que *le Chatam* était allé examiner, et dont l'entrée est au nord-est de Restauration-point, à cinq lieues.

Le **31** mai nous étions à une encâblure du rivage, dans une grande rade dont l'entrée nous restait au sud-ouest, à six milles, et d'où elle se prolongeait directement au nord-nord-est : nous avions au nord-ouest une île élevée et arrondie, présentant sur chacun de ses côtés une ouverture qui s'étendait au nord; plus loin, ces deux ouvertures se montraient séparées par une étroite bande de terre qui paraissait aussi former une île. Le côté est de la rade offrait une baie profonde que semblait terminer un terrain solide et sans coupures, d'une médiocre élévation.

M. Broughton me dit que *le Chatam* avait prolongé le côté est de l'île arrondie, et que le côté est de la baie était sans coupures, ainsi qu'il se montrait.

Le 1er juin je commençai à remonter le bras de l'est; l'entrée a environ un mille de largeur, et la sonde y rapporte de soixante-quinze à quatre-vingt brasses, fond de sable brun. Près de l'extrémité supérieure, le terrain est marécageux, faiblement boisé, et il semble y avoir un petit ruisseau d'eau douce tombant dans la mer : par derrière il est plus élevé ; et le pays des environs se montrant couvert aussi de ces arbres de haute futaie dont j'ai parlé si souvent, j'en conclus qu'il n'est pas moins fertile.

Le Chatam étant prêt à remettre en mer, je fis appareiller le lendemain à dix heures du matin, à l'aide d'une petite brise du nord, accompagnée de pluie et d'un ciel sombre. Nous revenions sur nos pas par la route que nous avions suivie en montant, et nous n'atteignîmes qu'à trois heures la rade, où les deux vaisseaux mouillèrent de nouveau à environ un mille et demi à l'est du bras que nous venions de quitter, lequel forme un excellent havre à l'abri de tous les vents ; mais durant le court séjour que nous y avons fait, nous n'y vîmes aucune apparence d'eau douce. Nous étions ici à l'ancre devant une petite baie qui reçoit de très bons ruisseaux, mais ils étaient presque au niveau de la mer ; et il fallait faire de l'eau à la mer basse, ou les remonter assez loin. Notre latitude observée était de 48 degrés 2 minutes et demie, notre longitude de 237 degrés 57 minutes et demie, à six milles au sud-sud-est de notre dernier mouillage.

La direction que prenait la terre au nord-est conduisít M. Whidbey à une branche considérable, dont les pointes extérieures ont une lieue d'intervalle : une batture de sable, sur laquelle il y a des îlots de roche et des rochers, prolonge la rive de l'est, et s'avance jusqu'à un demi-mille de la rive de l'ouest, formant un chenal étroit que nos canots ont parcouru l'espace d'environ trois lieues, dans une direction à peu près nord-nord-ouest : la profondeur de l'eau est de vingt brasses à l'entrée ; mais elle tombe graduellement à quatre, à mesure qu'on remonte ce chenal formé par la rive de l'ouest et la batture qui continue avec beaucoup de régularité, et laisse toujours une largeur d'environ un demi-mille jusqu'à 48 degrés 24 minutes de latitude, et 237 degrés 45 minutes de longitude. où des rochers, des sauts en profondeur de trois à vingt brasses, et une marée très irrégulière et très désagréable font qu'il cesse d'être navigable pour des navires, de quelque grandeur qu'ils soient. Arrêté par ces obstacles, M. Whidbey revint sur ses pas, dans l'intention de reconnaître l'ouverture qui courait vers l'ouest. En repassant devant le village, il reçut la visite d'un chef, accompagné de deux ou trois pirogues seulement, qui apportait bien à propos une assez grande quantité d'un joli petit poisson ressemblant beaucoup à l'éperlan, dont c'est probablement une espèce. Ce bon homme se montra enchanté lorsqu'on l'invita à entrer dans la chaloupe, où il demeura jusqu'au soir : il mangea et but sans crainte de tout ce qu'on lui présenta, et, averti que le détachement allait dormir, il fit ses adieux avec respect et amitié.

M. Whidbey continua le matin la reconnaissance de la branche de l'ouest : elle aboutit à une anse ou havre qui est excellent et commode, où les sondes sont régulières de dix à vingt brasses, fond de bonne tenue; son extrémité ouest, située par 48 degrés 17 minutes de latitude et 237 degrés 38 minutes de longitude, n'est pas à plus d'une lieue de la rive est de la grande entrée qui tombe dans le détroit. Sur chaque pointe du havre que j'appelle *Penn's-cove* ou *anse de Penn*, du nom d'un de mes amis particuliers, il y avait un village désert dans l'un desquels nos gens virent plusieurs sépulcres précisément de la forme d'une guérite : quelques-uns étaient ouverts et renfermaient les squelettes de plusieurs enfans liés dans des paniers : ils y remarquèrent aussi les petits os des adultes, mais ils ne purent découvrir aucun des grands os; ce qui a fait naître l'idée que les habitans des environs en tirent parti, qu'ils en forment peut-être leurs pointes de traits, de piques ou d'autres armes.

Le paysage d'alentour offre sur un espace de

plusieurs milles des points de vue charmans : ce sont de vastes prairies, où des massifs d'arbres, et surtout des chênes de quatre à six pieds de tour, répandent de l'élégance. Sur ces belles savanes qui environnent une grande nappe d'eau, on voyait folâtrer une multitude de daims : la nature offre ici un parc bien peuplé, qui n'aurait besoin que d'un faible secours de l'art pour présenter cette réunion d'agrémens qu'on désire tant en d'autres pays et qu'on n'obtient qu'avec des dépenses excessives. Le sol est principalement composé d'une riche terre végétale, placée sur une couche de sable ou d'argile : l'herbe, d'une très bonne qualité, y a trois pieds de hauteur; et l'élévation des fougères, qui sur les terrains sablonneux remplissent les clairières, est de près de six pieds.

Le pays des environs de la mer est, selon le rapport de M. Whidbey, le plus beau de tous ceux que nous avions rencontrés jusqu'alors; et on se souvient cependant que beaucoup d'autres ont mérité de grands éloges : la végétation y est au dernier degré de force, et il y a assez d'eau douce. On a estimé à peu près à six cents le nombre des naturels qui l'habitaient; c'est d'ailleurs plus que nous n'en avions vus. Les autres parties ne m'ont pas paru si peuplées; car dans la rade à laquelle je donnerai un nom à la fin de ce chapitre, nous n'eûmes que la visite d'une petite pirogue qui portait cinq personnes et qui nous donna avec civilité de petits poissons. Les différentes tribus dont nous avons eu ici connaissance n'offraient entre elles aucune différence essentielle, non plus que relativement à celles dont j'ai déjà eu occasion de parler.

Nous venions d'employer quinze jours à la reconnaissance de cette entrée, que j'ai appelée *Admiralty-inlet* ou *entrée de l'Amirauté*. Avant d'arriver à un nouveau champ de découvertes, il nous restait encore à faire quarante milles de cette ennuyeuse navigation intérieure. La région que nous devions parcourir se trouvait si hachée, pour en suivre les rives nous avions déjà eu tant de peine, qu'il fut bien démontré que l'objet de notre voyage ne pourrait se remplir que lentement. Convaincu de la difficulté de notre tâche et de la patience dont nous aurions besoin, je me décidai à appareiller au premier moment favorable.

J'attendais le 3 juin pour prendre, au nom de Sa Majesté britannique, de ses héritiers et successeurs, possession de tous les pays que nous avions reconnus. A une heure je descendis à terre, accompagné de M. Broughton et de quelques-uns des officiers ; observant les formalités ordinaires en pareille occasion, je pris, au milieu d'une salve royale de l'artillerie des deux vaisseaux, possession de la côte d'Amérique, depuis la partie de la Nouvelle-Albion située par 39 degrés 20 minutes de latitude nord et 236 degrés 26 minutes de longitude est, jusqu'à l'ouvert de l'entrée de l'Océan, qu'on suppose le détroit de Jean de Fuca, comme aussi des îles qui se trouvent dans ce détroit, tant sur la rive du nord que sur celle du sud. et de celles situées dans la mer intérieure que nous avons découverte, et qui s'étend du même détroit en différentes directions, vers le nord-ouest, le nord, l'est et le sud : j'ai donné le nom de *golfe de la Géorgie* à cette mer intérieure; celui de *Nouvelle-Géorgie* à la partie du continent qui environne le golfe et se prolonge jusqu'au 45e degré de latitude nord : j'ai appelé *Possession-sound*, ou *rade de Possession*, la branche de l'entrée de l'Amirauté où nous étions alors ; *port Gardner*, du nom du vice-amiral sir Alan Gardner, son bras ouest; et *port Susan* le bras plus petit, ou, en d'autres termes, le bras de l'est.

§ 7.

Nous quittons l'entrée de l'Amirauté, et nous continuons notre reconnaissance vers le nord. Nous mouillons dans Birco-Bay. La reconnaissance se continue en canots.

Le 5 juin 1792, il s'éleva une petite brise du nord-ouest, et nous appareillâmes de Possession-sound. Ce vent ramena, comme à l'ordinaire, un

ciel serein et agréable. Tandis que nous descen-
dions doucement la rade, le chef qui avait montré
tant d'amitié à M. Whidbey et à son détachement
arriva suivi de plusieurs autres naturels, et nous
offrit des fruits et du poisson sec. Il eut quelque
répugnance à monter à bord ; mais dès qu'il fut sur
le pont, il parut bien satisfait. Il examina avec
beaucoup de curiosité et d'intérêt les objets dont
il se trouvait environné, et leur nouveauté sembla
le remplir de surprise et d'admiration. Je ne pouvais oublier en cette occasion les soins hospitaliers
qu'il avait prodigués à nos gens d'une manière si
simple ; et dès qu'il eut vu les différentes parties
du vaisseau, qui l'étonnèrent extrêmement, je lui
donnai ainsi qu'à ses amis un assortiment des
choses qu'ils jugeaient les plus précieuses : ils nous
quittèrent enchantés de notre accueil.

Hors de Possession-sound, le vent de nord-
ouest n'était pas favorable pour notre route : il
fallut marcher au plus près, ce qui nous fit découvrir une batture située dans une baie précisément à l'ouest de la pointe nord de l'entrée du
Sound, à peu de distance du rivage : on ne peut la
regarder comme un grand obstacle à la navigation
de la baie. Le jusant nous aidant beaucoup, je ne
voulus pas m'arrêter pour l'examiner davantage ;
et nous continuâmes à tenir le vent jusqu'à minuit :
ne pouvant à cette époque avancer contre le flot,

nous mouillâmes par vingt-deux brasses, à environ
un demi-mille de la rive ouest de l'entrée de l'A-
mirauté, et à peu près à mi-chemin entre l'anse
des Chênes et la pointe Marrow-Stone : *le Chatam*
avait laissé tomber l'ancre plus tôt que nous, à quelque distance de l'arrière.

Au retour du jusant, qui avait une vitesse d'environ trois milles par heure, nous étions en calme
et nous ne pûmes appareiller ; mais, à l'aide d'un
vent de nord-ouest qui survint à sept heures du
matin, nous nous remîmes en route pour sortir de
l'entrée.

Lorsque nous fûmes à son extrémité, plusieurs
pirogues arrivèrent de la partie de l'ouest. Celles
qui s'approchèrent les premières vinrent le long
du bord, après avoir fait des signes de paix ; et nous
donnant à entendre que les embarcations de l'arrière désiraient aussi communiquer avec nous, elles
nous prièrent de diminuer de voiles pour les attendre. Les naturels eurent recours aux vociférations
et à une rhétorique véhémente pour nous détour-
ner de la route au nord ; mais leur langage étant
complétement inintelligible pour nous, et leurs
raisons, autant que nous pûmes le deviner, venant
d'une méprise sur le but de notre voyage, je dé-
daignai leur avis.

Ils partirent alors, et rejoignirent leurs compatriotes. Nous continuions à prolonger l'entrée de

l'Amirauté : j'ai donné le nom de *pointe Partridge* à sa pointe nord qui gît par 48 degrés 16 minutes de latitude, et 237 degrés 31 minutes de longitude ; elle est formée par une haute falaise de sable blanc, qui sur ses deux côtés présente une verte prairie.

Nous avions au sud-est la pointe ouest de l'entrée de l'Amirauté, que j'ai appelée *pointe Wilson*, du nom de mon estimable ami le capitaine Georges Wilson, laquelle gît par 48 degrés 10 minutes de latitude, et 237 degrés 31 minutes de longitude ; le rivage est, le plus voisin, était à deux lieues de distance ; une île de sable, basse, formant à son extrémité ouest une falaise abaissée au-delà de laquelle il y avait quelques arbres nains, se montrait au nord-ouest ; enfin, le mouillage destiné aux vaisseaux par les canots qui avaient fait la reconnaissance du rivage continental, et auquel M. Broughton avait donné le nom de *Strawberry-bay*, ou *baie des Fraises*, après l'avoir examiné, nous restait au nordouest, à environ six lieues, dans une région qui paraissait très coupée et très divisée par les eaux de la mer.

L'été s'avançait ; nos vaisseaux qui cheminaient lentement occasionaient trop de retard ; et, afin de ne pas perdre les facilités qu'offrait le beau temps pour des reconnaissances en canots, je me décidai à détacher en avant, avec des vivres pour une semaine, M. Puget sur ma chaloupe, et M. Whidbey sur le grand canot : je les chargeai de reconnaître les rivages et de revenir au mouillage où devaient se porter *la Découverte* et *le Chatam*, dès que les circonstances le permettraient. Sans doute il y avait une sorte d'imprudence à me priver ainsi de ma chaloupe, lorsque mon vaisseau se trouvait dans une situation précaire, au milieu d'une navigation inconnue et dangereuse ; mais elle était tellement nécessaire à la protection des détachemens que, pour éviter les lenteurs et profiter d'une si belle occasion, je résolus de me soumettre à quelques difficultés à bord.

Lorsqu'on examine bien la chaîne de montagnes revêtues de neige qui s'étendent au sud depuis la baie du mont Rainier, on juge qu'elle se prolonge de manière à former le long de la côte une barrière à des distances plus ou moins grandes des rivages de la mer, quoiqu'il puisse y avoir des intervalles où son élévation ne se trouve pas assez considérable pour être aperçue de nos différentes stations. Le mont Baker et le mont Rainier produisent un effet de ce genre ; leur immense hauteur les fait reconnaître très distinctement long-temps avant qu'on soit assez près pour distinguer la rangée intermédiaire des montagnes qui les lient, et sur les sommets desquelles ils ont leur base.

A l'aide d'une brise légère du sud-ouest, nous

appareillâmes sur les six heures du soir, et nous
marchâmes vers le nord. La latitude observée le 8
mai fut de 48 degrés 29 minutes, et la longitude
de 237 degrés 29 minutes : le pays, dans toute
l'étendue de notre horizon vers le nord, paraissait
extrêmement haché et former des îles. Cette région présentait un aspect très différent de celui
que nous avions trouvé plus au sud : les rivages
qui se montraient devant nous étaient des rochers
à pic remplis d'aspérités, dont la surface, ne variant
que relativement à la hauteur, n'offrait guère que
des roches pelées, avec un herbage faible, de couleur terne, et un petit nombre d'arbres nains en
quelques endroits.

Je fis appareiller sur les trois heures après midi,
avec une assez bonne brise ; et à l'aide du flot,
nous atteignîmes trois heures après Strawberry-
bay, où nous mouillâmes par seize brasses, fond
de beau sable. Cette baie gît au côté ouest d'une
île que j'ai nommée *Cypress-island* ou *île des Cyprès*, à cause des grands cyprès qu'elle produit en
abondance ; elle est de peu d'étendue et de peu de
profondeur. Toute la rive est du golfe, depuis la
pointe sud-ouest, par 48 degrés 27 minutes de latitude et 237 degrés 37 minutes de longitude,
jusqu'à la pointe nord de l'entrée de Possession-
sound, par 47 degrés 53 minutes de latitude et
237 degrés 47 minutes de longitude, forme une

île qui a environ dix milles dans sa plus grande largeur : M. Whidbey en ayant fait le tour, je l'ai appelée *tle Whidbey*, et j'ai donné le nom de *Deception-passage* à la passe du nord qui conduit dans le port Gardner.

Continuant d'ici vers le nord la reconnaissance de la côte continentale, ces messieurs avaient pénétré dans ce qui paraissait une rade spacieuse, ou bien une ouverture se prolongeant sur une vaste étendue, en trois directions, à l'est de Strawberry-bay ; ils avaient examiné une de ces directions qui court vers le sud et une autre qui court vers l'est, et ils les avaient trouvées aboutissant également à des baies profondes qui présentent un bon mouillage, mais une communication pénible avec la terre, surtout au fond de chacune de ces baies, où une batture de sable ou de vase est en avant et à une distance considérable de la rive. Après avoir reconnu dans le nord les limites du continent jusqu'à la hauteur de cette île, ils étaient revenus aux vaisseaux, laissant à examiner par la suite une grande ouverture qui se prolongeait au nord, et un espace d'une grande largeur qui paraissait le principal bras du golfe au nord-ouest, où l'horizon était sans borne. Le pays qu'ils virent au nord-est du passage de Déception se montrait très coupé par les eaux de la mer, et semblait d'une stérilité approchant de celle qui du mouillage s'offrait à nos regards, excepté toutefois au fond˙de deux grandes baies où ils étaient entrés sur la rive continentale. Là, le terrain est d'une élévation modérée, sans abîmes˙de roche, et bien couvert de˙ bois de haute futaie. Dans le cours de cette petite expédition, ils avaient rencontré plusieurs villages déserts, .et quelques naturels qui, par la figure, leur conduite civile˙et hospitalière, ne différaient en rien d'essentiel de ceux que précédemment la fortune nous avait donnés pour amis.

Notre mouillage étant fort exposé, et ne nous fournissant d'autres rafraîchissemens qu'une faible quantité de petits ognons ou de poireaux sauvages, je me décidai, d'après ce rapport, à remonter le golfe avec les vaisseaux, et, dès que j'aurais trouvé un meilleur ancrage, à détacher de nouveau M. Whidbey, avec l'ordre d'achever la reconnaissance du bras dont je parlais tout à l'heure; enfin, à charger un second détachement de l'examen du nord-ouest, ou de toute autre direction que pourrait prendre le golfe.

Les deux vaisseaux appareillèrent de Strawberry-bay, à l'aide d'une faible brise du sud-est, le 11 juin à quatre heures du matin; et nous passâmes entre la petite île et la pointe nord de la baie, marchant au nord-ouest, à travers un groupe nombreux d'îles, de rochers et d'îlets de roche. M. Broughton, en arrivant pour la première fois au mouillage que

nous venions de quitter, y avait trouvé une grande
quantité d'excellentes fraises ; mais à l'époque où
j'y mouillai avec *la Découverte*, leur saison était
passée. Cette baie offre un bon et sûr ancrage,
quoiqu'un peu exposé : dans un beau temps, on y
fera aisément de l'eau et du bois. L'île des Cyprès
est principalement formée de hautes montagnes de
roches et de falaises d'un escarpement perpendiculaire qui, au centre de la baie, se replient un
peu en arrière : l'espace entre le pied des montagnes et le bord de la mer est rempli par un terrain bas et marécageux, où il y a plusieurs petits
courans d'une très bonne eau qui, en filtrant par-
dessous la grève, se jettent dans la baie; elle est
située par 48 degrés 36 minutes et demie de latitude et 237 degrés 34 minutes de longitude.

De la pointe, située par 48 degrés 57 minutes
de latitude et 237 degrés 20 minutes de longitude,
que j'ai appelée *pointe Roberts*, du nom de l'estimable ami qui avant moi commandait *la Découverte*, la côte, prenant la direction du nord 28 degrés ouest, offrait un champ de reconnaissances
trop vaste pour les moyens de mon détachement.
Ce qui, à partir de la pointe Roberts, se présentait comme l'extrémité nord du rivage du continent, était une pointe basse escarpée qui semblait
former l'entrée sud d'une rade étendue qui nous
restait au nord-ouest, avec un terrain haché se

prolongeant environ 5 degrés plus loin dans l'ouest. Entre cette direction et le nord-ouest, l'horizon semblait sans coupures, si j'en excepte l'apparence d'une île arrondie, petite, mais élevée, qui se montrait à une grande distance. Ayant ainsi, dès le premier jour de notre petit voyage, examiné et reconnu la rive continentale, dans toute l'étendue de l'horizon des vaisseaux, je résolus de continuer mes recherches tant que la prudence et l'état de nos provisions pourraient nous le permettre. Après avoir mesuré les angles nécessaires, nous nous remîmes en route ; mais bientôt il fut impossible de longer de près la côte de l'est, c'est-à-dire le rivage continental, à raison d'un banc de sable.

Le 13, dès les cinq heures du matin, nous fîmes route vers la côte de l'est, et nous y débarquâmes à midi sur la pointe basse et escarpée dont j'ai fait mention. Ainsi que je le présumais, elle forme la pointe d'une rade étendue qui a sa principale direction au nord et un petit bras courant à l'est : sa latitude observée est de 49 degrés 19 minutes, et sa longitude de 237 degrés 6 minutes ; je l'ai appelée *pointe Grey*, du nom de mon ami le capitaine Charles Grey : elle se trouve à sept lieues de la pointe Roberts. L'espace intermédiaire est rempli par un terrain très bas, selon toute apparence, un marécage de plusieurs milles, en avant des montagnes escarpées et couvertes de neige qui conti-

XIV.   17

nuent à se prolonger derrière la côte. Ce marécage étant très inondé et s'étendant par derrière
la pointe Roberts, où il se réunit au terrain bas
qui environne la baie à l'est de la pointe Grey, la
partie élevée de la langue de terre paraît former
une île quand on la regarde de loin. Il y a deux
ouvertures entre la pointe Roberts et la pointe
Grey ; elles ne peuvent être navigables que pour
des pirogues ; car la batture s'y projette à sept ou
huit milles du rivage, et on voit sur cette batture,
principalement devant les ouvertures, une quantité innombrable de bois et de troncs d'arbres.

De la pointe Grey nous remontâmes d'abord la
branche est de la rade. Arrivés à une lieue en dedans, nous passâmes au nord d'une petite île qui
termine à peu près son étendue et offre un passage de dix à sept brasses, lequel n'a pas plus
d'une encâblure de largeur. Cette île, située précisément en travers du canal, m'a paru offrir sur
sa rive sud un passage pareil, précédé d'une autre
île plus petite. Depuis ces îles, le canal, qui a environ un demi-mille de largeur, continue sa direction dans l'est. Nous y rencontrâme une centaine
d'Indiens sur leurs pirogues : ils se conduisirent
avec la plus grande honnêteté ; ils nous offrirent
des poissons cuits et bien apprêtés, de l'espèce que
j'ai déjà dit ressembler à l'éperlan. Ces bonnes
gens, nous voyant disposés à leur témoigner de la

reconnaissance, eurent l'esprit de préférer le fer au cuivre.

Pour ne pas nous séparer sitôt de nos nouveaux amis, nous marchions à petite voile, ce qui les engagea à nous accompagner à quelque distance vers le haut du bras. La majeure partie de leurs pirogues se porta deux fois en avant, et, rassemblés devant nous, chaque fois ils tinrent conseil. Notre visite et notre figure furent vraisemblablement le sujet de leurs délibérations, car nous remarquâmes qu'ils observaient avec attention tous nos mouvemens. Au surplus, le résultat, que nous ne pûmes connaître, n'eut rien de fâcheux, puisqu'ils revinrent bientôt et nous donnèrent de nouveaux témoignages d'affection et de respect. Une pareille conduite ne manque pas d'inspirer des soupçons, et en effet il est nécessaire de la surveiller. Dans nos courtes entrevues avec les habitans de cette contrée, qu'ils fussent en grand ou en petit nombre, ces délibérations ont eu lieu généralement ; et si, en pareille occasion, la prudence recommande de se tenir sur ses gardes, on ne doit pas y supposer toujours l'intention de concerter des mesures d'hostilité : j'ai vu un grand nombre de ces conférences qui n'ont produit à notre égard aucun changement dans les dispositions amicales des habitans du pays. Ceux-ci se dispersèrent peu à peu ; et trois ou quatre pirogues seulement nous suivirent vers le haut du canal qui, en quelques endroits, n'a pas plus de cent cinquante verges de largeur.

A l'approche de la nuit, nous débarquâmes à environ une demi-lieue du fond du canal, à peu près à trois lieues de son entrée. Les naturels demeurèrent avec nous jusqu'au moment, où nous les avertîmes par signes que nous allions dormir: ils se retirèrent après avoir reçu nos présens; et la seine ayant été jetée sans succès devant eux, ils nous firent comprendre que le lendemain ils nous apporteraient beaucoup de poisson. Ils montrèrent un vif désir de nous imiter, et surtout de tirer un coup de fusil; l'un d'eux en vint à bout, mais avec une grande frayeur, et non sans trembler: ils suivirent en détail tout ce que nous faisions, et examinèrent la couleur de notre peau avec une extrême curiosité. Ils différaient peu de ceux que nous avions rencontrés auparavant : ils ne possédaient rien qui vînt d'Europe, si j'en excepte des parures grossières qu'ils semblaient avoir tirées d'une feuille de cuivre. Nous jugeâmes qu'ils n'avaient pas vu d'autres habitans d'un pays civilisé, et il ne parut pas qu'ils eussent des liaisons ou des communications bien suivies avec les indigènes qui achètent les marchandises des navires anglais ou américains.

Des falaises de roche et à pic qui composent ici

le rivage n'offrant point de lieu convenable pour nos tentes, nous passâmes la nuit dans nos embarcations. Quelques-uns des midshipmen aimèrent mieux coucher sur la grève de pierre ; mais n'ayant pas bien examiné la ligne de la marée haute, le flot les atteignit : ils ne s'en aperçurent que lorsqu'ils furent inondés ; et l'un d'eux dormait si profondément que les vagues, je crois, l'auraient jeté à quelque distance, si ses camarades ne l'eussent pas éveillé.

Notre reconnaissance de cette branche de la rade se trouvant terminée, nous revînmes le 14 juin par le chemin que nous avions déjà fait. Comme j'avais en vue un objet plus grand, je me décidai d'autant plus à ne point examiner une petite ouverture qui court au nord et offre à son entrée deux petits îlots de peu d'importance, que ce bras ou canal n'est navigable pour aucun navire : la marée n'y produisait point de courant. Par-delà l'île que nous avions dépassée la veille, l'eau était verte et parfaitement claire : celle, au contraire, de la branche principale de la rade était à peu près décolorée jusqu'à la moitié du golfe, et une marée rapide se faisait sentir sur le même espace, ce qui nous donna lieu de penser qu'elle aboutissait peut-être à une rivière d'une grande étendue.

Arrivés à une petite bordure de terrain bas et marécageux, entrecoupé de plusieurs ruisseaux d'eau douce, d'où les naturels étaient venus près de nous la veille, nous nous attendions à les revoir : nous fûmes trompés dans nos espérances, sans doute parce que nous voyagions de trop bonne heure. La plupart de leurs pirogues étaient sur le rivage, et nous n'aperçûmes que deux ou trois personnes dispersées sur la grève : n'ayant pu découvrir aucune de leurs habitations, nous crûmes que leurs villages étaient dans l'intérieur de la forêt. Deux pirogues survinrent lorsque nous dépassions l'île ; mais nos canots étant sous voile avec une bonne brise, elles s'en retournèrent lorsqu'elles virent que je ne voulais pas les attendre.

Les rivages de ce canal que j'ai appelé *canal de Burrard,* du nom de sir Henri Burrard, sont, du côté du sud, d'une hauteur médiocre, et quoique de roche, bien revêtus de grands arbres, principalement de l'espèce des pins. Au côté qui est vers le nord, la barrière de montagnes escarpées et couvertes de neige dont nous atteignîmes presque la base s'élève brusquement, et n'est défendue contre les vagues de la mer que par une bordure étroite de terrain bas. A sept heures nous étions à la pointe nord-ouest du canal, qui est aussi la pointe sud de la principale branche de la rade : elle est à une lieue au nord de la pointe Grey ; et je l'ai appelée *pointe Atkinson,* du nom d'un de mes amis particuliers. La pointe opposée de l'entrée dans la rade nous restait à l'ouest du compas, à la distance d'environ trois milles. A peu près au centre entre ces deux pointes se trouve une île basse de roche qui produit quelques arbres, et à laquelle j'ai donné le nom *d'île du Passage*. Nous suivîmes à l'est de cette île un canal où nous ne rencontrâmes point d'interruption, et il semble y en avoir un également bon de l'autre côté.

En partant de la pointe Atkinson pour remonter la rade, nous dépassâmes sur la rive de l'ouest de petits rochers détachés parmi lesquels il y en a de submergés qui s'étendent à environ deux milles, mais qui ne sont pas assez loin du rivage pour empêcher la navigation. Notre marche fut rapide au moyen d'un vent frais du sud, accompagné d'un temps très sombre qui ajoutait beaucoup à l'affreux aspect du pays environnant. Les rivages fertiles et abaissés que nous étions dans l'habitude de voir, à la vérité avec des interruptions depuis quelque temps, n'existaient plus : ils étaient remplacés par la base de l'effrayante barrière des montagnes couvertes de neige, très faiblement boisées, s'élevant brusquement de la mer jusqu'aux nues ; une partie de la neige fondue sur leurs cimes glacées, se précipitant en torrens écumeux à travers les flancs et les crevasses, offrait un triste et majestueux spectacle que semblait fuir la nature animée. On n'apercevait pas un oiseau, pas une créature vivante ; et s'il y en avait eu dans notre voisinage, le rugissement des cataractes, dans toutes les directions, nous aurait empêchés de les entendre.

Remarquant vers midi que nous étions quelques milles en dedans de la barrière ouest des montagnes couvertes de neige, puisque plusieurs se montraient derrière nous dans le sud, je conçus l'espoir de trouver une route du côté de l'est. Le soleil parut pendant quelques minutes, et le résultat de mes observations donna 49 degrés 30 minutes pour la latitude de la pointe est d'une île que j'ai appelée *Anvil-island* ou *île de l'Enclume*, d'après la forme de la montagne qui la compose : sa longitude est de 237 degrés 3 minutes. Nous avions dépassé le matin une autre île située sur le rivage de l'est, en face d'une ouverture dans l'ouest qui conduisait clairement au golfe, sur une direction à peu près sud-ouest, à travers un grand nombre d'îles de roche et de rochers ; nous avions aussi aperçu une seconde ouverture qui paraissait avoir une pareille direction. Entre l'île de l'Enclume et la pointe nord de la première ouverture, qui en est éloignée de cinq milles dans le sud-quart-sud-ouest, on rencontre à un mille du rivage trois îlots de roche blancs de l'ouest. Cette branche de la rade a environ une lieue de largeur ; mais au nord de l'île de l'Enclume elle est moins large de moitié, et court au nord-nord-est jusqu'à 49 degrés 39 minutes de la-

titude et **237** degrés **9** minutes de longitude, point
où il fallut renoncer à toutes nos espérances, lorsque nous la vîmes se terminer en un bassin arrondi,
environné partout de ces affreuses montagnes que
j'ai déjà décrites. Au fond du bassin et dans la partie
supérieure du rivage de l'est, une étroite lisière
de terrain bas qui produit quelques pins très petits
et un peu de sous-bois, s'étend du pied des montagnes en forme de barrière jusqu'au bord de l'eau.
L'eau de la rade était presque douce et d'une teinte
un peu moins blanche que le lait : je l'attribuai à la
fonte des neiges et à ce qu'elle passait rapidement
sur une surface de craie : la blancheur de quelques
ravins qui semblaient avoir servi de lit à des cascades, mais qui se trouvaient à sec, rendait probable mon explication.

Le goulet par lequel nous avions pénétré dans la
barrière des montagnes semblait de peu d'importance ; car au moyen des vallées que produit l'irrégularité des montagnes, nous voyions dans le
lointain d'autres montagnes encore plus hautes,
dont les cimes se montraient en différentes directions. Ce fut un bonheur de rencontrer au milieu
de cette effroyable région une petite anse où nous
pouvions nous réfugier et quelques toises de terrain uni pour y dresser notre tente, car notre reconnaissance fut à peine achevée que le vent devint
extrêmement orageux de la partie du sud : des

grains pesans et des torrens de pluie, qui continuèrent jusqu'au lendemain à midi, nous y retinrent d'une manière désagréable. Sans ce délai nous
aurions jugé trop précipitamment que cette partie
du golfe n'était pas habitée. Dans la matinée nous
reçûmes la visite d'environ quarante naturels. Le
pays se trouvait si différent que nous nous attendions à remarquer aussi de la différence parmi les
indigènes : cette conjecture ne se vérifia point; ils
ressemblaient à tous les autres ; seulement ils
avaient plus d'ardeur pour les échanges; ils y mettaient plus d'avidité, ils trafiquaient entre eux des
objets précieux qu'ils avaient obtenus de nous, et
lorsque le marché se ralentissait, ils les revendaient
à nos matelots : ils avaient soin de se ménager quelque avantage dans chacune de ces opérations, et
leur joie éclatait souvent après le succès. Ils nous
vendirent du poisson, leurs vêtemens, des piques,
des arcs et des traits, et, ce qui leur fait honneur,
leurs parures de cuivre. Ils eurent le bon sens de
préférer le fer sous toutes les formes aux autres
articles que nous pouvions leur offrir.

Nous débarquâmes à la pointe ouest de l'entrée
de la rade que j'ai appelée *Howe-sound* ou *rade
de Howe*, du nom de l'amiral Howe : j'ai donné le
nom de *pointe Gore* à la pointe ouest qui gît par
49 degrés 23 minutes de latitude, et 236 degrés
51 minutes de longitude, entre laquelle et la pointe

Atkinson il y a jusqu'à l'île de l'Enclume un groupe d'îles de diverses grandeurs : les rivages de ces îles, ainsi que la côte adjacente, sont principalement composés de rochers qui s'élèvent à pic du sein d'une mer incommensurable : ils sont assez bien revêtus d'arbres, surtout de l'espèce des pins, mais il y en a peu de grands.

Le 16 juin nous reprîmes notre route au nord-ouest le long de la rive à tribord, c'est-à-dire le long du rivage continental du golfe de la Géorgie, qui depuis la pointe Gore prend une direction à peu près ouest-nord-ouest, et offre un aspect plus agréable que les rives de la rade de Howe. Cette partie de la côte, d'une élévation modérée jusqu'à une certaine distance dans l'intérieur, offre sou vent de basses pointes de sable en saillie. Le pays en général produit des arbres de haute futaie en abondance ; le pin est le plus commun, et les arbrisseaux ou les arbres d'une taille inférieure y embarrassent peu les bois. Après avoir fait cinq lieues et dépassé quelques rochers et des îlots de roche, nous atteignîmes la pointe nord d'une île qui a environ deux lieues de tour : une seconde île à peu près moitié moins étendue se trouve à l'ouest ; et entre les deux il y en a une troisième plus petite.

Dans le cours de cette journée nous rencontrâmes dix-sept naturels, plus barbouillés de peintures qu'auparavant. Nous vîmes pour la première fois des traits à pointes d'ardoise, auxquels ils semblaient mettre un grand prix, et qu'à l'exemple des habitans de Nootka ils craignaient beaucoup de gâter. Ils ne parlaient cependant ni la langue de Nootka, ni le dialecte d'aucun de ceux avec qui nous avions eu des entrevues; du moins nous répétâmes sans succès le peu de mots que nous en avions appris. Nous ne remarquâmes point d'autre différence, et ils furent, comme à l'ordinaire, civils et d'une bonne conduite. Les rivages que nous venions de prolonger sont d'une hauteur modérée jusqu'à peu de milles de cette station; ils présentent surtout des roches remplies de crevasses, où le temps a formé avec les détrimens végétaux un sol qui produit de petits pins et une quantité considérable d'arbrisseaux et de sous-bois. Il y a quelques îlets de roche près la division de l'entrée : ils doivent être bien escarpés, car tout auprès on ne trouvait point de fond avec la quantité de ligne qu'on peut tenir à la main, et le plomb n'a touché nulle part à cent brasses au milieu du canal, quoique l'intervalle qui sépare les rives ne soit pas d'un mille.

Rembarqués le 18 juin, nous remontâmes l'entrée l'espace d'environ trois milles, dans une direction nord-nord-est; elle prend ensuite pendant l'espace d'une demi-lieue une direction à peu près est,

jusqu'à une pointe que nous atteignîmes un peu
avant midi, et dont la latitude est de 50 degrés 1
minute et la longitude de 236 degrés 46 minutes.
La largeur du canal ne diminuant pas, je me
flattais que la chaîne est des montagnes couvertes
de neige offrirait une brèche, malgré l'exemple
de la rade de Howe, et quoique depuis notre arrivée dans le golfe de la Géorgie elle eût présenté
partout une barrière impénétrable à cette navigation intérieure dont on a tant parlé, et que nous
cherchions avec des efforts si continus.

Les six lieues que nous fîmes durant la matinée
semblaient nous avoir portés en dedans de cette
formidable barrière : les montagnes les plus élevées
se trouvaient derrière nous ; d'autres se montrant
à une distance qui n'était pas considérable par-
delà les vallées que produit dans les rumbs du
nord l'abaissement des montagnes couvertes de
neige, bien des raisons nous portaient à croire que
nous avions déjà dépassé le centre des obstacles
opposés à nos désirs, et j'espérai découvrir que
le canal que nous venions de suivre dans une
étendue de onze lieues, sur une largeur qui en
général n'avait pas été de plus d'un demi-mille,
se prolongeait au-delà de la dernière chaîne. Dans
cette position, le peu de vivres qui nous restait
m'affligea. Nous étions en course depuis six jours
avec des subsistances pour une semaine. En quit-

tant ce bras de mer sans être bien instruit de son
étendue j'allais différer beaucoup les autres reconnaissances, puisqu'il devenait indispensable d'y envoyer un second détachement. Le pays d'alentour
était aussi affreux que celui des environs de la rade
de Howe, et la surface escarpée des montagnes
était beaucoup moins productive. De petits pins,
épars çà et là, en faible quantité, quelques baies,
de misérables buissons composaient toute la végétation. Les cataractes sortaient des roches en plus
grand nombre et avec plus d'impétuosité que dans
la rade de Howe; mais la couleur de l'eau n'était
point changée, quoique les crevasses d'où on les
voyait s'échapper eussent cette apparence de craie
dont j'ai déjà fait mention. La blancheur de l'eau
dans la rade de Howe peut ainsi avoir une autre
cause que nous n'avons pas eu occasion de découvrir.

Après dîner nous marchâmes en avant. L'entrée
prenait la direction du nord-ouest, sans aucune
diminution dans sa largeur; mais à cinq heures du
soir toutes nos espérances s'évanouirent, car nous
reconnûmes que, à 50 degrés 6 minutes de latitude
et 236 degrés 33 minutes de longitude, elle about-
tit, comme les autres, à un terrain bas et marécageux qui produit un petit nombre d'érables et
de pins. Sur un petit espace de terrain bas qui
s'étend du fond du canal à la base des montagnes

dont nous étions environnés, coulent trois petits ruisseaux d'eau douce qui paraissent avoir leur source dans l'ouest. Ici se présentait une vallée étendue qui avait une direction nord et libre dans toute la portée de la vue, et qui était, sans aucune comparaison, l'ouverture la plus profonde que nous eussions aperçue dans la chaîne des hautes montagnes. Cette vallée excita beaucoup ma curiosité; mais aucun des trois ruisseaux n'étant navigable, quoique la marée se fût élevée jusqu'aux habitations de six ou sept naturels dont nous étions à peu de distance, toute recherche ultérieure en canots se trouvait impraticable, et nous n'avions pas le loisir d'entreprendre un voyage à pied. Les naturels dont je viens de parler, civils commé les autres, auxquels ils ressemblaient d'ailleurs à tous égards, nous donnèrent du poisson excellent, que je payai principalement en fer, article qu'ils recherchèrent de préférence. Dans chacun de ces bras de mer nous avons toujours distingué l'élévation et l'abaissement de la marée d'une manière sensible, quelquefois très marquée, et, si j'en excepte le voisinage du golfe, sans ressentir d'autre courant qu'une retraite constante des eaux vers l'Océan.

J'eus bien du regret de me voir sitôt arrêté. Nous étions éloignés des vaisseaux d'au moins cent quatorze milles par le chemin le plus court; il fallait faire cette route dans un temps pour lequel je n'avais pas embarqué de provisions. Il était d'autant plus nécessaire de ne pas perdre un moment, que je voulais chercher un passage dans le golfe, par la branche du canal conduisant au nord-ouest, que nous avions dépassée la veille. Je pensais que, selon toute apparence, je rentrerais ainsi dans le golfe, au-delà du point par où j'avais pénétré dans le canal, et que de cette manière je pourrais déterminer la limite du continent aussi loin que le permettraient nos vivres. L'expérience ayant rendu sages nos matelots, je ne doutai pas qu'ils n'eussent une petite réserve de provisions, et que je ne me trouvasse dispensé par-là d'envoyer un autre détachement dans cette partie.

Deux lieues avant d'arriver au fond du canal, nous avions remarqué sur la rive nord une petite crique, précédée de quelques îlots de roche, où j'avais le dessein de passer la nuit. Je vis à mon retour que c'était un courant rapide d'eau salée, où, à la mer basse, nos canots seraient échoués quelques pieds au-dessus du niveau du canal. D'après la rapidité du courant, la quantité d'eau qu'il vomissait, et sa direction tortueuse au nord-est vers le haut de la vallée, il y a lieu de croire qu'il remonte à quelque distance. Ne pouvant passer la nuit en cet endroit, il fallut en chercher un moins incommode le long de la côte, dont les escarpemens perpendiculaires nous empêchèrent de rien trouver avant onze heures du soir. Notre débarquement se fit sur la seule pointe basse en saillie que présente ici le canal.

Le lendemain à quatre heures du matin nous étions en route; mais nous fûmes contrariés par un gros vent de sud, et nous n'arrivâmes qu'après neuf heures du soir à une petite baie située environ un mille au nord de la pointe septentrionale du bras qui mène vers l'ouest; nous y passâmes la nuit, et le 20, dès l'aube du jour, nous prolongeâmes le rivage du continent à notre droite. Il s'étend d'abord à peu de distance au nord-ouest, et ensuite au sud-ouest; il tombe dans le golfe ainsi que je l'avais imaginé, et forme irrégulièrement un canal beaucoup plus spacieux que l'autre. Entre les deux canaux, il y a une île d'environ trois lieues de longueur, et aux environs plusieurs petits îlots. Cette île et les rivages adjacens sont d'une hauteur modérée, comme ceux de l'autre canal, auxquels ils ressemblent d'une manière toute particulière. Il était à peu près midi lorsque nous atteignîmes la pointe nord de l'entrée, que j'ai appelée *Scotch-Fir-point* ou *pointe des Sapins d'Écosse,* parce qu'elle produit des sapins d'Écosse, les premiers que nous eussions vus depuis notre embarquement. Elle gît par 49 degrés 42 minutes de latitude et 236 degrés 17 minutes de

XIV. 18

longitude. J'ai donné à ce bras de mer le nom de
canal Jervis, en l'honneur de l'amiral sir John Jervis.

Je regardai la limite du rivage continental
comme bien déterminée jusqu'à ce point : j'étais
convaincu que l'entrée dont M. Whidbey avait dû
faire la reconnaissance se terminait comme celles
que nous venions d'examiner. Très satisfaits d'avoir
ainsi employé notre temps, nous reprîmes la route
du mouillage où se trouvaient les vaisseaux, dont
nous étions encore éloignés de quarante-huit milles. Nous suivîmes la rive à tribord, c'est-à-dire
la terre que j'ai déjà dit s'être présentée à nous
comme formant une longue île ou une péninsule :
la plus voisine était à environ cinq milles de Scotch-
Fir-point, et avec le rivage du continent elle formait, dans la direction du nord 62 degrés ouest,
un passage qui paraissait de la même largeur
dans toute son étendue, où l'œil n'apercevait aucune interruption; il restait toujours à savoir si
c'était une île ou une péninsule.

Ses rivages, à peu près en ligne droite et sans
coupures, n'offrent guère que des roches de dif
férentes espèces, parmi lesquelles il y a beaucoup
d'ardoises, et les arbres qu'elle produit sont bien
plus forts que sur la rive opposée. Dans la mati
née du 21 nous dépassâmes la pointe sud, située
par 49 degrés 28 minutes et demie de latitude et
236 degrés 24 minutes de longitude, que j'ai ap-

pelée *pointe Upwood*, en souvenir d'un ami de ma première jeunesse. Cette portion de terre, quoique principalement composée d'une haute montagne qui se découvre à la distance de vingt lieues et plus, est très étroite ; elle semblait former, avec la côte occidentale du golfe, un canal à peu près parallèle à celui que nous venions de quitter, mais beaucoup plus large, et contenant de petites îles ; des sommets de montagnes détachées bornaient au loin son horizon.

Nos embarcations nous portaient à la rame, le 22 au matin, vers la pointe Grey, où nous voulions déjeuner, lorsque nous découvrîmes deux vaisseaux à l'ancre à l'entrée du canal. Je crus d'abord que, notre absence s'étant prolongée, *la Découverte* et *le Chatam* étaient venus à notre rencontre, quoique je n'eusse point laissé d'ordre à cet effet. En approchant davantage nous reconnûmes un brick et une goëlette portant le pavillon de guerre espagnol, et je jugeai que vraisemblablement ils s'occupaient des mêmes objets que nous ; ce qui se vérifia. C'était un détachement de l'escadrille de M. Malaspina, employé aux îles Philippines, qui l'année d'auparavant avait visité cette côte. L'un, le brick du roi *le Sutil*, était commandé par don Galiano, et l'autre, la goëlette *Mexicana*, sous les ordres de don C. Valdès. Tous les deux, capitaines de frégate de la marine espagnole, avaient fait voile d'Acapulco le 8 mars, afin de continuer leurs découvertes dans ces parages. Don Galiano, qui parlait un peu anglais, me dit qu'ils étaient arrivés à Nootka le 11 avril, et qu'ils en étaient partis le 5 du présent mois pour achever la reconnaissance de cette entrée, reconnue en partie l'été d'auparavant par des officiers espagnols, dont il me produisit la carte.

Je dois avouer que je n'éprouvai pas un mince regret en voyant que des navigateurs nous avaient précédés sur la côte extérieure du golfe, et qu'ils l'avaient examinée quelques milles par-delà l'excursion que je venais de faire en canots. Ils avaient reconnu pour une île la terre sur laquelle il me restait des doutes. Je trouvai sur leur carte qu'elle se prolonge à peu près dans la même direction, quatre lieues au-delà du point que j'avais vu, et qu'elle y est nommée *Feveda*. Ils avaient donné le nom de *canal de Nuestra Signora del Rosario* au canal qui la sépare du rivage du continent, et la pointe ouest de ce canal avait été le terme de leur reconnaissance, qui d'ailleurs paraissait bornée aux rives extérieures; car les bras étendus et les entrées, qui venaient de nous occuper si long-temps, n'avaient pas le moins du monde attiré leur attention.

Les navires espagnols employés en 1791 à cette petite expédition s'étaient réparés dans le même port de la Découverte, où nous avions aussi réparé nos vaisseaux. Ces messieurs m'apprirent de plus que don Quadra, commandant en chef de la marine espagnole à Saint-Blas et dans la Californie, m'attendait à Nootka, avec trois frégates et un brick, pour y négocier la restitution des territoires dont la couronne de la Grande-Bretagne devait être remise en possession. Leur conduite fut remplie de la politesse et des dispositions amicales qui caractérisent la nation espagnole; ils me donnèrent avec plaisir tous les renseignemens qui pouvaient m'être utiles, et témoignèrent obligeamment le désir de voir nos opérations faites de concert si les circonstances les permettaient. Ajoutant ensuite que nous pouvions être fatigués de notre course dans des embarcations ouvertes, ils me proposèrent, si je voulais demeurer à leur bord avec mon détachement, d'expédier sur-le-champ un canot, avec les ordres que je voudrais envoyer pour la conduite de mes vaisseaux; ou, s'il survenait une brise favorable, d'appareiller et de se rendre tout de suite à notre mouillage. Mais, pour plus de célérité, je ne profitai pas de leur obligeance, et après avoir partagé avec eux un déjeuner cordial, je leur dis adieu, charmé de leurs soins hospitaliers, et bien surpris de l'espèce de navires sur lesquels ils faisaient une campagne de cette nature.

Chacun de ces navires, du port d'environ

quarante - cinq tonneaux, avait deux canons de
cuivre, vingt-quatre hommes et un lieutenant,
sans bas-officiers. Leur logement suffisait à peine
pour les lits placés de chaque côté, et une table au
milieu, à laquelle quatre personnes pouvaient s'asseoir difficilement ; c'étaient, à tout autre égard,
les plus mal imaginés et les moins propres à une
pareille expédition : toutefois je remarquai avec
plaisir qu'ils y étaient mieux qu'on ne pouvait l'espérer. Je leur montrai l'esquisse que j'avais faite
durant ma course, et je leur indiquai, au fond du
canal de Búrrard, le très petit espace que je n'a-
vais pas examiné. Ils témoignèrent de l'étonnement
de ce que nous n'avions pas trouvé une petite rivière qu'un de leurs officiers a appelée *Rio Blanco*,
du nom du premier ministre d'Espagne à cette
époque : au reste, ils l'avaient cherchée aussi sans
la découvrir. Ils prirent sur mon esquisse les notes
qu'ils voulurent ; ils me promirent d'examiner la
petite ouverture au fond du canal de Burrard, et
à notre première entrevue de me communiquer le
résultat de cette recherche, ainsi que tout ce qu'ils
pourraient reconnaître d'ailleurs.

Après cette rencontre inattendue, nous fîmes
route le long du banc dont j'ai déjà parlé, et que
j'ai nommé *Sturgeon - banck*, ou *banc des Esturgeons*, parce que les naturels du pàys nous y vendirent d'excellens poissons de cette espèce, qui

pesaient de quatorze à deux cents livres chacun.

La partie rompue de la rive continentale que j'avais chargé M. Whidbey de reconnaître se prolonge peu de milles au nord de l'endroit où s'étaient terminées ses premières recherches, et forme une baie étendue que j'ai nommée *Bellingham's-bay*. Elle est située derrière un groupe d'îles qui offrent plusieurs canaux pour y arriver. Sa plus grande étendue, dans la direction nord et sud, est du 48ᵉ degré 36 minutes au 48ᵉ degré 48 minutes de latitude. Son extrémité à l'est gît par 237 degrés 50 minutes de longitude. Elle présente partout un bon et sûr mouillage. En face de la pointe nord d'entrée, les rivages sont élevés et de roche, et il y a par son travers quelques rochers détachés. Un ruisseau d'une eau excellente se trouve en cet endroit. Au nord et au sud de ces falaises de roches, les rivages sont moins élevés, particulièrement dans le nord, où quelques-unes de ces belles prairies tapissées de verdure se présentèrent encore aux regards de notre détachement.

Nous avions remarqué plusieurs fois que, à mesure qu'on avance vers le nord, les forêts présentent une variété d'arbres beaucoup moins grande, et que leur végétation est moins forte. Ceux que nous vîmes ici le plus communément sont des pins de différentes espèces; l'arbre de vie, l'arbousier oriental, et, je crois, quelques espèces de cyprès. Nous avons trouvé sur les îles de petits chênes en faible quantité et le genévrier de Virginie; autour du mouillage, le pin de Weimouth, l'aune du Canada et le bouleau noir. Ce dernier arbre y est dans une telle abondance que j'ai donné à la baie le nom de *Birch-bay*, ou *baie des Bouleaux*. Sa partie sud-est est formée de falaises de roches à peu près à pic. Le pays boisé le plus élevé se retire ensuite à une distance considérable au nord-est, laissant entre lui et la mer un espace étendu de terrain bas, séparé du haut terrain par un ruisseau d'eau douce qui a son embouchure au fond ou à l'extrémité nord de la baie. Le terrain bas produit beaucoup d'herbes et une quantité considérable de rosiers sauvages, de groseilliers et d'autres arbrisseaux.

D'après le terme moyen de onze hauteurs méridiennes du soleil, Birch-bay est située par 48 degrés 53 minutes et demie de latitude; sa longitude (237 degrés 33 minutes) a été déduite des observations qui furent faites pour déterminer la position du port de la Découverte, et de vingt-huit suites d'observations de distances.

§ 8.

Les vaisseaux continuent leur route au nord. Nous mouillons dans Desolation-sound. Nous découvrons un passage dans l'Océan. Nous quittons Desolation-sound. Nous traversons le détroit de Johnston.

Nous appareillâmes de Birch-bay le 24 juin. Nous fîmes route au nord-ouest, le long du golfe. Les navires espagnols, nous ayant joints à deux heures après midi, nous saluèrent par des acclamations, que nous rendîmes. Les deux commandans me firent visite à bord de *la Découverte*, et nous remontâmes le golfe ensemble.

J'appris de don Galiano, qu'ils avaient examiné la petite branche dans le canal de Burrard ; qu'elle est très étroite, et court dans le nord l'espace de trois lieues, où elle aboutit à un petit ruisseau. Ils me donnèrent une copie du plan qu'ils en avaient fait, et au coucher du soleil ils retournèrent sur leurs bords.

Nous voyions ainsi vérifiée, à quelques égards, l'assertion du voyage de M. Meares, qui promettait à notre persévérance un passage dans l'Océan ; mais ce point nous paraissait encore bien douteux, car don Galiano et don Valdès venaient de me dire que, quoique les Espagnols eussent vécu dans une grande intimité avec M. Grey et les autres capitaines américains qui ont abordé à Nootka, ils n'a

vaient aucune connaissance que qui que ce fût eût
fait cette traversée, et que le récit publié en Angleterre se trouvait là-dessus leur première information.
Loin d'être plus instruits que nous des découvertes
de Fuca et de Fonte, ils attendaient de moi des
renseignemens sur la vérité de ces bruits. Don
Valdès, qui avait été sur la côte l'année d'auparavant, et qui parlait couramment la langue de Nootka,
avait appris de la bouche des naturels que cette
entrée communiquait avec l'Océan au nord du
passage où il avait rencontré nos vaisseaux; mais
il avait trop d'habitude de leur caractère pour
ajouter beaucoup de foi à leurs propos : une telle
assertion ne suffisait donc pas pour me donner une
idée de la distance où nous pouvions être de l'Océan
par la route que je suivais.

Il survint un petit vent d'est bientôt après midi,
et nous mîmes en panne pour attendre les navires
espagnols qui étaient un peu de l'arrière. Les deux
commandans dînèrent avec moi, et nous prolongeâmes ensuite le canal de Nuestra-Senora-del-
Rosario, qui s'étend à peu près, dans la direction
du nord-ouest, l'espace d'environ dix lieues, depuis
la pointe Upwood qui est son extrémité sud-est,
jusqu'à la pointe Marshall, extrémité nord-ouest de
l'île Feveda, située par 49 degrés 48 minutes de
latitude, et 235 degrés 47 minutes et demie de
longitude. Depuis Scotch-Fir-point, ses rivages se

rapprochent de façon qu'à son extrémité ouest la largeur n'est que de deux milles. Sur l'île et la rive du continent ils sont à peu près en ligne droite, sans aucune coupure; ils s'exhaussent graduellement, surtout à la rive continentale, du sein d'une grève de sable et de petites pierres, de manière à présenter un terrain qui peut passer pour élevé et qui est bien boisé, mais où rien ne nous a annoncé des habitans. Le rivage du continent prend une direction nord-ouest à la sortie du canal. Au nord 35 degrés ouest et à environ une lieue de la pointe Marshall, il y a une île de quatre milles de circuit, d'une élévation modérée; et on en trouve une plus petite au sud-ouest. Entre la plus grande de ces îles, que j'ai nommée *île Harwood*, et la pointe Marshall, on rencontre quelques îlots de roche et des rochers submergés.

Nous avons remarqué sur la côte du continent, en face de l'île Harwood, un faible ruisseau qui est probablement d'eau douce. Au-delà l'aspect des rivages est affreux, composé principalement de roches escarpées où l'on ne voit que de mauvais petits pins très clair-semés; mais les îles qui se montraient devant nous étaient d'une hauteur modérée et offraient une scène plus agréable et plus fertile. Sur les cinq heures du soir nous passâmes entre la grande terre et une île qui, se prolongeant dans la direction est et ouest, a environ deux lieues de longueur et une demi-lieue de large, et que j'ai nommée *île Savary*. Il y a un passage entre sa pointe nord-est, située par 49 degrés 57 minutes et demie de latitude et 235 degrés 54 minutes et demie de longitude, et la côte du continent, que nous avons rangée dans une direction nord-ouest à la distance d'un demi-mille à une demi-lieue. On trouve au côté sud de l'île Savary, jusqu'à une demi-lieue de ses rivages, une quantité innombrable de rochers submergés qui, je crois, ne découvrent qu'à la mer basse. Il semblait alors que nous avions quitté la principale direction du golfe, car nous étions de toutes parts environnés d'îles et de petits îlots de roche, les uns le long de la côte du continent, les autres confusément épars, et dont les formes et les dimensions varient beaucoup. Le grand bras du golfe s'étendait au sud-ouest de ces îles dans une direction nord-ouest, avec une largeur apparente de trois ou quatre lieues, et on l'aurait cru borné par une haute terre dans le lointain. Nous faisions cette navigation pénible, toujours rangeant de près la rive continentale, qui était sans coupures. A la fin du jour nous entrâmes dans une rade spacieuse qui courait à l'est. J'avais grande envie de demeurer ici jusqu'au lever du soleil; mais on ne trouva point de fond, quoique près de la côte.

Du point où commença la reconnaissance de

MM. Puget et Whidbey, la côte continentale garde à peu près sa direction nord-ouest jusqu'à la pointe orientale de l'entrée dans cette rade, que j'ai appelée *pointe Sarah*, et qui est située par 50 degrés 4 minutes et demie de latitude et 235 degrés 25 minutes et demie de longitude : la pointe opposée, que j'ai nommée *pointe Marie*, gît au nord 72 degrés ouest, à la distance d'environ une demi-lieue. En prolongeant la rive continentale depuis la pointe Sarah, ils avaient remonté un canal que des rochers submergés et des îlots de roche rendent presque inaccessible : il court l'espace d'environ trois lieues dans une direction sud-est, presque parallèlement à la rive nord du golfe, dont il est éloigné de deux ou trois milles. On trouve près du milieu une branche plus petite, qui de sa rive nord s'étend au nord-nord-est l'espace d'une lieue. Après avoir terminé la reconnaissance de ce canal, ils continuèrent à ranger la côte du continent, dans la direction de l'est et du nord-est, ce qui les conduisit à la partie de côte qu'examinait don Valdès. La rive de l'est est très dentelée l'espace de deux lieues, et il y a tout auprès de petites îles et des rochers jusqu'à 50 degrés 10 minutes de latitude et 235 degrés 35 minutes de longitude.

Le pays est presque dénué d'habitans : mais la population y a sûrement été plus considérable autrefois ; car le détachement découvrit un village désert d'une telle étendue, qu'on calcula qu'il avait contenu trois cents personnes. Ce village était situé au bord de la mer, sur un rocher que son escarpement rendait à peu près inaccessible de tous côtés ; il ne tenait à la terre que par une langue étroite et basse, ayant à son centre un arbre, des branches duquel des planches de bois conduisaient au rocher : en cas d'hostilité, les naturels pouvaient ainsi, en coupant la communication, se défendre facilement contre leurs voisins. Du côté de la mer, une plate-forme qu'ils avaient élevée au niveau de leurs maisons avec beaucoup de travail et d'adresse se trouvait suspendue en l'air et les défendait en front contre des ennemis extérieurs : des poutres, bien placées pour se soutenir entre elles, donnaient de la stabilité à la charpente ; leurs extrémités inférieures étaient solidement établies dans les crevasses du rocher, à mi-chemin du bord de l'eau ; et la plate-forme, ainsi en saillie, commandait le pied du rocher, et garantissait de toute tentative d'escalade. En tout, cet ouvrage était si habilement imaginé et si solidement exécuté qu'on aurait eu peine à le croire de la construction d'une misérable tribu de l'espèce que nous avions rencontrée si souvent, si des armes brisées, des meubles et des vêtemens n'avaient pas annoncé la même race.

Tandis que mes officiers examinaient le village

désert, et qu'ils admiraient la grossière citadelle
élevée pour sa défense, ils furent tout à coup attaqués par des légions de puces si acharnées dans
leurs morsures, que, ne pouvant se débarrasser de
leur ennemi ou en soutenir le choc, ils se plon-
gèrent dans l'eau jusqu'au cou : ce ne fut qu'après
avoir fait bouillir leurs habits qu'ils se virent déli-
vrés de ces myriades d'insectes qu'ils avaient trou-
blés en fouillant de trop près les sales vêtemens et
le sale mobilier des indigènes qui étaient venus en
cet endroit.

Le détachement n'arriva que le 30 juillet à la
partie de la côte de l'ouest qui avait paru hachée,
et sur laquelle on avait aperçu des feux en entrant
dans ce canal, que j'ai appelé *canal de Bute*. M. Puget
y rencontra, au front d'un rocher escarpé, un
village contenant à peu près cent cinquante naturels : quelques-uns avaient abordé un de nos canots lorsqu'il remontait le canal; ils apportèrent
en ce moment une quantité considérable de harengs
frais et d'autres poissons, qu'ils échangèrent honnêtement contre des clous. Leur conduite fut d'ailleurs civile et amicale. Ils mettaient plus de prix
aux clous qu'à aucun autre des objets que M. Johnston pouvait leur fournir. De la pointe sur laquelle
est bâti ce village, par 50 degrés 24 minutes de
latitude et 235 degrés 8 minutes de longitude, on
voyait se prolonger dans l'ouest une étroite ouver-

ture, d'où sortait un courant si fort que nos embarcations, ne pouvant le refouler, furent traînées avec une corde le long des rives de roche qui forment le passage.

Dans ce travail pénible, les naturels prêtèrent leur secours volontairement et avec ardeur : leur assistance désintéressée et cordiale fut récompensée d'une manière qui les satisfit beaucoup. Par-delà, le canal s'élargit, et la rapidité de la marée diminua. M. Johnston avait pu seul passer sur le grand canot : il lui fut démontré que le goulet communiquait à l'ouest avec un très long bras de mer ; mais le temps étant orageux, accompagné d'une grosse pluie et d'une brume épaisse, et la chaloupe ne paraissant point, il revint sur ses pas. Il la trouva essayant, à l'aide des naturels, de passer l'étroite ouverture : cette opération étant devenue inutile, ceux-ci retournèrent à leurs habitations, bien contens, à ce qu'il parut, du service amical qu'ils venaient de rendre, et des témoignages de reconnaissance qui en avaient été la suite. Nos embarcations se mirent à l'abri dans une petite anse au côté sud du bras qu'elles venaient de quitter ; elles y furent retenues jusqu'à la matinée du 2 juillet. L'intervalle de temps pour lequel on leur avait donné des provisions étant à peu près expiré, M. Johnston prit le parti de revenir aux vaisseaux.

Le 5 dans l'après-midi, M. Puget et M. Whidbey,

qui commandaient la chaloupe et le grand canot,
furent de retour. Depuis la partie de côte opposée
à la pointe Marshall, ils avaient trouvé la rive
ouest du golfe de la Géorgie sans coupures, s'élevant doucement du bord de la mer jusqu'aux montagnes de l'intérieur (dont quelques-unes étaient
couvertes de neige), et d'un aspect agréable et fertile. En continuant leur route, ils étaient parvenus
à une entrée qui, sur la rive de l'est, est formée
par une longue et étroite péninsule, dont l'extrémité sud gît par 50 degrés de latitude et 235 degrés 9 minutes de longitude.

J'ai appelé l'extrémité de cette péninsule *pointe
Mudge*, du nom de mon premier lieutenant, qui
la découvrit du sommet d'une montagne aux environs de notre mouillage, et qui avait découvert
aussi l'entrée : elle forme, avec la grande terre du
côté ouest du golfe, un canal d'à peu près un mille
de largeur, et dans une direction nord-nord-ouest,
que M. Puget et M. Whidbey avaient suivi l'espace
de trois ou quatre lieues, sans qu'il parût se terminer ; au contraire, plus ils avançaient, et plus
ils le trouvaient étendu. La marée y était régulière
et rapide, et le flot venait évidemment du nord-
ouest : il en résultait que ce canal devait être d'une
étendue considérable ; et ils revinrent me faire leur
rapport. Un gros village se montrait sur la pointe
Mudge : le détachement, à son passage et à son

retour, fut abordé par plusieurs naturels qui se conduisirent avec beaucoup de civilité et de respect. Il rencontra un ruisseau d'une excellente eau douce, sur la rive de l'ouest, immédiatement en dehors de l'entrée : l'entrée est très saine, et offre un bon mouillage. Il y a autour de la pointe Mudge, à environ un demi-mille, un banc de rochers submergés; mais les herbes marines qui s'y trouvent le font aisément apercevoir.

Comme nous n'avions pas un seul point de vue agréable, ni aucune nourriture animale ou végétale, si j'en excepte une faible quantité de ces comestibles que j'ai déjà décrits et dont le pays adjacent se trouva bientôt épuisé, et comme nos détachemens en mission ne furent pas mieux approvisionnés, je me déterminai à donner à cet endroit le nom de *Desolation-sound* ou *rade de la Désolation*.

La semaine pour laquelle M. Johnston et son détachement avaient pris des vivres étant expirée, je commençais à avoir de l'inquiétude lorsqu'on vint me dire, le 12 à deux heures du matin, qu'ils venaient d'arriver, que tout allait bien, et qu'ils avaient découvert au nord-ouest un passage dans l'océan Pacifique.

La terre intermédiaire située en travers de l'entrée du canal de Bute se trouve une île de forme arrondie, et de trois ou quatre lieues de tour, que j'ai nommée *île Stuart*.

Le canal, que j'ai nommé *canal Lougborough*, a environ un mille de largeur, entre des montagnes escarpées et presque à pic qui répandaient sur leurs flancs, en belles cascades, la neige fondue sur leurs hautes cimes.

Nous appareillâmes le 13 juillet, à l'aide d'une brise légère du nord; laissant à l'ancre les deux commandans espagnols qui voulaient continuer leurs recherches à l'ouest par le canal que M. Johnston avait découvert, et que j'ai nommé *détroit de Johnston*, en l'honneur de ses efforts. Par égard pour M. Swaine, qui commandait l'autre canot, et qui est de la famille du lord Hardwick, j'ai appelé *île d'Hardwick* l'île que M. Johnston prolongea le 6. En quittant le mouillage, je pris la route du sud; j'étais bien persuadé que, pour arriver au détroit, les deux vaisseaux trouveraient un passage à l'ouest de la pointe Mudge.

Ce fut parmi nous une satisfaction générale de quitter une région aussi affreuse et aussi inhospitalière que l'est Desolation-sound. Durant notre séjour, je ne pus faire au dernier mouillage que dix suites d'observations de distances, lesquelles, réunies à six autres suites faites à l'endroit où nous fûmes à l'ancre près l'entrée de la rade, donnèrent pour résultat moyen 235 degrés 5 minutes

30 secondes de longitude. La latitude, déterminée par six hauteurs méridiennes du soleil, est de 50 degrés 11 minutes.

Pour arriver à la pointe Mudge, nous traversâmes la multitude d'îles et de rochers placés un peu en avant de l'entrée de Desolation-sound : quelques-unes de ces îles offrent un aspect incomparablement plus agréable que celui de l'intérieur de la rade; elles sont la plupart d'une hauteur modérée, assez bien boisées. Les rives ne présentent pas partout des roches escarpées, et il y a de petites baies qui aboutissent à des grèves de sable. Le vent soufflait avec peu de force de la partie du nord; et le ciel étant sercin et beau, ce changement nous faisait grand plaisir. Des baleines sans nombre et plusieurs veaux marins jouaient autour des vaisseaux. Nous avions vu les derniers en grande abondance aux environs de notre dernier mouillage et dans toutes les excursions lointaines de nos embarcations; mais ils étaient si vigilans et si farouches que nous ne pûmes en prendre aucun : ils semblaient avoir la possession exclusive de l'affreux parage que nous venions de quitter. La scène qui s'ouvrait devant nous était plus douce, non-seulement par l'aspect des rivages, mais par les soins des naturels qui, lorsque nous traversions le golfe, arrivèrent sur plusieurs pirogues, et nous apportèrent de jeunes oiseaux océaniques en majeure partie du poisson

et quelques baies. Un peu après midi, nous laissâmes tomber l'ancre un demi-mille au sud de la
pointe Mudge. Le flot venait avec force de la partie
du nord : le lieutenant Puget et M. Whidbey furent
à l'instant même détachés sur la chaloupe et le grand
canot, pour examiner si le canal communiquait en
effet avec le détroit de Johnston ; je voulais me
mettre en mesure d'éviter les entraves qui pouvaient s'y rencontrer, car ils eussent été fort dangereux avec des marées si rapides.

Plusieurs des habitans du village situé sur la
pointe Mudge vinrent nous voir ; ils nous apportèrent du poisson et des fruits sauvages, qu'ils
échangèrent fort honnêtement contre nos marchandises d'Europe.

Après le dîner, j'allai avec M. Menzies et quelques
officiers leur rendre visite à terre et examiner le
pays. En débarquant au pied du village, qui est un
peu au nord-ouest en dedans du promontoire et
à peu près au sommet d'une falaise de sable escarpée, nous fûmes reçus par un homme qui parut
le chef de la troupe. Il nous approcha seul, avec
un certain degré d'appareil, à ce qu'il nous sembla,
mais avec une extrême confiance sur sa sûreté;
ses compatriotes, qui étaient en grand nombre, se
tenaient, sur ces entrefaites, rangés et paisiblement
assis devant leurs habitations : je lui fis des présens qui lui causèrent beaucoup de plaisir et le

confirmèrent dans la bonne opinion qu'il avait de nous.

Il nous mena sur-le-champ au village par un sentier très étroit qui serpentait diagonalement sur la falaise, haute d'environ cent pieds selon notre évaluation, et presque à pic : la bourgade occupait le bord de ce précipice. Les maisons étaient bâties sur le modèle de celles de Nootka, mais plus petites, car elles n'avaient pas plus de dix ou douze pieds d'élévation, alignées et séparées l'une de l'autre par un intervalle qui suffisait à peine au passage d'une seule personne.

Nous comptâmes sur la grève, autour de la falaise, soixante-dix pirogues d'une petite dimension, mais dont plusieurs pouvaient aisément porter quinze personnes. D'après cela et par d'autres calculs, nous jugeâmes que le village, quoique peu étendu, ne contenait pas moins de trois cents habitans. Le local le protégeait : il se trouvait garanti en front par la falaise escarpée; et une profonde crevasse dans des rochers adossés à une forêt épaisse et presque impénétrable le défendait par derrière. On ne pouvait y arriver que par le sentier étroit que nous avions suivi, et il était facile de le garder contre des forces très supérieures. Après avoir satisfait notre curiosité et distribué, en retour de l'accueil de ces bonnes gens, les bagatelles que nous avions apportées, nous descendîmes, afin de

faire avant la nuit une promenade à pied sur une
bordure de terrain bas qui vers le nord prolonge
le rivage au pied de la région boisée; espèce de
plaisir que nous n'avions pas goûté depuis quelque
temps. Durant cette petite course, qui fut très agréable, nous vîmes deux sépulcres en planches, d'environ cinq pieds de haut, sur une longueur de sept
et une largeur de quatre : ils étaient percés de
plusieurs trous aux extrémités et dans les flancs,
et des planches mobiles en couvraient le sommet,
comme si on avait voulu donner le plus d'air possible aux ossemens qu'ils renfermaient et qui étaient
évidemment les restes de plusieurs corps. Quelques
naturels nous accompagnèrent dans notre promenade ; chemin faisant, ils cueillirent des baies qu'ils
nous présentèrent sur des feuilles vertes avec beaucoup de civilité. A l'approche de la nuit, nous retournâmes à bord en refoulant un jusant d'une très
grande force.

Nous étions à peine sous voile, que les officiers détachés dans les canots le 17 juillet arrivèrent. Il y a une petite île par le travers de la pointe
ouest de l'entrée qu'ils venaient de reconnaître :
l'ouverture est d'environ un demi-mille de largeur.
Le pays est d'un aspect plus agréable que celui
qu'on aperçoit depuis le détroit de Johnston : dans
la partie supérieure, où débarquèrent M. Puget et
M. Widbey, le sol est un terreau noir mêlé de sa-

ble, où croissent de grands pins. Ils remarquèrent au fond un courant d'eau, dont le banc de sable les empêcha de reconnaître la qualité; mais les environs offrent probablement de l'eau douce, car on voit à mi-côte sur la rive nord un village désert : c'est d'ailleurs un port bien fermé et très commode, auquel j'ai donné le nom de *port Neville*.

Le ciel était beau, mais le vent si léger et si variable que, pour faire les quatre lieues qui nous séparaient du village, où je comptais rencontrer Maquinna, *la Découverte* fut en route depuis deux heures du matin jusqu'à dix heures du soir : je mouillai en dehors de l'île de sable par sept brasses.

Le lendemain au matin, le village se montra près de nous sur une grande étendue de terrain; et d'après le nombre des habitans qui vinrent nous voir, il nous parut très peuplé. Ils nous apportèrent en abondance des peaux de loutre de mer, d'une excellente qualité, qu'ils échangèrent contre des feuilles de cuivre et du drap bleu, articles dont ils faisaient beaucoup de cas : la plupart entendaient la langue de Nootka; mais il ne nous sembla pas qu'elle fût ici généralement parlée.

Le ty-eie ou chef du village nous fit une visite dès le grand matin, et il reçut de moi des présens qui l'enchantèrent. Il se nommait Cheslakees; il reconnaissait Maquinna et Wicananish pour de plus grands chefs que lui; mais, autant que je pus le découvrir, il ne se regardait pas comme soumis à l'autorité de l'un ou de l'autre.

Je demandai si Maquinna était au village; il me répondit que non, et que Maquinna et lui se faisaient rarement des visites; que d'ici à Nootka-sound il y avait quatre journées de chemin par terre : Nootka est à environ vingt lieues dans le sud-sud-ouest.

Accompagné de quelques officiers, de M. Menzies et de Cheslakees, je me rendis au village. Je le trouvai agréablement situé sur la pente d'une colline, aux bords d'un joli ruisseau d'eau douce qui débouche dans une petite crique : il est exposé au sud; et par derrière, des collines plus élevées, revêtues de grands pins, le garantissent complètement des vents de nord : les maisons, au nombre de trente-quatre, placées régulièrement, forment des rues; les plus considérables appartiennent aux principaux personnages, qui s'étaient barbouillés de peintures et chamarrés d'ornemens disposés de diverses manières; grossier effet, à ce qu'il semblait, du caprice de leur imagination : au reste, ces figures avaient peut-être un sens trop caché ou trop hiéroglyphique pour nous. La maison de Cheslakees se faisait remarquer par trois gros chevrons élevés au-dessus du toit, selon l'architecture de

Nootka; mais elle était beaucoup plus petite que celles que nous y avions observées. L'aspect de la bourgade est pittoresque quand on la regarde de l'autre côté de la crique.

Lorsque nous débarquâmes, trois ou quatre naturels seulement vinrent nous recevoir sur la grève; les autres demeurèrent tranquillement près de leurs habitations. Cheslakees m'ayant informé que c'étaient ses proches parens, je leur fis des présens qui leur causèrent beaucoup de plaisir.

Les maisons sont construites sur le modèle de celles de Nootka, mais elles nous ont paru un peu moins sales. Les habitans sont incontestablement de la même nation; nous avons remarqué peu de différence dans la manière de se vêtir et dans le maintien. Plusieurs familles vivaient sous le même toit; mais les lieux où elles passaient la nuit se trouvaient séparés, et il me sembla y avoir plus de décence dans leur intérieur que je ne me souvenais d'en avoir vu à Nootka. Les femmes, que nous jugeâmes en plus grand nombre que les hommes. étaient diversement occupées : les unes à des affaires de ménage, les autres à la fabrique des vêtemens qu'ils tirent de l'écorce de diverses substances; mais je n'en vis aucune travailler à leur étoffe de laine, ce que je regrettai beaucoup. En général elles faisaient des nattes de différentes espèces, et une sorte de panier d'un tissu si serré qu'on y met de l'eau sans aucun coulage, comme dans un pot de terre. Elles se montraient intelligentes et actives.

Les recherches dans les ateliers du monde civilisé entraînant toujours des dépenses, des recherches pareilles dans ce pays sauvage devaient aussi coûter quelque chose. Dans toutes les maisons où nous entrâmes les femmes qui travaillaient sollicitèrent ce prix de notre curiosité. Leurs demandes se multiplièrent à tel point que, quoique je me crusse bien approvisionné de grains de verre, de clochettes et d'autres bagatelles, mon coffre, mes poches et celles de mes camarades furent bientôt vides. Nous allions terminer notre visite lorsqu'on nous régala, chez un vieux chef pour qui Cheslakees et tous les autres naturels avaient de grands égards, d'une chanson qui ne manquait pas de mélodie; mais le chanteur l'accompagna de mouvemens grossiers et de gestes sauvages. Cette petite farce ressemblait à celles que j'avais vues antérieurement à Nootka. A la fin de la chanson on présenta à chacun de nous une bande de peau de loutre de mer, et la distribution prit quelque temps.

Cette cérémonie achevée, on attendait une chanson des femmes; mais je remarquai dans les mains de la nombreuse tribu qui nous environnait plusieurs lances armées de fer, de grands couteaux,

des massues et d'autres armes dont ils n'étaient
pas munis à notre arrivée dans le village ; cela ne
me plaisait point. J'avais tout lieu de croire que
leurs intentions étaient pacifiques, et vraisemblablement ils ne produisaient ainsi leurs armes que
pour montrer leur richesse et nous donner une
haute idée de leur importance ; cependant je jugeai à propos de me retirer ; et ayant distribué le
peu de présens que nous tenions en réserve, j'a-
vertis Cheslakees que j'allais partir. Ses parens et
lui, qui nous avaient suivis dans la bourgade, nous
accompagnèrent à l'île de Sable, où je descendis
pour observer la latitude.

Quelques autres naturels m'y suivirent également : comme ils étaient tranquilles et honnêtes,
je leur permis de s'assembler autour de moi tandis
que je faisais mes observations. L'effet des rayons
du soleil dans les verres colorés les amusa beaucoup, et la qualité extraordinaire de vif argent qui
sert à former un horizon artificiel fut pour eux
très divertissante. Lorsque mes opérations furent
achevées, ils nous dirent adieu d'une manière amicale, et je fus de plus en plus persuadé que leur
appareil guerrier n'avait été que de l'ostentation.

Nous aperçûmes dans la plupart des maisons
deux ou trois fusils qui, par la platine et la mon-
ture, nous semblèrent de fabrique espagnole. Cheslakees n'en avait pas moins de huit en très bon

état. Je présumai qu'ils lui venaient directement de Nootka, ainsi que beaucoup d'autres marchandises d'Europe; car, en nous les montrant du doigt, il nous indiqua par des signes ce point de la côte, et dans leurs rapports de commerce avec nous ils nous firent comprendre souvent que les fourrures s'achèteraient à Nootka au-dessus du prix que nous en offrions. Leur nombre total fut évalué à environ cinq cents. Ils entendaient bien le trafic, et ils le faisaient loyalement. Ils nous vendirent principalement des peaux de loutre de mer, et nos gens en ramassèrent près de deux cents dans un jour. M. Menzies me dit qu'on les avait payées au moins cent pour cent plus cher qu'à une époque antérieure où il était venu sur cette côte. Il en résultait ou qu'on avait importé ici une quantité plus considérable de marchandises d'Europe, ou, plus vraisemblablement, que l'avidité rivale des navires de commerce et la concurrence qui en est la suite en avaient diminué la valeur. Le fer était absolument tombé en discrédit, et au défaut des armes à feu et des munitions que l'humanité, la prudence et la politique me prescrivaient de leur refuser, de grandes feuilles de cuivre et du drap bleu pouvaient seuls les tenter. Ils acceptaient en présens les grains de verre et les autres bagatelles, mais ils ne donnaient rien en retour.

Telles sont les principales observations que m'a

fournies notre courte relâche en cet endroit. Je
vais rapporter en peu de mots et accompagner de
quelques réflexions les remarques plus générale-
les que j'ai eu occasion, de faire sur la région nouvelle que nous venions de traverser, et qui ne se
trouvent pas dans le rapport des détachemens employés à la reconnaître.

La longueur de la côte, depuis la pointe Mudge
jusqu'à l'île de sable, est d'environ trente-deux
lieues; elle forme un canal qui est étroit, mais sain et
navigable. On ne peut en douter, puisque les vents
contraires nous ont obligés constamment à y louvoyer, et que dans toute son étendue nous avons
couru des bordées d'un rivage à l'autre sans que
des rochers ou des bancs de sable nous aient
causé le moindre embarras. La profondeur considérable qui se trouve ici et généralement près des
rivages de ce pays si, coupé est particulière, et
présente un inconvénient grave pour sa navigation;
mais nous y avons rencontré tous les mouillages
dont nous avons eu besoin, et communément sans
nous écarter de notre route. Lorsqu'on viendra de
l'ouest par le détroit de Johnston, dans un temps
brumeux, on pourra, difficilement à la vérité, se
méprendre sur le meilleur canal à suivre pour
arriver dans le golfe de la Géorgie; on ne se trom-
pera point en rangeant de près le rivage sud, qui
est sans coupures et tellement à pic qu'on peut

le prolonger à peu de verges dans la plus grande sûreté. J'ai tout lieu de croire que le passage en son entier n'a d'autres écueils que ceux qui se montrent. J'ai déjà dit que la hauteur du terrain composant les rivages et l'intérieur du pays diminuait à mesure que nous avancions vers l'ouest. Nous avions jugé plus élevé le terrain sur le rivage sud, qui fait partie d'une île étendue : il présente de hautes montagnes peu différentes entre elles, qui étaient encore couvertes de neige en quelques endroits.

Une portion considérable du côté nord nous a semblé moins élevée, et la forêt continue qui en tapissait la surface aurait pu nous donner l'opinion d'une grande fertilité, si nous n'avions pas su qu'une quantité innombrable de pins croît dans les fentes et les crevasses des rochers les plus stériles dont tout le pays étalé devant nous est composé, à moins que toutes les raisons que nous avons eues de le supposer ainsi ne m'aient trompé. S'il paraît bas, c'est probablement parce que les eaux y ont opéré une multitude de coupures; car nous voyions distinctement, par une ouverture qui n'est qu'à quatre milles dans l'ouest de celle que j'avais désignée pour rendez-vous, un espace rempli par les eaux beaucoup plus vaste que celui du détroit. Notre horizon général dans le nord était cependant borné par un pays montueux, offrant des éminences d'une hauteur inégale, et quelques-unes revêtues de neige. Les collines de l'intérieur de la partie la plus orientale du détroit, lorsque nous les avons dépassées, étaient tellement cachées par les hautes falaises de roche à pic du rivage, que nous n'avons pu les reconnaître avec précision. L'élévation de la rive nord décroissant, je m'attendais à voir la prolongation de la haute chaîne de montagnes couvertes de neige, que j'avais appris à regarder comme une barrière insurmontable et sans interruption contre toute navigation un peu étendue. Je me trompais, et il faut que les montagnes ne soient pas si élevées, ou qu'elles s'étendent dans une direction plus intérieure.

Tous les naturels que nous vîmes depuis notre départ de la pointe Mudge résidaient sur les côtes de l'île étendue qui forme la rive sud du détroit de Johnston, laquelle nous a paru non-seulement aussi peuplée qu'on peut l'imaginer d'un pays en friche, mais comme nous eûmes lieu de le croire, incomparablement plus que les parties sud de la Nouvelle-Georgie. Ce fait établi, il est singulièrement remarquable que sur la côte opposée, c'est-à-dire sur la rive continentale, nous n'ayons découvert d'autres vestiges d'habitans que des villages déserts. Il paraît en résulter que les habitans primitifs de l'intérieur du pays ont émigré, ou qu'ils ont été exterminés par une tribu conquérante, ou enfin que

quelque maladie les a fait périr; mais nous sommes
hors d'état d'indiquer la cause particulière de cette
évidente dépopulation. Le passage n'ayant nulle part
guère plus de deux milles de largeur, il est difficile
de croire que les habitans de la rive nord ont trans-
porté leur résidence sur la rive opposée, uniquement pour se rapprocher aussi peu du commerce
de la côte extérieure de l'Océan. Lorsque l'on considère les deux positions, et qu'on songe que
l'hiver doit être rigoureux à cette latitude, il est
raisonnable de supposer que toute créature humaine
qui n'aurait pas été gênée dans son choix se serait
décidée pour la rive opposée à celle qu'on a préférée ici, où en général les habitations sont exposées
au nord, et adossées à des montagnes tellement à
pic que, si durant quelques mois de l'année elles
n'interceptent absolument les doux rayons du soleil,
elles les interceptent du moins en grande partie. La
rive nord n'aurait pas ce désavantage; et offrant,
à certaines saisons, cette heureuse chaleur dont
l'autre ne jouit pas, elle a d'ailleurs vraisemblablement, au moins dans un égal degré, tout ce qui
est nécessaire à leur manière de vivre actuelle,
puisqu'ils ne savent pas encore cultiver la terre.
L'une serait donc jugée une situation de choix, et
l'autre de nécessité; car la mer, d'où ils tirent évidemment leurs moyens de subsistance, présente
la même ressource aux habitans des deux rives.

L'île de Sable, d'après nos observations, gît par 50 degrés 35 minutes et demie de latitude et 232 degrés 57 minutes de longitude.

§ 9.

Nous traversons l'archipel de Broughton, afin de suivre la rive continentale. Nous entrons dans Fitzhugh's-sound. Raisons qui me déterminèrent à quitter la côte et à me rendre à Nootka.

Tandis que, dans une inaction désagréable, j'attendais l'arrivée de notre conserve, des habitans de la rive sud du détroit vinrent le long du bord : ils nous apportèrent un peu de poisson qui nous fit d'autant plus de plaisir que nos tentatives de pêche n'avaient aucun succès. Cheslakees était du nombre, et je lui accordai différentes choses qu'il me demanda avec importunité. Il demeura sur *la Découverte* la plus grande partie de la journée ; et étant assis à côté de mon bureau lorsque j'écrivais, il me vit souvent manier des tablettes qu'il eut l'adresse de dérober sans être aperçu. Comme j'en eus besoin pour y insérer quelques notes, je me souvins qu'il avait seul été près de moi ; il les avait en effet volées : il était parvenu à réduire à un très petit volume une natte des îles Sandwich dont je venais de lui faire présent, et on trouva mes tablettes dans le centre. Il parut un peu honteux d'être découvert ; mais il se montra plus affligé lorsque je repris tout ce que je lui avais donné. Deux heures après, il témoigna du repentir; il me demanda pardon, et je lui rendis le tout. Le petit livre lui était absolument inutile; il ne pouvait même servir qu'à moi : rien ne prouve mieux cette disposition naturelle aux larcins qui, à peu d'exceptions près, dominant toutes les peuplades non civilisées, semble les entraîner à des actions si malhonnêtes par la force de l'instinct, et comme si elles étaient dénuées de raison.

Il ne se passa d'ailleurs rien d'intéressant jusqu'au retour de M. Broughton. Il vint en canot sur mon bord le 27 dans l'après-midi : des vents contraires avaient forcé *le Chatam* à mouiller la veille au soir à trois lieues à l'ouest du rendez-vous.

D'après son rapport, la pointe est de l'ouverture dont je l'avais chargé de faire la reconnaissance gît par 50 degrés 32 minutes de latitude, et 233 degrés 32 minutes de longitude; cette ouverture a environ un mille de large, et prend un cours irrégulier vers le nord-est : une branche étroite mène vers l'ouest. Au coucher du soleil de la première journée, il mouilla à l'extrémité par trente cinq brasses : elle finit à 50 degrés 42 minutes et demie de latitude et 234 degrés 3 minutes et demie de longitude, comme beaucoup d'autres déjà décrites : elle a été appelée *canal de Call*, du nom de sir John Call. *Le Chatam* atteignit le lendemain

au soir la branche qui se dirigeait vers l'ouest : elle
se trouve au sud-ouest, à environ quatre lieues
de son mouillage de la veille. M. Broughton mit
à l'ancre pendant la nuit, près d'un petit village
dont les habitans lui apportèrent du saumon frais
en abondance : étant allé examiner en canot cette
branche étroite, il vit qu'à 50 degrés 43 minutes
de latitude et 233 degrés 33 minutes de longitude,
elle communiquait avec un bras de mer, et qu'elle
était précisément accessible à son vaisseau. *Le Chatam* y passa en effet dans la journée suivante, à
l'aide d'un fort jusant et de la remorque des canots, par un chenal qui pendant une demi-lieue
n'a pas cent verges de largeur : le bras de mer a
environ deux milles de large, et se prolonge dans
l'est et dans l'ouest. Il continue un peu au nord de
l'est l'espace de six lieues, jusqu'à 50 degrés 45
minutes de latitude, où sa largeur est de près
d'une lieue; et il serpente vers le nord jusqu'à
51 degrés 1 minute de latitude et 234 degrés
13 minutes de longitude, où il finit : M. Broughton
l'a appelé *canal de Knight,* du nom du capitaine
Knight de la marine. Ses rivages, ainsi que la plupart de ceux dont nous avions fait la reconnaissance dans les derniers temps, sont composés de
montagnes d'une hauteur étonnante qui s'élèvent
presque à pic du bord de l'eau : la fonte des
neiges à leur sommet produisait un grand nombre

de cataractes qui, tombant avec impétuosité, rendaient le canal d'un blanc pâle ; l'eau était absolument douce au fond du canal, et potable vingt milles plus bas.

Cette affreuse région n'est pas dénuée d'habitans; car à peu de milles de l'extrémité supérieure du canal, il y a un village fortifié dans une bonne position de défense, comme celui que nous avions rencontré dans la rade de la Désolation : les naturels se montrèrent civils et amis. M. Broughton ayant rejoint *le Chatam* près de ce village le 23 au matin, il s'avança sur son vaisseau vers la branche qui se dirigeait au nord : il y arriva le soir, et mouilla par soixante-quinze brasses pour attendre le jour; le lendemain au matin il fit environ trois lieues vers le nord-est, où elle finissait dans cette direction à 50 degrés 51 minutes et demie de latitude et 233 degrés 49 minutes de longitude : de là elle se prolongeait irrégulièrement au nord-ouest et à l'ouest. Des habitans de ces rivages inhospitaliers apportèrent du poisson, des peaux de loutre de mer, et demandèrent des redingotes bleues en échange. *Le Chatam* acheva le 25 de traverser ce canal, quoique le vent fût très variable, et qu'il y eût de fortes rafales. Le 26 la limite du continent fut déterminée jusqu'à une pointe située par 50 degrés 52 minutes de latitude, et 232 degrés 29 minutes de longitude qui, d'après son aspect et sa position, a obtenu le nom de *Deep-Sea-bluff* ou *Escarpement sur une mer profonde*. M. Broughton jugeant cette station aussi avancée dans l'ouest que le rendez-vous où il devait me rejoindre fit, pour me retrouver, route au sud-ouest par un canal qui paraissait mener à la grande mer, ainsi que l'avaient annoncé les naturels du pays. Aidé par un vent frais du nord-est, il se vit bientôt à son entrée sud, où il eut devant lui l'ouverture que j'avais aperçue le jour de l'arrivée de *la Découverte* au mouillage qu'elle occupait alors : il la coupa le cap au sud, laissant à examiner par la suite, entre la route qu'il faisait et celle qu'il avait suivie en se portant vers le nord, un groupe étendu d'îles, d'îlots de roche et de rochers que j'ai nommé *archipel de Broughton*, en l'honneur de sa découverte.

J'appareillai le 28 juillet et fis route à l'ouest, afin de doubler l'extrémité ouest de cette île et de marcher ensuite au nord. Le chenal que je suivis, quoique très désagréable à raison des roches qui s'y trouvent en assez grand nombre, est incomparablement moins dangereux que celui de l'est de l'île, que je ne conseille point du tout aux vaisseaux d'essayer.

Le Chatam ne tarda pas à me rejoindre, et nous portâmes au nord vers le canal qui conduit à Deep-Sea-bluff, et que j'ai nommé *Fife's-passage* ou *passage de Fife*. En traversant le grand bras de mer, un temps brumeux et rafaleux ne nous permit de voir qu'imparfaitement les différentes îles et rochers qu'il contient. Nous entrâmes dans le passage de Fife, sur les deux heures après midi : sa pointe est, que j'ai appelée *pointe Duff*, du nom du capitaine Duff de la marine royale, gît par 50 degrés 48 minutes de latitude, et 233 degrés 10 minutes de longitude : par le travers de la pointe Duff, il y a un petit îlot de roche couvert d'arbrisseaux. La pointe ouest de ce passage, que j'ai nommée *pointe Gordon*, est au nord-ouest de la pointe Duff, et on rencontre par son travers plusieurs rochers blancs, stériles et plats, à peu de distance de la rive.

Nous étions sous voile le 29. Nous atteignîmes Deep-Sea-bluff, et nous mouillâmes à onze heures du soir dans une petite ouverture qui est au côté ouest, après en avoir dépassé au sud de celle-ci une plus étendue qui se dirigeait au nord-ouest. Au retour de la lumière, elle nous parut une petite branche de la mer ; et comme il y avait un danger manifeste à se fier aux apparences, je donnai ordre de conduire les deux bâtimens plus haut, près d'un lieu commode pour faire de l'eau et du bois, et sur ces entrefaites, j'allai sur l'yole examiner où ce bras de mer nous conduirait. Depuis Deep-Sea-bluff il conservait, l'espace de quatre milles, la direction du nord-est ; il se prolongeait ensuite dans l'ouest à environ deux milles, et finissait derrière la colline au-dessus de laquelle nous étions à l'ancre : il forme ainsi une étroite péninsule que je traversai à pied, et d'où je vis distinctement l'ouverture dont j'ai déjà parlé, s'étendant à l'ouest. Bien éclairé sur ce point, je retournai à bord : les vaisseaux occupaient le mouillage que j'avais désigné, sur trente brasses, près de la rive ouest, et ils étaient bien placés pour profiter des misérables ressources que pouvait nous fournir cette affreuse région. Comme je ne trouvais pas toujours un mouillage passablement sûr, je résolus de demeurer ici à l'ancre, tandis que les canots iraient reconnaître le pays coupé qui se présentait devant nous : il semblait promettre d'autres passages dans le grand canal de l'ouest que nous avions quitté, et même tout y annonçait une route à l'océan Pacifique.

Je fis équiper l'yole, la chaloupe et le grand canot, que je voulais emmener le lendemain dès la pointe du jour. M. Broughton m'accompagna sur l'yole; le lieutenant Puget monta la chaloupe, et M. Whidbey le grand canot. Nous partîmes au lever du soleil : j'avais le projet de suivre la rive continentale jusqu'au moment où nous découvririons un passage plus à l'ouest, conduisant à la haute mer; je voulais y donner rendez-vous à la chaloupe et au grand canot, qui devaient continuer l'examen de la borne du continent, tandis que nous irions chercher les vaisseaux.

Depuis Deep-Sea-bluff, le rivage du continent, dans cette petite ouverture, se dirige au nord-ouest l'espace d'environ quatre milles; il se prolonge ensuite au nord-nord-est l'espace d'une lieue, jusqu'à une pointe où le bras court plus à l'est : nous dépassâmes une île et plusieurs îlots de roche qui forment des passages seulement pour les canots. A l'ouest de l'île, le canal principal a un mille de largeur, et nous ne doutions pas d'y trouver plus de profondeur que n'en demandaient les vaisseaux : nous fûmes cependant obligés de quitter la direction de ce qui paraissait être le principal canal, et de ce qui l'était en effet, ainsi que nous le reconnûmes ensuite, pour suivre la ligne continentale le long de celui qui semblait mener au nord-est et à l'est. Dans cette route, un pauvre daim, peut-être échappé à la poursuite de ses ennemis, s'était réfugié dans un petit coin, sur un rocher d'environ vingt verges de hauteur et presque à pic qui fermait le rivage, et il ne pouvait se sauver que par le chemin qu'il avait suivi pour gagner cet asile, et qui paraissait aussi fermé : nos deux premières embarcations passèrent devant lui sans l'apercevoir; la troisième l'ayant découvert, l'animal sans défense reçut les coups de fusil de tout le détachement ; comme il ne tombait point, un matelot débarqua, et, l'ayant saisi par le cou avec une gaffe, il s'en rendit maître. On lui avait tiré plus de vingt coups de fusil; sept l'avaient touché, mais aucune des blessures ne l'aurait empêché de prendre la fuite, si les précipices dont il était environné ne l'avaient pas rendue impossible. La venaison était depuis long-temps une chose rare parmi nous : ce daim se trouva excellent, et il fournit un ou deux bons repas aux détachemens des trois embarcations.

Nous continuâmes l'examen de ce bras jusqu'à 51 degrés de latitude et 233 degrés 46 minutes de longitude, où il se termine comme tant d'autres. De hautes montagnes à pic et hachées, dont les sommets étaient couverts de neige, forment ses rivages séparés par un intervalle d'environ un mille; les falaises plus basses, quoique paraissant dénuées de terre végétale, produisent un assez grand nombre de pins qui semblent tirer toute leur nourriture du roc lui-même : sur un espace de quatre lieues depuis son extrémité supérieure, l'eau était d'une légère couleur de craie, et à peu près douce. Dans le canal dont je viens de faire la description, il y a deux petites branches, dont l'une a une direction tortueuse au sud-est et au sud-ouest l'espace de quatre milles, et l'autre court au nord-nord-ouest l'espace d'une lieue. Sa reconnaissance nous occupa jusqu'à midi du 1er août : à cette époque, nous commençâmes l'examen de l'ouverture qui, paraissant être le principal canal, se dirigeait à l'ouest : il y a plusieurs îlots de roche et des rochers par le travers de sa pointe nord d'entrée, que j'ai appelée *pointe Philip*, et qui est située au nord-ouest, à huit milles de Deep-Sea-bluff. La rive continentale, que nous suivions toujours, est si coupée que nous avancions peu : après avoir fait environ deux lieues dans la direction du nord-ouest, nous la vîmes encore divisée en différens canaux; le plus spacieux, conduisant au sud-ouest, semblait mener à l'Océan : ses rivages se montraient de toutes parts élevés, à pic et de roche; mais ils semblaient assez bien revêtus de pins de différentes sortes.

Nous rangeâmes la rive continentale dans une branche étroite qui se prolonge à l'est-nord-est l'espace de près de deux lieues, et aboutit à la base d'un mont remarquable par sa forme irrégulière et son élévation au-dessus des collines d'alentour. Je l'ai distingué sous le nom de *mont Stephens*, en l'honneur de sir Philip Stephens, ci-devant secrétaire de l'amirauté : il gît par 51 degrés 1 minute de latitude et 233 degrés 20 minutes de longitude; et c'est un excellent guide pour pénétrer dans les différens canaux dont cette région est remplie.

Dans le cours de nos recherches, nous rencon-

trâmes un petit village situé sur un îlot de roche,
qu'il occupait à peu près en entier : il était bien
placé pour se défendre; des plates-formes pareilles
à celles que j'ai décrites, mais moins fortes et moins
ingénieuses, le rendaient presque inaccessible. Les
habitans, au nombre seulement de trente ou quarante, ressemblaient de tous points à ceux que
nous avions vus au sud de Deep-Sea-bluff, et, comme
à l'ordinaire, ils nous reçurent très bien. Ils n'a-
vaient à vendre qu'un petit nombre de médiocres
peaux de loutre, et ils demandèrent en échange
plus de fer que nous ne voulûmes en donner. Ils
savaient quelques mots de la langue de Nootka;
mais ils ne paraissaient pas les employer toujours
d'une manière exacte.

Les montagnes extraordinairement élevées qui
bordent l'étroite ouverture que nous avions suivie
écartant les rayons du soleil, l'air a peu de circu-
lation au-dessous : les exhalaisons de la surface de
l'eau et des rives humides du canal, manquant
d'ailleurs de raréfaction, y sont retenues comme la
vapeur qui se trouve dans un état condensé; et il
en résulte un degré de froid et une cause de fris-
son qui rendirent très désagréable la nuit que nous
y passâmes.

Après avoir quitté ce lieu malsain, le lendemain
à la pointe du jour nous suivîmes un autre passage
qui de la rive nord se prolonge l'espace d'une lieue

à l'ouest, et tourne ensuite au sud. Il y a dans
celui-ci un grand nombre d'îlots de roche et de
rochers submergés; les marées y paraissent très
rapides et très irrégulières, et il est excessivement
dangereux. A l'heure du déjeuner, nous étions
devant l'ouverture qui se dirige au sud-ouest, à
environ une demi-lieue du village que nous avions
visité la veille. Je voulais terminer mon excursion
dès que j'aurais découvert un rendez-vous pour
les vaisseaux et les détachemens : dans cette recherche, nous descendîmes l'ouverture au sud-
ouest, que j'ai nommée *passage de Wells* : il semblait évidemment communiquer avec le grand
canal que nous supposions aboutir à l'Océan; mais
bientôt se montra une autre branche qui s'étendait à quelque distance au sud-ouest de l'ouest, et
je comptai remplir mes vues, en trouvant dans
l'ouest, par-delà l'extrémité du passage de Wells,
un mouillage que je désignerais pour rendez-vous.
Avec cette espérance, nous continuâmes notre examen l'espace de deux lieues, laissant quelque partie
du rivage au nord non entièrement reconnue. En
débarquant pour dîner vers le temps de la mer
haute, nous vîmes bientôt qu'un jusant rapide venait de l'ouest : la communication avec l'Océan
dans cette partie était ainsi, sinon impossible, du
moins très invraisemblable : la reconnaissance jusqu'à l'extrémité de cette branche devait être lon-

gne; et après en avoir laissé le soin à la chaloupe
et au canot, je revins aux vaisseaux. Je donnai pour
rendez-vous les environs de la pointe ouest du passage de Wells, que j'ai nommée *pointe Boyles :* elle
gît par 50 degrés 51 minutes de latitude et 232
degrés 52 minutes de longitude.

J'arrivai à bord le lendemain à une heure : *la
Découverte* et *le Chatam* se portèrent immédiatement après vers la pointe Boyles, au lieu du
rendez-vous; mais avec une telle lenteur, que, le
4 au soir, nous en étions encore éloignés de deux
lieues. La chaloupe et le grand canot me rejoignirent à cette époque; et le défaut de vent nous
obligea à mouiller au côté sud-ouest, dont les rivages nous restaient du nord-est au nord-ouest du
compas. Nous étions à environ une demi-lieue
d'une île basse.

Les officiers du détachement me rapportèrent
qu'ils avaient reconnu la rive du continent depuis
l'endroit où je les avais quittés : en la suivant vers
le sud, ils l'avaient trouvée remplie de petites
baies qui, comme le bras étroit mentionné ci-
dessus, offrent de bons mouillages bien fermés;
mais pour y arriver, les passages sont embarrassés
et dangereux, à raison des forts courans et des
nombreux îlots de roche et rochers couverts qui
sont aux environs. Ils avaient examiné jusqu'à son
extrémité, située à 50 degrés 59 minutes de lati-

tude et 232 degrés 36 minutes de longitude, le bras dans lequel j'avais pénétré, se prolongeant à l'ouest : on y rencontre beaucoup d'îlots de roche et de rochers couverts qui, avec la vitesse de la marée, le rendent très dangereux, même pour des bateaux : près du point où il se termine, il y a sur la rive nord une ouverture étroite, serpentant vers l'est-nord-est, remplie de sauts de sonde et de rochers couverts, et aboutissant à des cascades pareilles à celles que j'ai indiquées plus haut. Les cascades, dont l'eau est parfaitement salée, semblent produites par les marées qui, s'élevant de dix-sept pieds, les rendent invisibles au temps de la mer haute : alors la barre ou l'obstruction est de quatre à six pieds au-dessous de la surface des eaux ; et à la mer basse, il en résulte des cataractes de dix ou douze pieds, quelquefois de vingt verges de largeur. Il y avait un courant considérable d'eau douce chaude à peu de verges d'une de ces cascades.

Après cette petite expédition, la rive continentale se trouva reconnue jusqu'à la terre la plus occidentale qui fût en vue. Nous n'avions plus qu'à la prolonger, dès que le temps nous permettrait de marcher en avant ; mais une brume épaisse et un calme nous retinrent à ce mouillage jusqu'à l'après-midi du 5.

Dès que la brume fut dissipée, nous nous vîmes

au milieu du canal sur lequel j'avais voulu gouverner : il était semé d'un grand nombre d'îlots de
roche et de rochers qui. depuis le groupe dont j'ai
parlé, se prolongeaient vers la rive du continent.
La région au sud-ouest demeurait couverte par le
brouillard et la brume ; ce qu'on en apercevait à
certains intervalles annonçait peu de probabilité de
découvrir un passage moins embarrassé que celui
qui se trouvait immédiatement devant nous le long
de la rive continentale. Il fallait reconnaître ce dernier tout de suite avec les vaisseaux. ou le faire
explorer par les canots dans un autre moment.
J'adoptai le premier expédient, quoique, pour nous
garantir des périls cachés, tout indiquât que, même
avec un beau temps, une extrême attention de
notre part serait nécessaire.

Nous appareillâmes à une heure avec une brise
légère qui s'éleva du sud-ouest, et, ne connaissant
point de chenal plus sûr, nous fîmes route le long
de la rive continentale par celui qui se présentait
devant nous. Le passage est étroit, et, à mesure
que nous avancions, un grand nombre d'îlots de
roche et de rochers au-dessous et au-dessus de la
surface de l'eau l'embarrassaient de plus en plus :
les premiers s'annonçaient par la violence du ressac, qui y brisait avec violence. Cette navigation
dangereuse semblait se prolonger vers l'Océan,
dans toute la portée de la vue, entre la rive conti-

nentale et la terre formant le côté opposé du chenal, laquelle paraissait une longue rangée d'îles.

Après les périls que nous venions de courir, il était très décourageant de voir sur notre route une quantité considérable de pareils écueils; mais, pour l'exécution du hasardeux voyage dans lequel nous étions engagés, il ne nous restait pas la moindre espérance de découvrir un passage moins difficile : il fallait marcher en avant, avec tous les soins et toute la circonspection possibles, à travers un chenal qui n'avait pas plus d'un demi-mille de largeur, borné à babord par des îles, des rochers et des brisans qui en quelques endroits semblaient presque toucher à la rive continentale du côté de tribord. Quelque embarrassé qu'il fût, on n'en apercevait pas d'autre accessible à nos vaisseaux dans les environs. Sur les cinq heures du soir nous étions heureusement au-delà de la partie la plus étroite.

Au sortir de cette navigation intérieure nous semblions avoir atteint les parties de la côte nord-ouest d'Amérique auxquelles plusieurs des navires de commerce de l'Europe et de l'Inde ont donné des noms. M. Wedgborough, capitaine de l'*Experiment*, a, au mois d'août 1786, appelé *Queen-Charlotte-sound*, ou *sound de la Reine Charlotte*, l'entrée par laquelle nous venions de débouquer. M. James Hanna découvrit la même année l'ouverture qui se montrait sur la rive continentale, et l'appela *Smith's-inlet*, ou *entrée de Smith*. La haute montagne dans le lointain, qui paraissait séparée de la grande terre, fait partie d'un groupe d'îles que M. Duncan a nommées *îles de Calvert*; et M. Hanna a appelé *Fitzhugh's-sound*, ou *sound de Fitzhugh*, le canal qui est entre ces îles et la grande terre. J'ai adopté dans mes cartes et mon journal ces dénominations, par égard pour les navigateurs qui ont reconnu les premiers cette portion de la côte.

Nous appareillâmes le 10 août et nous traversâmes le sound de la Reine Charlotte pour gagner l'entrée de Smith. L'ouverture qui se présentait devant nous, c'est-à-dire Fitzhugh's-sound, paraissait fort étendue dans la direction du nord. A midi notre latitude observée fut de 51 degrés 21 minutes, et notre longitude de 232 degrés 4 minutes. La pointe sud de la grande île Calvert nous restait alors au nord-ouest du compas; deux groupes de rochers au sud-ouest; et nous avions au nord-ouest ceux que M. Hanna a découverts, et qu'il a nommés *Virgin*, ou *la Vierge*, et *Pearl-rocks*, ou *rochers de la Perle*. Ceux-ci, étant bas l'un et l'autre, et à quelque distance de la côte, se trouvent dangereusement placés.

J'avais le projet de remonter avec les vaisseaux l'entrée de Smith, et j'en avertis *le Chatam* par un signal; mais à mesure que nous avancions, la mul-

titude d'îlots de roche et de rochers qu'il y a au-
dessous et au-dessus de la surface de la mer, et
l'irrégularité des sondes, me donnèrent de l'inquiétude, et j'abandonnai ce dessein. Je résolus de
prolonger la bande est de l'île Calvert, qui forme
une côte escarpée et à pic; d'y chercher le port
Safety, ou port de Sûreté, indiqué dans la carte
de M. Duncan, ou tout autre mouillage qui pût
nous convenir, et de faire partir de là deux détachemens en canot, dont l'un irait reconnaître les
rivages coupés dans le sud - est, et l'autre la branche principale de Fitzhugh's - sound, qui se dirigeait au nord.

En dépassant la partie de terre que nous avions
prise pour la pointe sud de l'île Calvert, il se
trouva que c'étaient deux petits îlots qui en sont
voisins. Les rochers de la Vierge et de la Perle sont
éloignés du plus méridional, les premiers de onze
milles, et les seconds de quatre.

Lorsque nous eûmes pénétré dans Fitzhugh's-
sound, le rivage de l'est se montrait toujours très
coupé. Malgré la hauteur considérable de l'intérieur du pays, il était d'une élévation modérée
vers la mer. Il semblait présenter une forêt continue de pins qui croissent dans les crevasses des
roches escarpées composant cette région. Le rivage
de l'ouest, ou en d'autres termes celui des îles
Calvert, est sans coupures; il s'élève brusquement

du sein de la mer à une grande hauteur ; il paraît
aussi formé de roches, et, ainsi que le rivage de
l'est, il est entièrement couvert de pins.

Il existe une autre ouverture située environ une
lieue au nord de la pointe nord de l'entrée de
Smith : l'accès de celle-ci paraît moins dangereux ;
elle a cependant sur la rive sud beaucoup d'îlots
de roche et de rochers. En rangeant le côté nord
de l'ouverture, qui a environ une demi-lieue de
largeur, on trouve un passage net d'un demi-mille
de large, entre la rive septentrionale et les îles de
roche qu'on aperçoit par le travers de la rive sud. La
rive continentale se prolonge d'abord l'espace d'une
lieue dans la direction de l'est ; l'ouverture court
ensuite au nord-est l'espace de seize milles, et finit
à 51 degrés 42 minutes de latitude et 232 degrés
22 minutes de longitude. Une lieue et demie au
sud de cette extrémité, une petite branche s'étend
à l'ouest-nord-ouest l'espace de quatre milles ; et
une demi-lieue plus loin au sud, une seconde
branche à peu près de la même longueur s'avance
au nord-est.

La hauteur modérée du terrain de cette entrée,
que j'ai nommée *canal de Rivers*, continue plus loin
que nous ne l'avions généralement observé dans
de pareilles coupures. A partir du point où commencent les deux branches dont je parlais tout à
l'heure, de hautes montagnes de roche escarpées

forment les rivages ; et, ainsi que dans l'entrée de Smith et beaucoup d'autres canaux de ce genre que nous avons reconnus, une ligne de quatre-vingts brasses ne rapporte point de fond à mi-canal. Au reste, on trouverait probablement un mouillage dans les baies dont il est rempli comme les autres. Lorsque le détachement eut reconnu les branches du fond, il revint par un canal étroit et embarrassé qui est sur la rive nord ; et après avoir passé à travers la pointe Addenbrooke, il se vit sur la côte est de Fitzhugh's-sound. Ainsi la terre, qu'ils avaient laissée à babord remontant le canal de Rivers, est une île de six ou sept milles de longueur. La côte du continent jusqu'à la pointe Addenbrooke étant ainsi bien reconnue, les vivres épuisés, et tout le monde d'une fatigue extrême, les officiers revinrent aux vaisseaux sans porter au nord jusqu'au lieu que j'avais fixé. Comme il ne me restait point de doute sur le très pétit espace intermédiaire qu'ils n'avaient pas examiné, je ne crus pas devoir m'en occuper davantage ; et voulant conduire les vaisseaux dès le lendemain au rendez-vous que j'avais donné à M. Johnston, je fis ramener à bord tout ce qui se trouvait à terre.

Depuis ma dernière excursion en canot j'étais heureusement parvenu, dans le peu de momens où le ciel avait été clair, à faire d'assez bonnes obser-vations pour déterminer la latitude et la longitude

de ce mouillage. La première, d'après trois hauteurs méridiennes du soleil, parut être de 51 degrés
32 minutes et 232 degrés 3 minutes 15 secondes.
Cette anse a environ un quart de mille de largeur,
et sa profondeur est d'à peu près un mille. Il y a
un petit rocher et deux îlots de roche par le travers de sa pointe nord. On lui trouve d'abord de
la ressemblance avec le port Safety (Sûreté) de
M. Duncan; mais elle offre des différences essen-
tielles lorsqu'on l'examine en détail.

Notre petite anse étant le premier enfoncement
qui présente un mouillage sûr et convenable sur
la rive de l'ouest, en dedans de l'entrée sud de
Fitzhugh's-sound, et nous ayant offert un bon abri
après les dangers que nous venions de courir, je
l'ai nommée *Safety-cove* ou *anse de Sûreté*. Il me
reste à ajouter que l'élévation et l'abaissement de
la marée y sont d'environ dix pieds, et que la mer
est haute lorsque la lune passe au méridien. Les
détachemens que je fis partir de ce mouillage ob-
servèrent la même chose à l'égard des marées.

Nous fîmes voile de l'anse de Sûreté le 19 août
au matin. Nous avions, pour la première fois depuis le commencement du mois, une jolie brise du
sud-est et un beau temps. Le détachement qui
était encore à la mer nous rejoignit à onze heures. M. Johnston me rapporta qu'à environ quatre
milles au nord-est de l'endroit où je le quittai il

avait pénétré dans une branche étroite de l'entrée, qui a un cours sinueux au sud et au sud-ouest, et qu'il l'avait suivie jusqu'au 50° degré 57 minutes de latitude, directement au sud du point où nous nous séparâmes. Le mauvais temps l'y retint jusqu'au 16 ; alors il s'avança dans la branche principale de l'entrée, large d'un à deux milles, dans une direction nord-est, jusqu'à une pointe que j'ai appelée *pointe Menzies,* du nom de M. Menzies qui, après m'avoir accompagné, accompagna ensuite M. Johnston. En cet endroit l'entrée se divise en trois branches, chacune à peu près de la largeur de celle qu'il venait de parcourir. La première se dirige au nord-ouest, la seconde au nord, et la troisième au sud. M. Johnston, ayant trouvé l'eau d'un blanc pâle et sans être parfaitement salée, pendant plusieurs lieues au sud de la pointe Menzies, poussa en avant, comptant toujours en découvrir la fin ; mais arrivé à la station ci-dessus, cet espoir s'évanouit. Son excursion s'était prolongée au-delà du temps que j'avais fixé ; se voyant à peu près sans vivres le 17 au matin, il crut prudent d'abandonner ses recherches et de revenir au vaisseau. Il y arriva deux jours après, son petit équipage presque épuisé de fatigue et de faim.

Le pays qu'il parcourut ressemble à tous égards à celui qui frappait nos regards depuis si long-temps. Rien ne se présenta pour en varier la triste scène, si j'en excepte, sur la fin de sa course, la rencontre d'une pirogue d'environ quarante pieds de longueur, retirée à terre à côté d'une misérable hutte, près de laquelle il y avait des restes d'un feu qui brûlait encore. Il laissa dans l'embarcation du cuivre, des clous et d'autres bagatelles : en repassant il vit le tout au même état, sans que rien annonçât que la pirogue ou la hutte eût été visitée en son absence ; mais jugeant que les naturels ne pouvaient être bien éloignés, il y ajouta quelques autres objets. Le sol est ici principalement composé de racines, de feuilles et de détrimens de végétaux : le feu dont je viens de parler les avait enflammés, et il y faisait un grand ravage.

Si M. Johnston eût découvert la fin de l'entrée, je me serais avancé dans le grand bras de ce sound, le long de la rive du continent, pour chercher plus au nord un passage dans l'Océan ; je me décidai pour celui que j'avais vu des canots, conduisant dans l'ouest, entre les îles de Calvert. D'après les nouvelles que j'avais reçues de Nootka, j'abandonnai ainsi, pour cette année, la reconnaissance au nord de la côte du continent. J'avais eu le dessein de prolonger d'un mois mes recherches dans ces parages ; mais la mort de M. Hergest rendait ma présence nécessaire à Nootka, et pour exécuter les ordres du roi je résolus de m'y rendre sans

délai. Cette détermination favorisait un autre plan
auquel je mettais un prix extrême, celui de reconnaître pendant l'automne la côte au sud du cap
Mendocin jusqu'à la pointe la plus méridionale des
rivages que je projetais d'examiner dans cet hémisphère. Bien satisfaits de notre travail de l'été,
puisque, à l'aide des plus heureuses circonstances,
nous étions parvenus à suivre et reconnaître exactement la côte ouest de l'Amérique nord dans toutes
ses sinuosités, ainsi que le grand nombre de ses
bras, entrées, criques, baies, etc., etc., depuis 39
degrés 5 minutes de latitude et 236 degrés 36 minutes de longitude jusqu'à la pointe Menzies, par
52 degrés 18 minutes de latitude et 232 degrés 55
minutes de longitude, nous nous éloignâmes de
ces hautes régions solitaires dont la coupure offrait
la perspective de beaucoup d'occupations pour la
saison suivante, et je fis prendre la route du passage dont je parlais tout à l'heure, avec le dessein
de porter le cap sur Nootka dès que nous serions
dans la haute mer.

§ 10.

Passage de Fitzhugh's-sound à Nootka. Notre arrivée dans l'anse
des Amis. Remarques sur le commerce du nord-ouest de l'A-
mérique.

On a vu dans le dernier chapitre que le 19 août
les deux vaisseaux étaient en route vers un passage

qui semblait mener à l'Océan. Sa pointe d'entrée nord-est gît par 51 degrés 45 minutes de latitude et 232 degrés 1 minute de longitude. Au sud de cette pointe se trouve un rocher couvert et dangereux, quoique près du rivage, car on ne le reconnaît à la mer basse que par le ressac qui y brise. En tournant dans le canal, il paraît que nous l'approchâmes deux fois de très près; mais nous ne le découvrîmes que lorsque nous fûmes à quelque distance au-delà; et si des vents légers qui nous amusaient n'avaient point retardé notre marche, nous ne l'aurions pas remarqué. Depuis la pointe ci-dessus le passage se prolonge au sud-ouest l'espace de sept milles; la rive nord est formée d'îlots de roche et de rochers, et il y a quelques rochers épars par le travers de la rive sud : le chenal est entre ces rochers épars et les îlots de roche. Il a généralement d'un à deux milles de largeur, sans aucun obstacle apparent; mais il est désagréable, en ce qu'à cinquante et cent verges du rivage des deux côtes on ne trouve point de fond avec une ligne de cent cinquante brasses. Nous atteignîmes alors] l'Océan à l'aide d'une légère brise, et nous cinglâmes au sud-ouest.

Des vents légers et variables nous retinrent jusqu'au 24 autour des îles Scott, que nous prolongeâmes ensuite au sud d'assez loin, et le cap à l'est.

La plus occidentale gît par 50 degrés 52 minutes de latitude et 231 degrés 2 minutes de longitude. Elle fait partie d'un groupe composé de trois petites îles presque stériles, et autour desquelles il y a beaucoup de petits rochers et de brisans. Je dois dire que dans l'ouest un banc de rochers se prolonge l'espace de deux milles, et à environ une lieue dans le sud il s'en trouve un second. La plus orientale est beaucoup plus grande que toutes les autres; c'est probablement la même que celle qui fut nommée *île Cox* par M. Hanna. D'autres navigateurs marchands l'ont représentée comme faisant partie de la grande terre : c'est certainement une grande erreur; et comme la carte de M. Hanna est très fautive, même sur les latitudes, on ne doit pas y compter.

Le vent qui soufflait de la partie de l'ouest était si léger que nous dépassâmes seulement dans la matinée du 25 la pointe nord-ouest de la grande île qui forme les rivages sud et ouest du golfe de la Géorgie et du Queen-Charlotte's-sound. Cette pointe, que des navigateurs avant nous ont nommée cap Scott, gît par 50 degrés 48 minutes de latitude et 231 degrés 40 minutes de longitude; elle forme, avec la plus méridionale des îles Scott, un passage qui nous a paru avoir quatre milles de largeur. Aux environs du cap Scott le terrain offre des collines d'une hauteur modérée;

mais bientôt il devient très montueux au sud-est. Vu de trois ou quatre lieues, le rivage paraît être très coupé et former dans toute sa longueur beaucoup de petites entrées, d'anses et de havres jusqu'à la pointe Woody ou pointe Boisée, que nous dépassâmes dans l'après-midi à la distance d'environ deux milles. Elle est située par 50 degrés 6 minutes de latitúde et 232 degrés 17 minutes de longitude.

En prolongeant depuis la pointe Woody la côte vers l'est, nous y avons remarqué plusieurs ouvertures qui semblent former des anses et des havres, dont nous étions éloignés de trois ou quatre milles. Une quantité innombrable d'îlots de roche et de rochers borde les rivages, qui s'abaissent à mesure qu'on avance; mais le pays, par derrière, présente des collines d'une élévation considérable, divisées en beaucoup de vallées. On aperçoit au-delà des collines des montagnes si hautes qu'elles portaient des taches de neige, même à la fin d'août.

Le temps, brumeux durant la matinée, m'ôta l'avantage de gouverner sur Nootka avec le vent favorable du nord-ouest qui dominait alors; mais le ciel s'éclaircit vers les deux heures, et je mis le cap sur ce port. Nous reçûmes à l'entrée la visite d'un officier espagnol, qui nous amenait un pilote pour conduire mon vaisseau dans Friendlycove ou l'anse des Amis. De là nous nous rendîmes à Nootka pour en régler la cession à l'Espagne.

§ 11.

Départ de Nootka-sound. Nous faisons route au sud le long de la côte. *Le Dédale* entre dans le havre de Gray. *Le Chatam* remonte la rivière Colombia. Arrivée de *la Découverte* au port San-Francisco.

Le mauvais temps, en retardant nos opérations, nous retint jusqu'à l'après-midi du 12 octobre. Je sortis de l'anse des Amis avec *le Chatam* et *le Dédale*, afin de profiter du vent de terre qui, sur les dix heures du soir, plaça *la Découverte* hors du port de Nootka; mais *le Chatam* et *le Dédale* ne suivant point, je mis en panne jusqu'à minuit pour les attendre. La nuit fut belle et agréable, malgré une houle forte et irrégulière qui m'entraîna si loin dans l'ouest, qu'à la pointe du jour nous n'étions pas à plus de deux lieues au sud de la chaîne de rochers à fleur d'eau situés deux lieues à l'ouest de la pointe occidentale de l'entrée de Nootka.

La veille de notre appareillage, je reçus à bord deux jeunes femmes que je m'étais chargé de reconduire aux îles Sandwich, leur patrie : elles y avaient été embarquées sur *la Jenny*, de Bristol, qui arriva à Nootka le 7 octobre; mais ce navire voulait se rendre directement en Angleterre, et M. James Baker, qui le commandait, me pria avec instance de donner à ces deux infortunées un passage sur *la Découverte* pour regagner l'île d'O-nehow, où elles étaient nées, et où elles résidaient. Il me parut qu'elles avaient été enlevées, non-seulement contre leurs inclinations, mais sans la participation et à l'insu de leurs parens et amis. Afin de ne pas interrompre ma narration, je renvoie à un autre endroit les détails de cette affaire.

Après une si longue durée d'un temps variable, le ciel étant redevenu d'une sérénité qui paraissait fixe, j'espérais que dans notre route au sud je pourrais examiner de nouveau la côte de la Nouvelle-Albion, et en particulier une rivière et un havre découverts par M. Gray sur *la Colombia*, entre le 46° degré et le 47° degré parallèle nord, dont M. Quadra m'avait donné une esquisse. J'ordonnai à cet effet de prolonger la côte dans l'est; ce qui devait de plus me fournir une occasion d'examiner la reconnaissance faite par les Espagnols entre Nootka et le détroit de Fuca.

Le 14 octobre, une belle brise de l'ouest nous permit de gouverner sur la côte, et d'apercevoir dans le lointain Clayoquot et Nittinat, qui, suivant les Espagnols, sont les véritables noms du port Cox et de Berkley's-sound; la côte en vue se prolongeait de l'est au nord-ouest. Je fis diminuer de voiles pendant la nuit, et nous inclinâmes notre route vers le cap Classet. J'avais lu que les naturels du pays appellent ainsi ce promontoire; mais ayant trouvé la source de l'erreur dans le nom de Classet que porte un chef inférieur dont la résidence est aux environs, j'ai suivi la dénomination antérieure de cap Flattery que lui donne le capitaine Cook. Le 15, notre latitude observée à midi fut de 48 degrés 41 minutes, et notre longitude de 234 degrés 30 minutes : la côte alors en vue nous restait du nord-ouest à l'est-nord-est.

L'entrée du détroit de Fuca, du point où nous la vîmes durant cette journée, n'était remarquable à aucun égard; elle ne se montrait point comme une ouverture d'une étendue considérable. La nuit, étant presque calme, nous jeta plus au large. Nous nous rapprochâmes lentement de la terre dans la matinée du 17, et à midi la côte se prolongeait du nord-nord-ouest à l'est du compas; le mont Olympe nous restait au nord-est, et le rivage le plus voisin à environ quatre lieues : notre latitude observée de 47 degrés 27 minutes, et notre longitude de 235 degrés 38 minutes, s'accordaient encore extrêmement bien avec la position que nous avions donnée à cette partie de la côte au printemps.

Le temps et toutes les circonstances se réunissant pour favoriser mon projet d'examiner de nouveau la côte, je chargeai M. Whidbey de prendre un des canots de *la Découverte*, et de s'avancer sur *le Dédale*, pour reconnaître le havre de Gray, qu'on disait situé par 46 degrés 53 minutes de latitude, tandis que *le Chatam* et *la Découverte* reconnaîtraient la rivière qu'avait trouvée M. Gray à 46 degrés 10 minutes de latitude. Je fixai Monterey pour rendez-vous, dans le cas où *le Dédale* ne nous rejoindrait pas auparavant. Nous continuions à suivre la côte à la distance de trois ou quatre milles.

Nous prolongeâmes une partie agréable et, selon toute apparence, fertile, de la Nouvelle-Géorgie, à environ une lieue du banc de rochers; et la sonde rapportait de dix à seize brasses : étant à quatre heures et demie à peu près par le travers du cap Disappointment, qui forme la pointe nord de l'entrée de la rivière Colombia, ainsi nommée par M. Gray, je donnai ordre au *Chatam* de marcher en avant, et si, en arrivant à la barre, la sonde ne donnait pas plus de quatre brasses d'eau, de faire le signal de danger; de pénétrer cependant dans la rivière, si le chenal était navigable plus loin.

Comme nous suivions *le Chatam*, la sonde ne rapporta plus que quatre brasses, et nous naviguâmes quelque temps sur cette petite profondeur, sans pouvoir distinguer l'entrée de la rivière, parce que la mer brisait avec plus ou moins de force d'un bord à l'autre ; mais *le Chatam* continuant sa route, j'en conclus qu'il était dans un bon chenal. Bientôt la sonde n'indiqua plus que trois brasses ; la mer, d'ailleurs, brisant de tous côtés autour de nous, on orienta les voiles au plus près, et je portai à l'ouest afin d'échapper au danger. Je fus aidé dans ce projet par un reflux très fort qui venait de la rivière, et qui, s'opposant à une grosse houle courant de l'ouest directement sur la côte, produisait de plus une mer irrégulière et périlleuse.

A sept heures la sonde indiquait dix brasses ; croyant alors mon vaisseau en sûreté, je laissai tomber l'ancre pour attendre le jour. La nuit fut très désagréable, car nous eûmes un violent roulis ; et nous étions d'autant plus inquiets du *Chatam*, qu'au moment où nous sortîmes des brisans il avait fait un signal : la nuit qui commençait nous ayant empêchés de distinguer la couleur des pavillons, nous craignions qu'il n'eût demandé du secours. A ce dernier moment toutefois, il avait semblé obéir parfaitement au gouvernail ; et comme la rapidité de la marée et la grosse mer rendaient impossible toute assistance de notre part, j'aimais à me flatter que le signal avait eu rapport à la barre ; ce qui se trouva vrai à la pointe du jour, car nous le vîmes à l'ancre bien en sûreté, à peu près deux milles en dedans du mouillage que nous occupions.

XIV. 22

Le flot nous étant favorable, je levai l'ancre à une heure, et je fis au *Chatam* le signal de marcher en avant. Les canots sondaient devant nous : nous marchions au vent à toutes voiles, la sonde rapportant de quatre à six brasses. *Le Chatam* étant plus avancé dans le chenal, et ayant plus de vent et de marée, allait plus vite que *la Découverte*. Sur les trois heures, un coup de canon se fit entendre de derrière une pointe qui sort de la partie intérieure du cap Disappointment. *Le Chatam* y répondit en arborant son pavillon et par un coup de canon sous le vent; nous en conclûmes qu'un navire était mouillé en cet endroit. Bientôt après, *le Chatam* nous avertit que la sonde rapportait six ou sept brasses, et à sept heures il laissa tomber l'ancre dans un lieu assez bon. Vers le coucher du soleil, ayant contre nous un reflux très fort, et à peine assez de vent pour gouverner le vaisseau, nous fûmes entraînés hors du chenal par treize brasses d'eau où je mouillai. La sérénité de la nuit me donna l'espérance de pouvoir entrer le lendemain.

La clarté du ciel nous laissa voir la haute montagne arrondie et couverte de neige que nous avions remarquée au sud du mont Rainier, lorsque nous étions dans les parties méridionales de l'entrée de l'Amirauté; et comme le mont Rainier, elle paraissait couverte de neige aussi bas que les terrains

intermédiaires nous permettaient de la distinguer.
Je l'ai appelée le *mont Saint-Hélen*, du nom de
l'ambassadeur de Sa Majesté britannique à la cour
de Madrid : il est situé par 46 degrés 9 minutes de
latitude, et selon nos observations, par 238 degrés
4 minutes de longitude.

Toutes mes espérances de pénétrer avec *la Découverte* dans la rivière Colombia s'évanouirent
le 21 au matin : le vent était grand frais du sud-
est ; le mercure du baromètre était tombé, et tout
annonçait un mauvais temps : j'appareillai et je
regagnai le large. Bientôt après je fis des observations de distances, qui, rapportées à un même instant par le chronomètre, donnèrent 236 degrés 4
minutes 30 secondes de longitude.

Quelques rochers appelés *Farellones* se prolongent depuis la pointe los Reyes; ils nous ont paru
assez hauts : ils se montraient en deux groupes
distincts de trois ou quatre rochers chacun, et ils
gisent dans la direction sud-est et nord-ouest l'un
de l'autre. Le plus élevé du groupe le plus septentrional est au sud 13 degrés ouest, à 14 milles de
l'extrémité de la pointe los Reyes; et le plus méridional, au sud-est, à dix-sept milles. Je sais, à n'en
pouvoir douter, qu'au sud-ouest, à douze milles
et demi de cette pointe, il y a un troisième groupe
de rochers qu'on aperçoit à peine au-dessus de la
surface de la mer.

A l'aide d'un vent favorable et d'un beau temps, nous prolongions la côte à la distance de deux ou trois milles; depuis la pointe los Reyes jusqu'au port San-Francisco, qui en est éloigné de huit lieues, elle prend la direction du sud-est. A midi notre latitude observée fut de 37 degrés 53 minutes, et notre longitude de 237 degrés 35 minutes : la pointe los Reyes nous restait alors au nord-ouest; la baie supposée de sir François Drake, également au nord-ouest; méridionale en vue, et au sud-ouest, le rocher le plus sud-est des Farellones. A l'est d'une basse pointe de sable en saillie, la côte s'élève brusquement en falaises escarpées, à surfaces inégales, et d'un aspect très stérile. Un petit nombre d'arbres se montraient çà et là sur le terrain le plus haut, ainsi que quelques arbrisseaux nains dans les vallées; le reste du pays ne présentait que des roches pelées ou très peu de verdure.

A deux heures de l'après-midi, nous nous trouvions à peu de distance de l'entrée du port San-Francisco, et une marée rapide portait contre nous. Les sondes diminuèrent régulièrement de dix-huit à quatre brasses; il nous sembla que c'était la continuation d'un bas-fond qui aboutit à la côte nord, dont nous n'étions pas à plus d'une lieue; et je serrai le vent au sud-ouest, afin de l'éviter; mais je ne parvins pas à gagner un espace plus profond:

le banc sur lequel nous étions se prolongeait au loin de ce côté; nous le reconnûmes à la mer qui y brisait confusément, tandis qu'elle était tranquille sur ses flancs. Je fis donc gouverner sur le port, et bientôt les sondes rapportèrent huit et dix brasses, jusqu'à notre arrivée entre les deux pointes extérieures d'entrée qui sont au nord-ouest et au sud-est l'une de l'autre, et séparées par un intervalle d'environ deux milles et demi : nous y eûmes quinze et dix-huit brasses, et bientôt après, la quantité de ligne qu'on peut tenir à la main ne rapporta point de fond.

Quoique nous eussions une brise favorable de quatre ou cinq nœuds, nous ne pûmes que conserver notre position contre le jusant. Nous n'avançâmes qu'à quatre heures, et même bien lentement, dans le chenal qui mène à ce vaste port : le chenal, dans la direction du nord-est et du sud-ouest, est de près d'une lieue de longeur; et il y a des rochers et des brisans à peu de distance de l'une et l'autre rive. Ceux de la rive sud s'étendent le plus loin; ils sont détachés et très remarquables : l'un en particulier, qui se trouve à environ un mille en dedans de la pointe sud d'entrée, et qui nous a semblé présenter un passage sur son flanc; mais nous n'avons pas eu occasion de le vérifier : ce fait, au reste, n'importe pas à la navigation, car le chenal nous a paru libre de tout obstacle, et il

est assez large pour que les plus gros vaisseaux
puissent y tourner. Sa rive nord, composée de
hautes falaises escarpées, est la plus à pic : celle
du sud est beaucoup plus basse, quoique sa pointe
sud-est soit aussi formée de falaises de roches escarpées, au pied desquelles un espace de terrain
sablonneux s'étend non-seulement le long de la rive
sud du chenal et à quelque distance au sud le
long de la côte extérieure, mais aussi jusqu'à une
hauteur considérable, sur le terrain plus élevé qui
l'environne ; elle est entremêlée d'énormes rochers
de différentes tailles, qui, avec les Farellones, rendent cette pointe trop remarquable pour s'y tromper. Après avoir dépassé les pointes intérieures de
l'entrée, nous nous vîmes dans une rade spacieuse
qui semblait offrir différens havres d'une excellence qui n'est surpassée dans aucun lieu du monde
connu. L'établissement espagnol étant au côté sud
du port, je prolongeai cette rive. Plusieurs personnes à pied et à cheval arrivèrent à la pointe
sud-est dont j'ai parlé. On y tira deux coups de
canon, auxquels nous répondîmes conformément
au signal que j'avais déterminé avec M. Quadra.
Comme la nuit survint bientôt après, il y eut des
feux sur la grève, et les Espagnols tirèrent d'autres
coups de canon ; mais ne comprenant pas ce qu'ils
signifiaient, et les sondes étant toujours régulières,
je continuai à m'avancer vers le port à petites

voiles. Je comptais voir les lumières de la bourgade, en travers de laquelle je voulais mouiller; mais ne les apercevant point à huit heures, et me trouvant dans une anse bien fermée, j'y laissai tomber l'ancre pour attendre le jour.

QUATRIÈME SECTION.

NOS OPÉRATIONS AUX DEUX ÉTABLISSEMENS ESPAGNOLS DE LA NOU-VELLE-ALBION. RECONNAISSANCE DE LA RIVIÈRE COLOMBAI. SECONDE RELACHE AUX ÎLES SANDWICH.

§ 1.

Détails sur les missions de San-Francisco et de Santa-Clara. Départ de San-Francisco pour Monterey.

Nous reconnûmes, le 15 novembre au matin, que nous étions mouillés dans une excellente petite baie, à trois quarts de mille de la rive la plus voisine qui nous restait au sud. Les troupeaux de gros bétail et les moutons qui paissaient sur les collines d'alentour nous offraient un spectacle dont nous n'avions pas joui depuis long-temps, et remplissaient notre esprit d'agréables idées. Nous jugeâmes que les propriétaires ne pouvaient être éloignés; mais nous n'apercevions ni habitations ni habitans. Au lever du soleil, je fis arborer le pavillon anglais et tirer un coup de canon; et bientôt après plusieurs Espagnols arrivèrent à cheval de derrière les collines, et descendirent sur la grève. Ils agitèrent leurs chapeaux et nous demandèrent par d'autres signes un canot que je leur envoyai sur-le-champ : notre embarcation me ramena un prêtre de l'ordre de Saint-François et un sergent qui déjeunèrent avec moi.

Je me rendis à terre avec eux, et je vis bientôt que leurs témoignages d'amitié n'étaient pas de vaines paroles; car ils commencèrent par me donner un très beau bœuf, un mouton et d'excellens végétaux. Le bon père, après m'avoir indiqué l'endroit le plus convenable pour faire de l'eau et du bois, et m'avoir répété ses offres de service au nom des autres religieux, retourna à la mission de San-Francisco, qui n'était pas éloignée, en nous parlant beaucoup du plaisir qu'on aurait à nous y recevoir.

Ce que nous avions vu du port San-Francisco suffisait pour le juger très étendu en deux directions : une branche spacieuse se prolongeait à l'est et au sud-est, à une grande distance du mouillage que nous avions quitté le matin; l'autre, qui paraissait de la même étendue, courait au nord, et offrait plusieurs îles. Quoique M. Quadra m'eût assuré que les limites de cette entrée avaient été reconnues, je désirais d'autant plus de vérifier son

étendue, qu'on m'avait fait entendre depuis que
son assertion manquait d'exactitude.

Tandis que j'ordonnais les différens travaux, des
chevaux de selle nous arrivèrent de la part du commandant, avec une invitation très cordiale d'aller
le voir ; je me rendis en effet, ainsi que plusieurs
officiers, au *presidio*, nom que les Espagnols donnent à leurs forts ou établissemens militaires dans
cette partie du monde : la résidence des moines
est appelée une *mission*. Le presidio n'était pas éloigné de plus d'un mille du lieu où nous débarquâmes : le mur qui fait face au havre se voit du
mouillage, mais au lieu de la ville ou de la bourgade où nous avions compté apercevoir beaucoup
de lumières la nuit de notre arrivée, nous ne trouvâmes qu'une grande plaine tapissée de verdure,
environnée de collines de tous les côtés, excepté
de celui qui regarde le port. Le seul ouvrage de
main d'homme qui s'offrit à nos regards est une
esplanade carrée dont les côtés ont environ deux
cents verges de longueur, enfermée par un mur
de vase, et ressemblant à un abreuvoir de bétail :
les toits couverts de chaume de quelques maisons
basses et petites se montraient à peine au-dessus
de ce mur. En entrant dans le fort, nous remarquâmes un des côtés dont le mur n'était pas achevé,
et où quelques joncs, attachés çà et là à des pieux
fichés en terre, formaient une assez mauvaise pa-

lissade : nous profitâmes de l'occasion pour bien examiner l'épaisseur de la muraille et la manière dont elle était construite. Elle a environ quatorze pieds de hauteur, sur cinq de large : on y voit de gros poteaux perpendiculaires et de forts chevrons placés horizontalement; dans les intervalles, des mottes de gazon et de la terre humectée qu'on a resserrées le plus qu'on a pu : le tout est recouvert d'une sorte de plâtre de vase qui lui donne une apparence solide et assez ferme pour que la garnison puisse, avec le secours de ses armes à feu, se défendre contre toutes les forces réunies des naturels.

La garnison est de trente-cinq soldats espagnols qui, avec leurs femmes, leurs enfans et un petit nombre de domestiques du pays, composent tous les habitans du presidio. Les maisons se trouvent en dedans et le long du mur; les façades sont alignées, et il n'y a aucun bâtiment dans le milieu de l'esplanade. En face d'une grande porte, qui est la seule entrée, on voit l'église adossée au centre du mur opposé. Quoique petite, comparée aux autres édifices, elle a de l'élégance : elle s'avance en saillie sur la place, et elle est blanchie avec une chaux de coquilles de mer. On n'a encore découvert dans les environs ni pierre à chaux ni terre calcaire. A gauche de l'église est la maison du commandant, qui ne contient, je crois, que deux chambres et un cabinet séparés par de gros murs semblables à ceux qui forment le rempart, et communiquant entre eux par de très petites portes. Nous remarquâmes par derrière une cour et une basse-cour assez bien fournie de volailles. Enfin, entre le toit et le plafond des chambres il y a une espèce de grenier. Les autres maisons, quoique plus petites, sont bâties exactement de la même manière, et dans l'hiver ou les saisons pluvieuses on doit s'y trouver fort mal, car si les murs garantissent assez bien des injures du temps, les fenêtres de la façade n'ont point de vitres, et on ne les ferme pas sans exclure le jour.

La pièce où nous mena le commandant avait trente pieds de long sur douze de large et quatorze de hauteur; la première chambre, un peu moins longue, me parut d'ailleurs avoir les mêmes dimensions; le plancher n'était autre chose que le sol lui-même, élevé de trois pieds au-dessus de son niveau naturel, sans être ni planchéié, ni pavé, ni aplani; des glaïeuls et des joncs formaient la couverture, et les murs présentaient en dedans un reste de blancheur; elles n'offraient que les meubles les plus nécessaires, en très petite quantité, du travail le plus grossier et de la dernière qualité, et cet ameublement répondait bien mal à la somptuosité que nous avions supposée aux Espagnols dans leurs établissemens d'Amérique.

Notre petite course ne s'étendit pas fort loin du presidio, placé, comme je l'ai déjà dit, dans une plaine environnée de collines. La surface de cette plaine est inégale; le sol, qui est sablonneux, n'offre que des pâturages et plusieurs troupeaux de moutons et de gros bétail. Les collines sont médiocrement élevées, et cependant leur croupe nous a semblé à peu près stérile; les sommets ne présentent que des roches pelées. On y rencontre deux petits jardins potagers très mal palissadés. Il ne paraissait pas qu'on se fût fort occupé de l'amélioration du sol, de la qualité des végétaux ou de l'accroissement du produit : les graines une fois mises en terre, on les abandonne aux soins de la nature.

La journée du 18 novembre fut employée à la visite de la mission. Je montai à cheval avec M. Menzies, quelques-uns des officiers, notre ami M. Sal, et nous allâmes y dîner. Elle est à environ une lieue du presidio dans l'est. Un terrain de sable très mobile et de petits buissons couchés qui embarrassaient la route rendirent notre promenade fatigante.

L'aspect de la mission ressemble beaucoup à celui du fort. Le pays est varié aussi par des collines et des vallons; mais les collines sont plus éloignées les unes des autres et donnent plus d'étendue à la plaine, dont le sol, mêlé de sable et d'une terre végétale noire, est bien plus riche que celui du presidio. Les prairies offrent un herbage plus fort et nourrissent une plus grande quantité de moutons et de gros bétail. Le stérile terrain de sable par lequel nous étions venus semble former une division naturelle entre les terres de la mission et celles du presidio : il se prolonge des rivages du port au pied d'une chaîne de montagnes qui borde la côte extérieure, et paraît s'étendre sur une ligne parallèle à cette côte. La verdure monte très haut sur les flancs des collines, dont les sommets produisent un petit nombre d'arbres, quoiqu'on y remarque surtout des roches escarpées.

Les bâtimens de la mission ne remplissent que les deux côtés d'un carré, et il ne semble pas qu'on ait le dessein d'élever des constructions sur les deux autres côtés, ainsi qu'au presidio. L'architecture et la matière sont à peu près les mêmes.

Les pères nous reçurent cordialement et avec l'hospitalité la plus franche. Nous fûmes sur-le-champ conduits à leurs demeures, qui forment un carré oblong et communiquent à l'église. Les maisons sont du même genre que celles du fort ; mais nous les avons jugées plus finies, mieux conçues, plus grandes et plus propres. Derrière les murs de ce carré intérieur se trouvent d'autres logemens employés à différens usages.

Tandis qu'on préparait le dîner, nous examinâmes les édifices du quartier des religieux. Il n'y avait pas beaucoup de blé dans les greniers, et le terrain qui le produit ne se voit pas de la mission; cependant le sol des environs paraît propre à toutes les cultures de grain. On fabriquait dans une grande pièce des couvertures avec la laine des troupeaux. Les métiers, quoique grossièrement faits, sont d'une invention passable, et ils ont été exécutés sous la direction immédiate des religieux, qui dirigent aussi la manufacture. L'étoffe qui en sort est toute employée à vêtir les Indiens convertis; j'en ai vu des pièces assez bonnes, que l'apprêt du foulon aurait rendues bien plus belles. Des femmes non mariées et de jeunes filles qui résident dans l'enclos des pères et se disposent à embrasser la religion catholique romaine, préparent la laine, la filent et la tissent. On leur donne d'autres instructions usuelles jusqu'à leur mariage, qu'on encourage extrêmement : à cette époque elles sortent de la tutelle de la mission et vont habiter la case de leur mari. Les religieux comptent ainsi bien établir et propager rapidement leur doctrine ; ils croient que, après les soins qu'ils prennent aujourd'hui de leurs sauvages néophytes, la génération naissante leur offrira moins de préjugés à combattre. Sous un point de vue politique, ils jugent encore leur plan nécessaire à leur sûreté : ces Indiens ayant une affection particulière pour les jeunes femmes et les jeunes filles, les Espagnols en tiennent constamment un certain nombre en leur pouvoir, comme gage de la fidélité des hommes, et comme moyen d'arrêter les entreprises que pourraient former les naturels contre les missionnaires ou l'établissement en général.

A l'aide de quelques séductions à l'égard des enfans ou de leurs familles, ils en attirent à la mission autant qu'ils en veulent. Les néophytes y sont bien nourris, mieux habillés que ne le sont en général les Indiens des environs; ils sont tenus proprement; ils y reçoivent l'instruction et tous les soins convenables. Mais on les assujettit à des règlemens sévères : durant le jour, ils ne peuvent, sans permission, sortir de l'enclos intérieur; il leur est défendu de jamais passer la nuit au dehors; et afin de prévenir les évasions, l'enclos ne communique avec le pays que par la porte commune, gardée par les pères, qui tous les soirs ne manquent pas de la bien fermer, ainsi que l'appartement des femmes : celles-ci se retirent généralement après le souper.

Les naturels mènent encore ici la vie sauvage la plus abjecte, et, si on excepte les habitans de la Terre de Feu et de la terre de Van-Diémen, je n'ai jamais vu d'êtres humains plus misérables. Ils sont en général au-dessous de la taille moyenne et très mal faits; leur visage hideux ne présente qu'une physionomie lourde, hébétée et stupide, dénuée de toute espèce de sensibilité ou d'expression. Ils ont surtout de l'éloignement pour la propreté sur leurs personnes et dans leurs cases, qu'ils n'ont améliorées en aucune manière. Elles sont de forme conique, de six ou sept pieds de diamètre à la base, qui n'est autre chose que le sol. Pour les construire, ils fichent circulairement en terre des piquets, en général de bois de saule; ils rapprochent et arrêtent au sommet, vers le centre du cercle, les extrémités supérieures, qui sont petites et souples, ce qui fait paraître le toit de forme plate; des baguettes de la même espèce, entrelacées horizontalement, présentent un ouvrage en claire-voie de dix ou douze pieds d'élévation, ayant une épaisse couverture d'herbages et de joncs desséchés; une ouverture pratiquée en haut donne passage à la fumée du feu qu'on fait au centre et à la majeure partie de la lumière dont on jouit; on y entre par un trou près de la terre, dans lequel on a peine à se glisser.

Ces misérables habitations, dont chacune loge une famille entière, ont une sorte d'uniformité : séparées par un intervalle de trois ou quatre pieds, elles offrent des rangées en ligne droite et des sentiers ou passages à angles droits, mais tellement remplis de saletés et d'ordures que rien au monde n'est plus dégoûtant.

Près du village se trouve l'église qui, par son étendue, son architecture et sa décoration intérieure, présente un contraste frappant entre les ouvrages de l'homme civilisé et ceux que la nécessité arrache à des sauvages. Les missionnaires paraissent s'être occupés beaucoup de son embellissement, et ils semblent avoir sacrifié entièrement à cet objet favori les améliorations qu'ils auraient pu faire dans leurs humbles demeures. Leur jardin, cet objet important, n'a encore acquis aucun degré de culture, quoiqu'il offre partout un terreau noir très riche, et qu'il promette de récompenser largement le travail qu'il demande. Son étendue est d'environ quatre acres; il est assez bien palissadé; il produit des figues, des pêches, des pommes et d'autres fruits, mais peu de végétaux utiles, et des herbes sauvages en couvrent la majeure partie restée en friche.

Cette mission a été établie en 1775, et le presidio de San-Francisco en 1778. La cour de Madrid n'a formé sur la rive continentale de l'Amérique nord-ouest, ou sur les îles adjacentes, aucun établissement quelconque plus au nord, si on en excepte Nootka, qui ne doit pas plus être regardé comme un établissement que celui qui a été provisoirement formé par M. Quadra au printemps de cette année, près du cap Flattery, à l'entrée du détroit de Jean de Fuca, et qui se trouve entièrement évacué.

XIV. 23

. L'établissement le plus voisin de San-Francisco , et le seul qui fût alors à notre portée, est celui de Santa-Clara : il se trouve au sud-est, et on le prétendait éloigné de dix-huit lieues, ce qu'on regarde comme une journée de chemin.

Durant les dix-huit lieues que l'on compte de San-Francisco à Santa-Clara on ne rencontre ni maison, ni cabane, ni aucun autre abri que celui des grands arbres. Après avoir fait environ vingt-trois milles, nous arrivâmes à une charmante prairie située dans un bocage, au pied d'une petite colline près de laquelle coule un joli ruisseau d'une très bonne eau ; des bois l'environnent de tous les côtés, et ce lieu était très propre à une halte ; le bord du ruisseau nous invitait à y manger les provisions dont nos prévoyans amis avaient eu soin de se munir. Les liqueurs spiritueuses et le vin étant fort rares en ce pays, nous avions apporté du grog du vaisseau, et le dîner nous parut excellent. Nous eûmes besoin d'un peu de résolution pour ne pas rester plus d'une heure dans un lieu si ravissant, que l'agréable sérénité du ciel embellissait encore. Nous nous remîmes en route sur des chevaux frais que les relais nous fournirent.

A peu de distance de là nous atteignîmes un pays admirable que nous ne nous attendions pas à rencontrer. On ne peut le comparer, dans un espace de vingt milles, qu'à un parc qui aurait été planté avec profusion en beaux chênes anglais; le sous-bois qui probablement accompagna les premières années de ces arbres a disparu, et les chênes majestueux se trouvent les seuls maîtres du sol, couvert de forts herbages. De superbes éminences et de belles vallées forment une délicieuse variété de terrains; de hautes montagnes escarpées bornent l'horizon, et il n'y manque que les élégantes habitations d'un peuple industrieux, pour en faire une scène égale aux jardins de goût imaginés par les meilleurs artistes. C'est l'effet qu'il doit produire lorsqu'on le voit du port ou des confins du port, dont les eaux se prolongent à peu de distance de ces paysages enchanteurs. Quoique nous ne le vissions pas, je jugeai que nous n'en étions pas éloignés de plus d'une lieue. Les terriers des renards, des lapins, des écureuils, des rats et des autres animaux rendaient le chemin pénible; mais nos chevaux avaient le pied si sûr qu'ils évitaient tous les dangers en marchant au grand trot. Au-delà de ce magnifique parc qu'a formé la nature, une clairière revêtue d'une pelouse se prolonge l'espace de quelques milles, et l'on trouve ensuite des terrains bas et marécageux où, durant six milles, les chevaux enfoncèrent jusqu'aux genoux dans l'eau et la vase.

Les bâtimens de Santa-Clara, comme ceux de

San-Francisco, forment un carré qui n'est pas entièrement fermé, sur une plaine étendue et fertile, dont le sol, comme celui des environs, est
une terre végétale noire, supérieure à toutes celles
que j'avais vues jusqu'alors en Amérique. Le courant d'eau passe-tout près du quartier des missionnaires, qui est sur le même plan qu'à San-
Francisco. Leurs maisons communiquent également
à l'église, mais elles paraissent plus étendues et
offrir plus d'aisances, ou, pour être plus exact,
moins d'incommodités que celles dont j'ai déjà
fait la description. L'église est longue, élevée,
aussi bien construite que l'ont permis les matériaux grossiers qu'on a employés, et relativement
à la situation du pays, beaucoup plus décorée
qu'on ne l'imaginerait.

 L'intérieur du carré, qui a cent soixante-dix
pieds de longueur sur cent pieds de large, contient des logemens pour les jeunes Indiennes qu'on
y retient et qu'on y élève par les mêmes motifs
qu'à San-Francisco. On les occupe des mêmes
travaux; mais quelques-unes des étoffes de laine
sont meilleures, quoique les missionnaires ne connaissent pas non plus l'apprêt du foulon. L'étage supérieur des maisons et quelques-unes des chambres
basses servent de greniers : ils renferment une bonne
quantité de grains et de comestibles de différentes sortes. Il y a de plus deux vastes magasins sépa-

rés l'un de l'autre ainsi que du reste des bâtimens, à une distance convenable de la maison, et récemment terminés, qu'on a soin de tenir remplis ; c'est une réserve en cas d'incendie.

On cultive du froment, du maïs, des pois et des fèves de toutes les sortes, et la récolte de chacune de ces productions surpasse de beaucoup les besoins. La mission a toujours en magasin plusieurs milliers de boisseaux de grains d'une excellente qualité, qui n'ont coûté ni engrais ni grand travail. Une mauvaise charrue, traînée par des bœufs, retourne légèrement et une seule fois la terre, qu'on herse ensuite. Le blé se sème au semoir ou à la main, au mois de novembre ou de décembre ; alors on herse le champ de nouveau, et au mois de juillet ou d'août la moisson ne manque jamais d'être abondante. Le maïs, les pois et les fèves ne demandent pas plus de soin : on les sème au printemps et ils viennent très bien, ainsi que le lin et le chanvre. Le froment produit en général de vingt-cinq à trente pour un ; il n'est pas encore arrivé qu'il ait rendu moins de vingt-cinq pour un. Cependant on foule les grains en plein air, sous les pieds des bœufs, et une perte énorme résulte de cette espèce de battage. Les autres produits sont en proportion du blé. Comme je parus surpris de ne voir ni orge ni avoine, on me dit que la culture en a été abandonnée depuis quelque temps, parce que la même quantité de grains plus précieux ne coûte pas plus de travail. Les opérations du labour se font, sous l'inspection immédiate des missionnaires, par des naturels qu'on instruit dans la religion romaine, et à qui on apprend l'art de la culture. La mission dispose des récoltes, et elle en fait une sage distribution.

Il n'y a que quelques acres de cultivés près de la mission : un petit jardin donne en abondance plusieurs espèces de végétaux très bons; mais son étendue, comme à San-Francisco, ne suffit pas à la consommation des Européens qui résident ici, c'est-à-dire des religieux et de leur garde, composée d'un caporal et de six soldats. Nous y avons planté des pêches, des abricots, des pommes, des poires, des figues et du raisin; et à l'exception du raisin, il paraît que tous ces fruits réussiront. Si la vigne ne réussit pas, non plus qu'à San-Francisco, il y a lieu de croire que c'est parce qu'on ne sait pas la cultiver; car le sol et le climat conviennent à la majeure partie des espèces de fruits, et l'excellence des productions qui viennent sans culture en est une preuve. Parmi les bois de construction, les chênes sont les plus nombreux : un de ces arbres près de la mission a quinze pieds de tour, avec une hauteur proportionnée; les missionnaires ne le jugeaient pas d'une taille extraordinaire, et je suis convaincu que sur notre route depuis San-Francisco nous en avions rencontré de plus grands : on dit que l'Europe ne produit pas de meilleur bois. L'orme, le frêne, le hêtre, le bouleau et quelques espèces de pins sont très forts et en grande abondance dans les parties les plus élevées de l'intérieur du pays.

Les habitations du village des Indiens, situé près de la mission, ne sont ni si bien rangées, ni en aussi grand nombre qu'au village de San-Francisco ; mais la malpropreté y est aussi affreuse, et nous y avons remarqué la même apathie. On éprouve un sentiment de pitié à la vue de la paresse naturelle ou habituelle de cette pauvre race. Il ne paraît pas qu'elle ait en aucune manière profité pour son bien-être des leçons et des laborieux efforts de ses instituteurs qui, ne comptant point leurs sacrifices, se montrent entièrement dévoués au respectable soin de la rendre meilleure et plus heureuse. Si j'en excepte l'article de la nourriture, les Indiens paraissent, je le répète, absolument insensibles aux avantages qu'on leur a procurés : les subsistances ne leur manquent jamais ; et autrefois, lorsqu'ils étaient pressés par la faim, ils se voyaient réduits à entreprendre de longues et pénibles courses pour en obtenir une quantité faible et toujours précaire. Non-seulement ils ont des grains, mais des animaux domestiques ; et grâces à la constance infatigable des religieux, on leur a appris à tirer de bons vêtemens de la laine de leurs moutons. L'introduction de ces quadrupèdes dans le pays est un bienfait inappréciable; car la douceur du climat et la qualité du sol leur convenant beaucoup, ils offrent de grandes ressources pour l'habillement, et de plus une chair délicate. Mais encore une fois ces Indiens, grossiers enfans de la nature, tirent peu de parti de ces améliorations; ils semblent un composé de stupidité et d'innocence : leurs passions sont tranquilles; ne mettant de prix ni à leur réputation personnelle, ni au renom de leur peuplade, ils ne cherchent ni à acquérir de l'importance par les arts de la paix, ni de la supériorité sur leurs voisins par des exploits guerriers dont la généralité des tribus indiennes fait tant de cas. Chez eux toutes les opérations du corps et de l'esprit se font machinalement, sans vivacité et sans intérêt ; et comme on les a trouvés avec cette apathie, il est probable qu'ils en ont hérité de leurs ancêtres.

Quoique le village ne m'ait pas paru aussi peuplé que celui de San-Francisco, on m'a dit que le nombre des naturels qui en dépendent est à peu près double. J'ai appris que beaucoup d'Indiens convertis, et en qui on a reconnu du mérite, sont répandus parmi les Indiens sauvages ; qu'ils les engagent à profiter des bienfaits qu'offre la mission, et qu'ils ne manquent pas de succès. La mission a reçu et adopté tous ceux qui se sont présentés pour se convertir, malgré la supercherie de plusieurs qui ne sont venus que pour amasser des vivres et des vêtemens avec lesquels ils ont décampé.

La mission de Santa-Clara est placée à l'extrémité de la branche sud-est du port de San-Francisco, laquelle aboutit à un ruisseau de petit fond. Ce ruisseau se prolonge à quelque distance dans l'intérieur du pays ; ainsi que la partie du port qui est dans son voisinage, il fournit d'excellent poisson de plusieurs sortes à l'établissement.

A l'est, à la distance d'environ cinq lieues, près de la côte de la mer, ou plutôt sur les rives de la baie de Monterey, se trouve la mission de Santa-Cruz, récemment formée : elle est, comme les autres, gouvernée par des Franciscains, et défendue par un caporal et six soldats.

§ 2.

Nos opérations à Monterey. Description de la mission de San-Carlos. Position et description de la baie de Monterey. Description du presidio.

Dès les premiers momens de mon arrivée au fameux port que les Espagnols ont nommé *Monterey*, j'allai voir M. Quadra qui occupait au presidio la maison du gouverneur. J'allai ensuite, c'est-à-dire le 2 décembre, visiter la mission de San-Carlos.

Elle est à environ une lieue au sud-est de Monterey. Le chemin passe sur des collines escarpées et des vallées profondes entre mêlées de beaucoup d'arbres : une belle verdure tapisse la surface du terrain ; le paysage est généralement animé ; aussi notre petit voyage fut-il très agréable.

On remarque ici le même plan, la même architecture, les mêmes matériaux qu'à San-Francisco et à Santa-Clara ; mais ils sont plus petits.

Les greniers renfermaient une quantité assez considérable des espèces de grains dont j'ai parlé ; il y avait de plus un peu d'orge : tous ces grains sont d'une qualité inférieure ; et le sol n'est pas ici aussi productif qu'à Santa-Clara [1]. Comme aux deux missions que j'ai déjà décrites, les religieux ont un jardin, qui est aussi peu étendu et aussi mal cultivé.

Un village indien est également situé aux environs ; nous l'avons jugé petit : au reste, on nous a dit que ses huit cents habitans sont sous la direction immédiate des missionnaires. Malgré les leçons qu'on donne aux naturels sur les arts usuels, ils n'en ont pas plus profité que les autres, et ils n'ont pas amélioré non plus leurs cases.

---

[1] Ces détails ne sont pas trop d'accord avec le voyage de La Pérouse, qui, au reste, parle généralement du sol de la Californie.

Après avoir examiné divers objets domestiques, nous parcourûmes le pays des environs. La situation est jolie ; des collines et des vallées diversifient le sol d'une manière agréable ; on y voit beaucoup de verdure, et, comme autour de Monterey, il est orné de massifs et d'arbres solitaires qui sont pour la plupart de la famille des pins, des chênes à feuilles de houx, et des saules : il y a un petit nombre de peupliers, d'érables, et différens arbrisseaux. Un ruisseau de moins d'un pied et demi de profondeur, et que les Espagnols appellent *Rio-Carmelo*, traverse la vallée, et, passant auprès des maisons des religieux, se jette dans la mer.

A peu de distance des rives du Carmelo, la vallée offre quelques acres de terrain cultivés en blé ; mais le sol est léger et sablonneux ainsi qu'à Monterey : au reste, on assure que dans l'intérieur il devient plus fertile à mesure qu'on s'éloigne de l'Océan.

De retour au couvent, on nous servit avec propreté et de la façon la plus cordiale un excellent repas, sous un joli berceau qu'on avait arrangé dans le jardin de la mission. Après le dîner, des Indiens jouèrent la pantomime qu'ils emploient à la chasse des cerfs et des autres animaux. Ils s'affublent de la tête et de la peau du quadrupède qu'ils veulent tuer, et se rendent en cet équipage au lieu où ils attendent le gibier ; ils marchent à quatre pates, ils imitent tous les mouvemens de l'animal avec une extrême vérité, et ils contrefont surtout admirablement bien la vigilance du cerf et sa manière de brouter. Ils ne manquent guère d'arriver ainsi à trois ou quatre verges de la bête : profitant alors de l'instant où son attention se porte sur un autre objet, ils tirent leurs traits d'un carquois bien caché, ils les décochent dans une attitude très baissée, et il est rare que la blessure du premier ou du second coup ne soit pas décisive. Cette pantomime fut parfaite, et je suis persuadé qu'à moins d'être averti un étranger ne découvrirait point l'illusion.

La fameuse baie de Monterey est située entre la pointe Pinos et la pointe Anno-Nuevo, qui gisent au nord-ouest et au sud-est, à vingt-deux milles l'une de l'autre : son enfoncement est d'à peu près quatre lieues [1] ; elle se trouve donc très spacieuse, mais elle est ouverte. Le seul mouillage bon de tous points est près de son extrémité sud, à environ une lieue au sud-est de la pointe Pinos, où les rivages forment une sorte d'anse qui offre un ancrage sain et un assez bon abri à un petit nombre de vaisseaux.

Près de la pointe Anno-Nuevo, il y a quelques petits rochers détachés de la côte, à peu de distance. En avant de la pointe Pinos, on voit aussi

[1] Elle est d'à peu près six, selon La Pérouse.

des rochers détachés à peu de distance, qui ne
s'étendent pas assez loin au large pour être dangereux : ses rives, qui sont de roche, se terminent
précisément au sud du mouillage que je viens de
décrire, où commence une belle grève de sable
qui, je crois, fait le tour de la baie jusqu'à l'autre
pointe. Au nord-est, à quatre lieues de la pointe
Pinos, se trouve ce que les Espagnols appellent la
rivière de Monterey, laquelle, comme la rivière Carmelo, n'est qu'un ruisseau d'eau douce, peu profond, qui débouche dans cette partie de la baie;
on y entretient pour l'ordinaire une escouade de
soldats espagnols, qui habitent de misérables huttes.
Il y a près de la pointe Anno-Nuevo une autre de
ces prétendues rivières, mais un peu plus petite:
la mission de Santa-Cruz est établie aux environs.
Ce sont ces petits ruisseaux que les Espagnols appellent *rivières* dans leurs écrits et dans leurs cartes,
et que leurs plans représentent comme spacieux
et étendus.

L'établissement espagnol est peu éloigné du mouillage que je viens de conseiller comme le seul bon.
Le fort se trouve à environ trois quarts de mille de
l'endroit où commence la grève de sable dont j'ai
parlé : cette grève est le lieu de débarquement;
on y a construit une très pauvre maison qui sert
de magasin, et on y entretient une garde.

Le fort, comme celui de San-Francisco, est situé

dans une plaine ouverte, un peu élevée au-dessus
du niveau de la mer : entre le presidio et le lieu
de débarquement, le terrain est bas et marécageux.
Comme on n'a pas pris la peine de creuser des
puits suffisans, l'eau douce arrive au fort de très
loin dans la saison sèche, quoique les alentours en
puissent fournir dans tous les temps de l'année. Le
voisinage du presidio offre de jolies positions, ces
terrains variés, recherchés des gens de goût, et un
sol qui récompenserait largement les travaux de
l'industrie : les Espagnols auraient pu s'établir plus
commodément, plus sainement et mieux à tous
égards qu'ils ne le sont dans l'emplacement qu'ils
occupent aujourd'hui.

Ils traitent avec beaucoup d'indifférence la santé,
le plus grand de tous les biens, puisqu'à Monterey, où le climat et le pays ont la réputation d'être
aussi salubres qu'en aucun lieu du monde, ils ont
trouvé moyen de choisir un local malsain. Les
objets de commodité ou d'agrément ne les touchent
pas davantage; car le presidio actuel est le même
qui fut construit en 1770, lors du premier établissement de ce port, et on n'y a fait ni amélioration
ni changement. Les bâtimens forment un parallé-
logramme ou carré long d'à peu près trois cents
verges de longueur sur deux cent cinquante de
large : ils sont enfermés par un mur extérieur des
mêmes matériaux; et si j'en excepte le logement

des officiers, qui est couvert d'une espèce de tuile rouge qu'on cuit dans les environs, le tout, comme à San-Francisco, est d'un aspect pauvre et solitaire. Les édifices destinés à l'usage des officiers, des soldats, etc., les magasins y sont également placés le long du mur du rempart, qui n'offre qu'une entrée aux voitures ou aux personnes à cheval : cette grande porte est en face de l'église, qu'on rebâtissait en pierre, comme à San-Carlos. Quatre petites portes percées vers le milieu du rempart, à droite et à gauche, communiquent au dehors : l'une de celles-ci est dans le logement de l'officier commandant, qui a un peu plus d'étendue qu'à San-Francisco; car il est composé de cinq ou six grandes chambres planchéiées : mais il n'y a pas non plus de vitrage aux fenêtres, et rien n'y garantit des injures de l'air sans intercepter la lumière. Au reste, les fenêtres donnent toutes sur l'intérieur, et je ne crois pas qu'on permette dans le rempart d'autres ouvertures que les portes. Ce rempart, vu de loin, a l'air d'une prison : aux quatre angles du carré, est une espèce de petit bastion qui s'élève un peu au-dessus du mur, et où l'on pourrait monter des pierriers. Devant la grande porte du presidio, en face des rivages de la baie, se trouvent sept canons sur leurs affûts, quatre de neuf et trois de trois. Les sept pièces que je viens d'indiquer, les deux de San-Francisco, une à Santa-Clara, et quatre autres de neuf démontées, composent toute l'artillerie des Espagnols dans cette partie du monde.

§ 3.

Reconnaissance de la rivière Colombia par le lieutenant Broughton.

Le 21 octobre, *la Découverte* avait fait voile du travers de la rivière Colombia, et je laissai *le Chatam* à l'ancre, persuadé que M. Broughton, qui le commandait, s'efforcerait avant de reprendre le large, de reconnaître l'étendue navigable de cette entrée, et d'acquérir sur l'intérieur du pays tous les renseignemens utiles que permettraient les circonstances. Le récit qu'on va lire prouvera que mon entière confiance dans le zèle et l'activité de cet officier était bien placée.

La position qu'il avait prise à l'entrée de la rivière Colombia, près d'un banc qui a obtenu le nom de *Spit-banc* ou *banc de l'Épi,* se trouve par 46 degrés 18 minutes de latitude observée ; il est au sud-est du cap Disappointment : depuis ce point jusqu'à la rive opposée, sur toute l'étendue du chenal conduisant au large, les brisans forment une chaîne interrompue seulement par un passage très étroit qui se prolonge à peu près à l'ouest-nord-ouest d'une pointe que M. Broughton a appelée *pointe du Village*, parce qu'il y a dans les environs un grand village désert.

Les brisans forment la rive sud du chenal qui conduit dans la rivière, et qui a environ une demi-lieue de large; la rive nord est aussi formée par des brisans qui se prolongent à deux milles et demi en avant du cap Disappointment : du point de vue d'où M. Broughton les regardait, ils se confondaient de manière à présenter à travers le chenal une ligne continue, sur laquelle la mer brisait avec force.

En approchant du centre ou plutôt de l'angle sud-est de la baie, M. Broughton découvrit une petite rivière dont l'entrée a environ deux encâblures de largeur; sa profondeur, d'abord de cinq brasses, diminue graduellement jusqu'à deux. L'état des rives indiquait qu'alors la mer était haute; cependant le courant l'accompagna vers le haut de la rivière, qui prenait la direction sud-est et dans sa marche sinueuse formait plusieurs criques. Lorsqu'il eut fait environ sept milles, sa largeur n'était plus que de dix-neuf brasses; et comme c'était bien véritablement le temps de la mer haute, tout examen ultérieur fut jugé inutile: on n'y voyait plus, et le détachement étant revenu sur ses pas l'espace d'un mille, se logea pour la nuit au bord de cette rivière, que M. Broughton a appelée *rivière d'Young*, du nom de sir Georges Young, de la marine royale.

XIV.   24

M. Broughton se porta sur le grand canot jusqu'à Tongue-point, et en se tenant à une distance
modérée de la rive. Depuis Tongue-point, il vit,
au nord-est à sept milles, le centre d'une baie
profonde que nous avons nommée *baie de Gray*,
parce qu'elle a été le terme des recherches de ce
capitaine américain ; il retourna ensuite sur son
bord.

Après avoir déterminé la position de son mouillage à 46 degrés 17 minutes de latitude et 286
degrés 17 minutes et demie de longitude, il partit
avec le grand canot et une de ses chaloupes qui
portaient des vivres pour une semaine.

Le 26 octobre, M. Broughton continua à remonter la rivière. Les rives des deux côtés sont basses
et marécageuses : près de celle du nord-est la sonde
rapporte de huit à dix brasses : mais sur la rive opposée, la profondeur n'est que de quatre sur un
tiers du chenal. Après avoir fait environ deux
lieues, il vit le terrain élevé et des roches des deux
côtés. Une île bien boisée, d'environ une lieue et
demie de longueur, séparait le courant et offrait
un bon passage sur chacun de ses flancs : le plus
profond est sur le flanc nord-est, où la sonde rapporte de dix à douze brasses. Une lieue par delà
la pointe sud-est de cette île, qui a été nommée *île
Puget*, la rivière a la même direction jusqu'à 46
degrés 10 minutes de latitude et 286 degrés 56

minutes de longitude. A ce point, elle tourne au nord-est l'espace d'une lieue; et dans l'intervalle, elle reçoit une petite rivière que M. Broughton a nommée *rivière Swaine*. Quelques naturels qui montaient quatre pirogues abordèrent le détachement: un petit nombre avaient des vêtemens de peaux de loutre de mer, mais presque tous étaient vêtus de peaux de daim; ils se retirèrent lorsqu'ils eurent vendu un peu de poisson : leur langage différait tellement de celui des autres indigènes de l'Amérique dont nous avions connaissance, qu'il fut impossible d'en comprendre un seul mot.

Les rivages sont couverts de beaux bois de construction : le pin prédomine sur les terrains élevés ; mais près des bords de la rivière, on voit le frêne, le peuplier, l'aune, l'érable et plusieurs autres arbres que personne du détachement ne connaissait.

M. Broughton rencontra sur la rive nord un village où les habitans l'engagèrent à descendre; mais ne croyant pas devoir accepter cette invitation, il suivit le cours de la rivière qui prend la direction du sud-est; et il dépassa quelques îles qui occupent un espace d'environ deux milles. Leur pointe la plus orientale est à environ une lieue du village : on les a appelées *îles Baker*, du nom du lieutenant de *la Découverte*. La côte septentrionale de la rivière se rabaisse et cesse d'être à pie; mais à peu de distance, dans l'intérieur, elle reprend de la hauteur avec une pente graduelle. Un demi-mille à l'est des îles Baker, le détachement descendit à une haute pointe écore que M. Broughton a nommée *pointe Sheriff.* La rivière a ici environ un demi-mille de largeur; et depuis la pointe Sheriff, le meilleur chenal est le long de la rive sud.

A l'est de l'île Walker, et à peu près à mi-canal, il y a un banc de sable en partie découvert, de deux ou trois milles d'étendue, mais qui offre un passage net de l'un et de l'autre côté. Le passage au sud est le plus profond. Au-delà de ce banc, le chenal continue sur la rive sud, le terrain s'élève ensuite, et on trouve sur la rive nord un mont remarquable, qui a été nommé *mont Coffin* ou *mont des Cercueils,* autour duquel se voyaient plusieurs pirogues contenant des cadavres.

La rive nord, au lieu d'être la plus escarpée, offre des terrains bas, plats et sablonneux : deux petites rivières les traversent à peu près en face de la station où M. Broughton dîna, et où la rivière Colombia a environ un demi-mille de largeur. La plus occidentale a été nommée *rivière Poole,* et la plus orientale *rivière Knight :* cette dernière est la plus considérable; son entrée annonce qu'elle est étendue.

La rivière se divise en trois branches à la pointe

des Guerriers : celle du milieu, la plus grande, a environ un quart de mille de largeur; M. Broughton l'a jugée la branche principale : celle qui pour l'étendue vient après, prend une direction est; elle a été nommée *rivière Rushleigh*; l'autre, qui se prolonge au sud-sud-ouest, a été appelée *rivière Call.*

Il y a sur les bords de la rivière Rushleigh un très grand village indien : ceux des guerriers à la suite de M. Broughton qui semblaient l'habiter pressèrent beaucoup le détachement d'y descendre; et pour ajouter plus de poids à leur demande, ils représentèrent d'une manière très intelligible que si nos gens continuaient à se porter vers le sud, on leur couperait la tête.

Le 29 octobre il marcha en avant, et vit dans le lointain le mont Saint-Hélène qui lui restait au nord-est. La rapidité du courant lui fut contraire, et le lieu où il s'arrêta pour dîner n'était pas éloigné de plus de quatre ou cinq milles de celui où il avait passé la nuit. La mer était basse à midi en cet endroit; et quoique l'eau de la rivière s'élevât ensuite distinctement, le courant n'en descendait pas moins avec vitesse. Le plus haut degré d'élévation ou d'abaissement perpendiculaire de la marée parut être d'environ trois pieds. Dans cette position, la latitude observée fut de 45 degrés 41 minutes, et la longitude de 237 degrés

20 minutes : le mont Saint-Hélène se montrait au nord-est, et la pointe des Guerriers était à environ huit milles.

Nos embarcations se remirent en route à une heure ; et après avoir fait environ cinq milles, toujours dans la direction du sud-est, elles dépassèrent au côté ouest une petite rivière qui se dirige au sud-ouest ; et un demi-mille plus loin, du même côté, elles en rencontrèrent une plus grande dont le lit se dirigeait plus au sud. A l'entrée de la dernière, qui a environ un quart de mille de largeur, on voit deux petits îlots boisés ; ses rivages et la région adjacente sont d'un bel aspect : M. Broughton lui a donné le nom de *rivière Mannings.* Sa pointe sud d'entrée, qui gît par 45 degrés 39 minutes de latitude et 237 degrés 21 minutes de longitude, domine un beau paysage, et elle a été appelée *pointe Bellevue.*

En continuant à naviguer, l'explorateur aperçut une grande rivière qui prend la direction du sud-ouest, et qu'il nomma *rivière Baring.* La pointe ouest de cette rivière gît par 45 degrés 28 minutes de latitude et 237 degrés 41 minutes de longitude : la rivière Colombia est ici de près d'un demi-mille de large. La rive sud est basse et boisée, et un banc de sable, où il y avait de gros arbres pouris, resserre le lit de ce côté.

La rivière semblait tourner au nord derrière la

pointe Vancouver. Le bord sud se remplissait de collines, qui sur leurs flancs offraient des taches stériles d'une couleur rougeâtre, et des pins clairsemés sur leurs sommets ; la bordure, basse et bien boisée, présentait des grèves principalement feuilletées.

M. Broughton était arrivé à quatre-vingt-quatre milles de ce qu'il regardait comme l'entrée de la rivière, et à cent milles du *Chatam*. Il venait d'employer une semaine d'un pénible travail pour arriver à cette station : il n'avait pris des vivres que pour cet espace de temps ; ce qui lui en restait ne pouvait, avec toute la frugalité possible, durer plus de deux ou trois jours ; et comme il n'y avait aucun moyen, même avec les circonstances les plus favorables, de regagner le vaisseau dans un moindre intervalle, il ne songea pas à pousser plus loin sa reconnaissance : ce parti lui sembla d'autant meilleur, que la rivière est à peine accessible jusqu'au point où il était. Avant de revenir sur ses pas, il en prit possession, ainsi que du pays des environs, au nom de Sa Majesté Britannique ; ayant tout lieu de croire que les sujets d'aucune autre nation civilisée n'y avaient pénétré avant lui. L'esquisse de M. Gray le confirmait dans cette opinion ; car il ne paraît pas que ce capitaine américain en ait vu l'entrée proprement dite, ou qu'il en ait approché de cinq lieues.

A la suite de la description de la rivière Colombia que m'a fournie M. Broughton, je vais rendre compte de la reconnaissance du havre de Gray par M. Whidbey, qui me rejoignit après le *Chatam*, mais qui, n'ayant eu en cette occasion à reconnaître qu'une région d'une étendue très limitée, ne put amasser autant de faits géographiques que M. Broughton.

§ 4.

Havre de Gray. Opérations du *Dédale* aux Marquises, et découverte de quelques îles nouvelles. Le lieutenant Hergest est tué à Woahou. Arrivée du *Dédale* à Nootka.

Le 18 octobre, au coucher du soleil, *le Dédale* mouilla devant le havre de Gray. La pointe nord d'entrée, que M. Whidbey a appelée *pointe Brown*, du nom du capitaine Brown, gît par 47 deg. de latit., et 236 deg. 7 minutes de longitude. La pointe sud d'entrée, qui a été appelée *Hanson*, du nom du lieutenant Hanson qui commanda *le Dédale* après la mort de M. Hergest, est au sud-est, à environ deux milles et quart de la pointe Brown.

Le port paraît de peu d'importance dans son état actuel, car il n'offre que deux ou trois endroits où les canots puissent assez s'approcher du rivage pour faire débarquement. Le plus commode est à la pointe Brown; il y en a un second près de la pointe Hanson, et un autre dans l'anse ou la crique qui est au sud-est de cette pointe.

Les rivages qui environnent le havre sont bas, et paraissent marécageux; le sol est un mélange de sable rouge et blanc, sur un lit de pierres et de cailloux. A peu de distance du bord de l'eau le pays est couvert de bois, surtout de pins de petite taille et rabougris.

Ce fut un grand avantage pour *le Dédale* et *le Chatam* d'être à l'abri dans un port, tandis que *la Découverte* eut à lutter contre un temps très orageux durant son passage à Monterey. Ils y eurent d'excellent poisson et des oiseaux sauvages en abondance. Les productions du havre de Gray sont pareilles à celles qu'offrent la rivière Colombia et ses environs. Ils obtinrent des naturels autant de saumons, d'esturgeons et d'autres poissons qu'ils en voulurent, et les officiers tuèrent une telle quantité d'oies, de canards et de gibier de cette sorte que quelquefois on put en servir aux deux équipages. Le meilleur terrain de chasse qu'on ait remarqué au havre de Gray est au côté sud.

Le nombre des naturels qui habitaient les environs a été évalué à cent; ils parlaient l'idiome de Nootka, mais il ne parut pas que ce fût leur langue naturelle. Ils ressemblent aux peuplades que nous avions eu occasion de voir durant l'été. Leur conduite fut continuellement civile et amicale.

M. Whidbey les a jugés d'une taille plus grêle que ceux qu'il avait rencontrés jusqu'alors. Les hommes ne se montraient pas jaloux de leurs femmes ; ils leur permettaient de se rendre à bord du *Dédale*, et ils étaient bien aises de les y voir rester deux ou trois heures de suite. Ils semblaient divisés en trois tribus ou partis, dont chacun avait un ou deux chefs. L'équipage du *Dédale* vit quelques-unes de leurs pirogues de guerre : elles portaient à chaque extrémité, et trois pieds au-dessus du plat-bord, un morceau de bois troué et grossièrement sculpté, à travers lequel, soit qu'ils avancent ou qu'ils se reculent, ils peuvent lancer leurs traits sans exposer leurs personnes. Chacune de ces pirogues était montée de vingt hommes et plus. Les arcs et les traits dont ils se servent diffèrent peu de ceux que nous avions généralement rencontrés : les premiers sont un peu circulaires ; les derniers sont armés de fer, de cuivre ou de coquillages. C'est leur arme favorite, et ils l'emploient avec beaucoup de dextérité. Très versés dans l'art des échanges, ils les font loyalement et avec honnêteté. Ils demandèrent quelquefois du fer contre des peaux de loutre de mer ; mais en général ils les cédèrent pour du cuivre et des étoffes de laine. Ils recherchaient les grains de verre d'un bleu pâle ; ils don-

naient un gros saumon pour un de ces grains.
C'est une peuplade robuste et endurcie à l'inclé-
mence du ciel. Lorsque le temps était le plus
mauvais, et quoique la mer brisât souvent sur
eux, ils n'en venaient pas moins à bord du vaisseau; si l'intérieur de leurs pirogues se trouvait
inondé, ils en jetaient l'eau tout en continuant de
pagayer avec l'air de l'indifférence.

La traversée des îles Falkland au tropique du
Capricorne avait été d'une telle longueur, que
M. Hergest se vit réduit à profiter de la première
occasion pour embarquer de l'eau et des vivres
frais. Cela était d'autant plus nécessaire que, d'a-
près les détails récemment publiés en Angleterre
touchant les habitans des îles Sandwich, il avait
lieu de douter qu'il pût y trouver quelques ressources. Ayant eu connaissance des Marquises, il
fit route sur la baie de la Résolution, île d'Ohetahoo, et *le Dédale* y mouilla le 22 mars 1792.

M. Hergest quitta l'île d'Ohetahoo, dont les habitans se permirent des vols si multipliés et si audacieux, qu'une grande querelle fut à chaque
instant sur le point de s'engager. Il termine le
récit de ses opérations aux Marquises, en expri-
mant une vive satisfaction de ce qu'il ne s'est
pas vu forcé de donner la mort à quelque in
sulaire pour la défense des propriétés du vaisseau.

Le Dédale appareilla et fit route au nord. Le 30 mars. M. Hergest découvrit quelques îles qu'il jugea n'avoir été aperçues par aucun navigateur. Celles qui se montrèrent d'abord étaient au nombre de trois. La partie sud-ouest de la plus orientale présente une bonne baie, bordée d'une grève de sable; il y a quelques îlots de roche au sudest, et une coupure à la partie nord-ouest semblait annoncer qu'on pouvait y faire de l'eau. On crut remarquer une autre bonne baie à l'est de la pointe sud. On ne voit au nord-ouest ni anse ni entrée; la côte est de roche, et deux petits îlots, aussi de roche, sont placés par le travers de sa pointe nord-ouest.

Cette île orientale, d'environ six lieues de tour, gît par 8 degrés 50 minutes de latitude sud et 220 degrés 51 minutes de longitude est. Ses habitans, dont quelques-uns vinrent au vaisseau en pirogues, annoncèrent des dispositions amicales. Les vallées offrent un grand nombre de cocotiers et de bananiers, et l'île entière nous a paru plus fertile et plus verte que celles que *le Dédale* venait de quitter.

M. Hergest alla ensuite reconnaître la plus méridionale, qui de loin semble n'être qu'un rocher d'une grande élévation, avec trois autres rochers en pointe tout auprès. Il remarqua qu'elle est bien cultivée et bien peuplée. Bientôt les insulaires, au nombre de plus de cent, montés sur des pirogues, environnèrent le vaisseau, échangèrent des noix de coco, des bananes, etc., contre des grains de verre et d'autres bagatelles, et se conduisirent d'une manière très amicale. L'extrémité sud-ouest de celle-ci contient une bonne baie, qui a une grève de sable dans sa partie orientale. D'autres baies se trouvent le long de la côte sud ; l'une en particulier a paru s'enfoncer beaucoup vers l'extrémité sud-est de l'île. On voit par son travers un petit îlot qui a quelque ressemblance de forme avec une cathédrale des temps gothiques ; on y aperçoit de plus d'autres rochers et îlots. Depuis la pointe ouest, qui est aussi la pointe occidentale de la baie la meilleure et la plus profonde, les côtes tournent au nord-est, et, ainsi que sur la bande ouest de la terre qui avait été abordée la veille (et qui a été nommée *île Riou*), elles sont de roche et paraissent stériles. Celle-ci, qui a été appelée *île Trevenen*, gît par 9 degrés 14 minutes de latitude sud et 220 degrés 21 minutes de longitude est.

M. Hergest dépassa, dans la matinée du 1er avril 1792, le côté sud de la troisième, qu'il a nommée *île Sir Henry Martin*. Immédiatement à l'ouest de la pointe sud-est, qui a reçu le nom de *pointe Martin*, on trouve une baie profonde, bien abritée et bordée d'une grève de sable, qui a été appelée *Comptroller's-bay* ou *baie du Contrôleur*. Elle n'a pas été examinée; mais elle a paru former un port sûr et commode. Le rivage du fond présente une coupure, que quelques personnes prirent pour l'embouchure d'un ruisseau; mais une si petite île ne devant pas avoir un courant d'eau aussi considérable, M. Hergest fut disposé à croire que c'était une anse très enfoncée [1].

Il reçut ici la visite de plusieurs naturels qui arrivèrent à la rame et à la voile, et qui se conduisirent d'une manière civile et amicale. A environ deux lieues à l'ouest de la pointe Martin, il y a un havre très beau, s'enfonçant assez loin dans l'île, et environné d'un pays agréable et fertile. M. Hergest qui, accompagné de M. Gooch, alla sur le canot en faire la reconnaissance et en lever le plan, lui a donné le nom de *port Anna-Maria*. L'entrée et la sortie en sont faciles, et l'on n'y rencontre ni bancs ni rochers assez cachés pour n'être pas évités aisément. Cette île a paru très cultivée; les habitans, civils et de dispositions amicales, parurent disposés à fournir tous les rafraîchissemens du pays.

L'île Sir Henry Martin a environ seize lieues de circuit, et son centre gît par 8 degrés 51 minutes de latitude et 220 degrés 19 minutes de longitude est.

___

[1] Voir ce que David Porter dit de ces îles dans le tome XVI de notre collection.

M. Hergest, après avoir quitté cette île, en découvrit deux autres. Le 3 avril au matin il arriva
au sud, le long de la bande est de celle qui se
montrait le plus au sud-ouest : c'est la plus grande ;
ses côtes sont de roche, et ne présentent ni anses
ni lieux de débarquement. Quoique sa surface soit
verte elle ne produit point d'arbres ; seulement
les rochers sont parsemés d'un petit nombre d'arbrisseaux et de buissons, et elle n'a paru habitée
que par des oiseaux de mer, des espèces qui se
tiennent entre les tropiques. Ils étaient en grand
nombre aux environs, et ils semblaient avoir ici
un rendez-vous général. La bande nord-ouest cependant paraît meilleure, et quoique les côtes y
soient aussi de roche, on y voit un certain nombre d'arbres sur les flancs des collines, ainsi que
dans les vallées ; elle a en outre des anses où l'on
peut débarquer sans peine. M. Hergest en indique
particulièrement une qui est près du milieu, et
qui, d'après l'apparence de son côté nord, a été
nommée *Battery-cove* ou *anse de la Batterie*. Un peu
plus d'un mille au nord de cette anse se trouve
une baie qui a été reconnue : le mouillage y est
bon ; un courant d'une très bonne eau y débouche
près d'un bocage de cocotiers où M. Hergest et
M. Gooch débarquèrent. Ils y rencontrèrent un cimetière, et un demi-mille plus loin une case placée sur le flanc d'une colline ; ils n'aperçurent point

d'habitans, ni rien qui annonçât qu'elle eût été
fréquentée depuis peu, quoiqu'il fût évident que
les insulaires des environs y venaient quelquefois.

Cette dernière île a huit milles de longueur sur
deux de large ; elle gît par 7 degrés 53 minutes de
latitude, et 219 degrés 47 minutes de longitude
est. Au nord-est, à environ une lieue de celle-ci,
M. Hergest en découvrit une autre à peu près ronde
et beaucoup plus petite, qui a deux îlots par le
travers de sa pointe sud-ouest, et qu'il a nommée
île Robert.

Il dit que dans l'intervalle de temps qu'il passa
au milieu de ces îles et aux Marquises, il eut souvent des grains pesans et beaucoup de pluie. Il a
trouvé aux habitans du nouveau groupe le teint et
la taille des insulaires des Marquises ; mais par les
manières, le maintien, le vêtement et la parure,
ils ressemblent davantage à la peuplade de Taïti et
des îles de la Société ; seulement leur corps a
moins de piquetures.

A l'époque où l'on me rendit compte de la reconnaissance faite de ces îles par *le Dédale*, je
jugeai que c'était une découverte absolument nouvelle ; et en l'honneur de mon respectable et malheureux ami, qui dès mes jeunes ans avait été mon
camarade de voyage sur les mers, je donnai à
l'archipel entier le nom d'*îles Hergest*; mais j'ai
su depuis que les capitaines des navires de com-

merce américains ont aperçu ces îles et débarqué sur quelques-unes; que, par un beau temps, la plus méridionale se voit de l'île Hood, la plus septentrionale des Marquises. On veut en conséquence, à proprement parler, qu'elles fassent partie de ce dernier archipel, quoique le navigateur espagnol et le capitaine Cook, qui visita les Marquises après lui, ne les aient connues en aucune manière.

Je terminerai ce chapitre en racontant, d'après le rapport que me fit M. New, master du *Dédale*, la mort du lieutenant Hergest, de M. Gooch que l'amirauté m'envoyait en qualité d'astronome, et d'un matelot qui a partagé leur sort.

Le passage des îles Hergest aux îles Sandwich n'eut rien de remarquable, si ce n'est un fort courant dont la vitesse était de trente milles par jour, et qui obligea de gouverner à l'est, dans la crainte de tomber sous le vent de ces îles. *Le Dédale* arriva ainsi devant Owhyhée, et M. Hergest reçut les ordres que j'y avais laissés : il se rendit ensuite au côté nord-ouest de Woahou, parce qu'à cette époque il n'espérait plus rencontrer *la Découverte* au sud de l'île, où j'avais indiqué la croisière. Cette malheureuse détermination était contraire à mes ordres; mais il la crut nécessaire pour atteindre plus promptement Nootka.

Il se vit, le 7 mai au matin, devant la baie du côté nord-ouest de Woahou, où *la Résolution* et *la*

Découverte avaient mouillé en 1779; mais regardant les habitans des environs comme les hommes les plus farouches et les plus perfides qu'il y ait sur ces îles, il ne voulut pas y jeter l'ancre : il se contenta de mettre en panne, et il acheta des naturels quelques cochons, des végétaux et de l'eau qu'on lui apportait dans des calebasses. Le soir, il s'éloigna un peu de la côte, après avoir engagé les insulaires à lui fournir encore de l'eau et des vivres dans la matinée du lendemain; mais un calme étant survenu, et le courant entraînant le vaisseau à l'ouest, il ne put rallier la côte que le onze à midi. Oubliant à cette époque la sage résolution qu'il avait prise, il se décida à mouiller : le grand canot fut amarré à l'arrière du vaisseau, afin d'embarquer plus commodément l'eau qu'apportaient les insulaires. Trois barriques avaient été remplies de cette manière en peu de temps, lorsqu'il ordonna de placer le grand canot le long du bord : il y fit descendre des futailles vides; et accompagné, comme à l'ordinaire, de M. Gooch, il se rendit à terre : une autre embarcation qui fut laissée à l'arrière continua jusqu'au soir à recevoir l'eau et les provisions des gens du pays. Le grand canot revint à l'entrée de la nuit, mais ne ramenant que cinq personnes au lieu de huit : on apprit que M. Hergest, M. Gooch et deux des canotiers ayant débarqué sans armes, avec deux barriques qu'ils voulaient

remplir, les insulaires, qui ne leur voyaient aucun
moyen de défense, les avaient attaqués sur-le-champ;
qu'ils avaient tué un des matelots, et emmené
M. Hergest et M. Gooch. Le second matelot, plein
de force et d'adresse, étant parvenu à s'ouvrir un
chemin dans la foule de ces sauvages et à regagner
le canot, avait débarqué une seconde fois avec
deux fusils et deux autres canotiers, qui avaient
comme lui le projet de délivrer leur commandant
et M. Gooch, et de ravoir le corps de leur camarade. Ils s'aperçurent bientôt que M. Hergest et
M. Gooch vivaient encore; que les habitans les
dépouillaient et les entraînaient vers le haut des
collines derrière le village. Ils tâchèrent d'approcher de la multitude; mais assaillis par les pierres
que leur lançait une troupe qui occupait les hauteurs des environs, ils se virent dans la cruelle nécessité de faire retraite; et la nuit allant commencer, ils pensèrent qu'il valait mieux se rendre à
bord, où l'on concerterait des mesures plus effi-
caces.

Tous les officiers, rassemblés à l'instant même
par M. New, délibérèrent sur le parti à prendre. Il
fut résolu que la nuit se passerait à louvoyer; que
le lendemain, à la pointe du jour, le grand canot
bien armé irait à terre, et ferait tous les efforts
possibles pour délivrer les deux prisonniers. Un
vieux chef d'Atooi, qui se trouvait à bord depuis

que *le Dédale* était entré dans la baie, et que
M. Hergest avait promis de reconduire dans son
île, s'embarqua avec le détachement afin de servir
d'interprète et d'interposer ses bons offices : on le
débarqua d'abord ; il alla auprès des naturels, et
redemanda M. Hergest et M. Gooch : on lui répondit qu'ils avaient été tués tous les deux pendant la
nuit. Ayant rapporté cette triste nouvelle, il descendit à terre une seconde fois pour redemander
les corps : on lui répondit qu'ils avaient été mis en
pièces et partagés entre les chefs.

Ici se termine la relation du voyage jusqu'à la fin
de 1792. Le reste de nos opérations à Monterey se
trouve dans le chapitre suivant.

§ 5.

**Nous faisons route vers les îles Sandwich. Notre arrivée
à Owhyhée.**

Les premiers jours de l'année 1793 n'eurent rien
de bien remarquable. L'extrème générosité de
M. Quadra me décida à lui demander des bêtes à
corne, dont je me proposais d'établir la race aux
îles Sandwich. Nous ne pouvions en embarquer
qu'une douzaine, et sur-le-champ on me donna
quatre vaches et deux taureaux, quatre brebis et
deux béliers. Notre passage aux îles Sandwich semblait devoir être court ; et je balançai d'autant

moins à contracter cette nouvelle obligation envers le commandant espagnol que le succès de mon projet ne pouvait manquer d'être fort avantageux aux insulaires et aux navigateurs qui aborderaient sur leurs côtes.

Partis de Monterey le 6 février 1793, nous nous trouvâmes le 22 février devant la baie de Karakakooa. Les habitans du voisinage arrivèrent en foule sur leurs pirogues : ils nous apportèrent une abondance prodigieuse de vivres qu'ils parurent aussi empressés d'échanger contre nos objets de traite qu'à l'époque de la première découverte de ces îles; mais nous en avions assez pour le moment, et je défendis d'en acheter davantage avant que le vaisseau fût amarré. Nous étions mouillés à midi à une encâblure et demie de Karakakooa, la partie du rivage la plus voisine.

Le roi monta à l'instant même sur le pont; il me prit par la main, et me demanda si nous étions sincèrement ses amis. Je lui répondis qu'oui. « Vous appartenez, ajouta-t-il, au roi Georges; dites-moi si ce monarque est également mon ami. » Après une réponse satisfaisante de ma part, il me déclara qu'il était inébranlable et bon ami, et, selon l'usage du pays, nos deux nez se touchèrent en témoignage de la sincérité de nos déclarations. Le cérémonial terminé, il me présenta quatre beaux casques ornés de plumes, et il ordonna aux dix pirogues pla-

cées à la poupe, dont chacune contenait neuf gros
cochons, de venir à la hanche de tribord : sur ces
entrefaites, une flotte d'embarcations plus petites
qui nous apportaient une quantité immense de végétaux reçut l'ordre de nous livrer ses cargaisons
de l'autre côté du vaisseau. Nous n'avions pas assez
d'espace pour tant de provisions, et le prince consentit à faire reconduire à terre une partie des
végétaux ; mais quoique les ponts de *la Découverte*
et du *Chatam* fussent déjà encombrés de présens,
il ne permit pas qu'un seul des cochons retournât
à la côte.

Je ne voulus pas différer le débarquement de
cinq vaches, deux brebis et un bélier, les seules
bêtes à cornes qui me restassent : elles se portaient
bien, quoique très faibles ; et comptant que le tau-
reau guérirait, je doutais peu de la réussite de mon
grand projet. Ce fut pour moi un extrême plaisir
de voir les soins que se donna le roi Tamaahmaah
pour les placer dans ses pirogues. Il eut la principale part à cette opération ; il enjoignit ensuite à
ses gens de la manière la plus positive d'obéir aveu-
glément à ce que prescrirait notre boucher, que
je détachai pour veiller à leur descente à terre. Au
moment où elles partirent, je ne connaissais pas
toute l'étendue des présens que le roi m'avait destinés. Outre l'énorme quantité de vivres dont je
viens de parler, il fit venir le long du bord d'autres

pirogues qui m'apportaient des étoffes, des nattes et diverses productions de leur fabrique; mais les deux vaisseaux étaient déjà tellement remplis qu'il fut impossible de les recevoir; et sur ma promesse de les embarquer par suite, Tamaamaah permit de les remporter à terre : il chargea particulièrement une des personnes de sa suite de les bien garder parce que, lui dit-il, ces objets n'appartenaient plus à lui, mais à moi.

Je me décidai à faire surtout ma cour à Tamaahmaah, comme roi de l'île entière, et à montrer d'ailleurs beaucoup d'égards et d'attentions aux autres chefs. Je comptais que l'espèce de mécontentement qui pourrait résulter d'abord de cette préférence serait bientôt dissipée.

§

Nos opérations dans la baie de Karakakooa. Visite de la veuve de Terreoboo. Spectacle d'un combat simulé. Notre départ d'Owhyhée.

Après avoir établi des rapports d'amitié avec les chefs, et adopté des mesures pour maintenir la bonne intelligence entre les habitans et nous, il ne manquait plus, pour rendre notre position agréable, que de trouver des moyens de faire de l'eau, car ce n'est pas chose aisée à Karakakooa. Le puits où *la Résolution* et *la Découverte* avaient rempli leurs barriques n'en offrait qu'une petite quantité si saumâtre que je craignis ses mauvais effets sur notre santé. Comme il n'y en avait pas de meilleure à notre portée, je réclamai les bons offices de Tamaahmaah. Notre bétail en avait fait une grande consommation depuis Monterey, et il nous en fallait beaucoup. Le roi fut un peu embarrassé pour découvrir le meilleur expédient; à la fin, il me proposa d'envoyer dans les diverses parties du côté ouest de l'île un certain nombre de ses pirogues, portant chacune un, deux ou trois poinçons [1], selon leur grandeur, et de les y faire remplir avec l'eau que les naturels tireraient des petits puits qui sont au milieu de leurs plantations, et qu'ils apporteraient en calebasses au bord de la mer.

D'après ce plan, des barriques de la contenance de douze poinçons furent, par manière d'essai, embarquées sur les pirogues, dont plusieurs devaient aller si loin qu'elles ne pouvaient guère revenir avant trois jours. Six des barriques cependant revinrent le lendemain au matin, remplies d'une eau excellente. Les insulaires se crurent bien payés de leur travail en recevant pour chacune un morceau de fer de six pouces de longueur sur deux

[1] Le poinçon contient quatre-vingt-quatre gallons; le gallon contient huit pintes ou quatre quartes; et la pinte contient vingt-huit pouces cubes anglais et sept huitièmes.

pouces de large. Le roi fixa' lui-même ce prix, et donna des ordres pour que les habitans des environs du mouillage apportassent de l'eau à notre marché : ils én apportèrent en effet une assez grande quantité; et dans cet échange, ainsi que dans tous les autres, ils se conduisirent avec une honnêteté et une droiture parfaites.

Notre plan pour faire de l'eau réussissait très bien : les insulaires prenaient le plus grand soin des futailles, et les ramenaient si exactement que le 27 au soir nous en avions déjà huit tonneaux.

Le 28 février dans l'après-midi, Kerneecuberrey, veuve de Terreoboo, qui avait été roi d'une partie de l'île, me fit une visite. Depuis la mort de son mari et le massacre de toute sa famille, elle vivait dans une sorte de captivité. Au milieu de ses malheurs, elle avait trouvé dans Tamaahmaah un vainqueur humain et généreux, et même un protecteur et un ami.

Durant la crise de la révolution, il s'était vu forcé de la traiter avec rigueur pour la mieux soustraire à la vengeance de ses plus proches parens et à la fureur de la populace, qui demandait à grands cris sa mort et celle de tous les adhérens de son mari. En 1779, époque où je relâchai ici avec le capitaine Cook, elle était déjà avancée en âge, mais je la reconnus parfaitement. Le souvenir de l'intelligence et de la vivacité qu'elle montrait alors me fit assez connaître, en la revoyant, tout ce qu'elle avait souffert depuis.

Elle me dit, d'une voix défaillante, que nous nous étions connus autrefois; qu'elle venait me faire une visite et se promener dans le vaisseau; qu'elle me priait d'accepter un petit chapeau de plumes, la seule chose qu'elle pût m'offrir. Elle se rappelait très bien mon nom; mais j'étais si changé, qu'il lui fallut quelque temps pour retrouver les traits qu'elle avait vus quatorze années auparavant. La curiosité la porta à examiner la majeure partie de l'intérieur de mon bâtiment; et durant cet intervalle, un air riant qui parut se répandre sur sa physionomie suspendit pour quelques minutes de profondes douleurs que portait difficilement sa vieillesse. Elle me demanda des nouvelles de plusieurs officiers et de quelques personnes d'équipage des vaisseaux du capitaine Cook. Je lui fis des présens analogues à son ancienne dignité; et Tamaahmaah me promit solennellement devant elle que qui que ce soit ne la dépouillerait de ce que je venais de lui donner.

Les habitans, en grand nombre dans les trois villages, furent extrêmement civils.

Tamaahmaah, pour contribuer au plaisir de la journée, me proposa un combat simulé sur le rivage, entre ceux de ses meilleurs guerriers qu'il pourrait rassembler.

Nous trouvâmes les guerriers rassemblés à l'angle nord de la grève, en dehors de l'enceinte sacrée du moraï, au nombre de cent cinquante, armés de longues javelines, et partagés en trois divisions à peu près égales. Deux des divisions étaient placées à peu de distance l'une de l'autre ; celle de notre droite représentait les armées de Titeeree et de Taio, et celle de notre gauche l'armée de Tamaahmaah. Les javelines avaient une pointe mousse, et à peu près la longueur de leur arme de cette espèce, qui est barbelée : on me dit de supposer à chaque aile un corps de troupes qui, avec des frondes, lançaient des pierres sur l'ennemi. Les combattans s'avancèrent les uns contre les autres, sans aucun chef principal, à ce qu'il paraissait ; ils firent en s'approchant des harangues qui, de part et d'autre, semblèrent finir par des forfanteries et des menaces : la bataille commença ensuite, et ils se jetèrent mutuellement leurs fausses javelines. En général, ils en paraient le coup avec beaucoup de dextérité ; mais lorsqu'elles frappaient, il en résultait des contusions et des blessures qui, sans avoir rien de dangereux, étaient très fortes ; et rien n'est comparable à la tranquillité et à la bonne humeur de ceux qui se trouvaient ainsi blessés. La bataille ne fut qu'une escarmouche, et de part et d'autre les mouvemens furent abandonnés au caprice des individus : les uns se portaient de l'arrière au front de la ligne, d'où ils lançaient leurs javelines ; et au même instant ils se retiraient au milieu de leurs camarades, ou bien ils ramassaient les javelines tombées par terre : quelquefois, après les avoir ramassées, ils les renvoyaient à l'ennemi ; mais, en général, ils se retiraient à la hâte, et ils en emportaient deux ou trois. Les plus confians dans leur valeur se détachaient seuls en avant, et défiaient la totalité de leurs adversaires : ceux-ci tenaient leur javeline de la main gauche, qui leur servait à parer, d'un air de mépris, quelques-unes de celles qu'on leur lançait, et de la main droite ils saisissaient au vol les autres, qu'ils renvoyaient au moment même avec une grande adresse. Personne dans cet exercice ne surpassa le roi, qui combattit quelque temps, et, par sa manière de se défendre, excita notre surprise et notre admiration : une fois entre autres, de six javelines lancées sur lui à peu près au même instant, de la main droite il en saisit trois au vol, il en brisa deux en parant le coup avec la javeline qu'il tenait de la gauche, et en s'inclinant un peu il esquiva la sixième.

Cette partie du combat supposait que l'ennemi avait découvert le roi inopinément ; et la grêle de dards lancée sur lui figurait les premiers momens de danger d'une pareille situation. Après en être sorti comme on vient de le voir, Tamaahmaah s'avança de quelques pas avec son armée, dont les rangs étaient plus serrés ; et ses guerriers ayant décoché leurs javelines avec une extrême force, et fait rétrograder l'ennemi un peu en désordre, il vint nous rejoindre sans avoir reçu aucune meurtrissure.

On nous donna immédiatement après le spectacle de ce qui se passe lorsque le premier homme est tué, ou blessé de manière à tomber sur le champ de bataille.

A la suite du dernier événement, il y a beaucoup de sang répandu durant le choc qui s'engage pour emporter le blessé ; car il est sacrifié dans le moraï, si l'ennemi parvient à le saisir. Le guerrier blessé était du côté des soldats de Titeeree, et jusqu'à ce moment l'un des partis ne semblait avoir aucun avantage sur l'autre : alors le combat devint plus acharné ; on se battit de part et d'autre avec un extrême courage, et la victoire demeurait toujours incertaine, jusqu'à ce qu'enfin les armées de Taio et de Titeeree se replièrent, tandis que celle de Tamaahmaah, emportant en triomphe plusieurs guerriers supposés morts, traîna par les talons, assez loin et sur un sable en poudre, les pauvres malheureux qui avaient déjà été foulés aux pieds des combattans. Ceux qui jouaient ce triste rôle eurent les yeux, les oreilles, la bouche et les narines remplis de sable : mais du moment où il leur fut permis de se servir de leurs jambes, ils allèrent se plonger dans la mer; et, après s'y être lavés, ils se montrèrent aussi gais et aussi contens que si rien ne leur fût arrivé.

Les principaux chefs étaient censés ne s'être pas mêlés encore de ce combat, qu'on ne peut guère comparer qu'aux chocs qui se voient dans une émeute. Quand il fut terminé, chaque parti s'assit tranquillement par terre, et on parlementa, ou bien il y eut une conférence quelconque : on supposait que les chefs venaient d'arriver sur le théâtre de la guerre, et jusqu'ici le bas peuple seul des deux côtés s'était battu; ce qui arrive souvent parmi ces insulaires, à ce que j'ai appris. Ils s'avancèrent de part et d'autre, ayant pour gardes un certain nombre d'hommes armés de longues lances appelées *pallaloos*, qu'on n'abandonne jamais que par la mort ou la captivité; et le premier cas est le plus commun : ces lances, qui ne sont pas barbelées, ont une petite pointe, laquelle, sans être très aiguë, fait cependant des blessures profondes et mortelles, selon le degré de force et d'adresse qu'on emploie. Les javelines de trait sont toutes barbelées sur une étendue de six pouces au-dessous de la pointe, et elles ont en général de sept à huit pieds de longueur.

Les guerriers armés de pallaloos se portèrent les uns contre les autres dans un ordre parfait; et alors commença une scène d'exploits qui, comparée à ce que nous venions de voir, annonçait un progrès merveilleux dans l'art des évolutions militaires. Les deux corps, placés sur plusieurs rangs bien serrés et bien réguliers, formaient une phalange compacte, qu'il n'est pas aisé de rompre, du moins à ce qu'on m'a dit. Arrivés sur le terrain en litige, ils s'assirent à terre, séparés par un intervalle d'environ trente verges, les pallaloos tournés contre l'ennemi. Après un silence de quelques minutes, il y eut une conférence, et Taio fut censé exposer son opinion sur la paix et la guerre. On lui répondit, et les argumens furent présentés et soutenus des deux côtés avec une égale énergie. Lorsque la paix était proposée à certaines conditions, les pallaloos s'inclinaient vers la terre; et quand on parlait pour la guerre, on en élevait la pointe à une certaine hauteur. Durant la négociation, les deux troupes paraissaient se bien tenir sur leurs gardes et se surveiller d'un œil inquiet; elle ne se termina pas amicalement, et les prétentions respectives durent être réglées par le sort des armes. Les soldats s'étant relevés tous à la fois et en un clin d'œil, les deux colonnes, toujours fort serrées, s'approchèrent lentement : ce mouvement fut très bien exécuté; elles changeaient de position, et mettaient un soin extrême à ôter à l'ennemi ses avantages. Sur ces entrefaites, les bandes subalternes

se chargeaient sur les deux ailes à coups de javelines et de frondes : mais le succès semblait dé-
pendre tout-à-fait des guerriers armés de pallaloos,
qui disputèrent vigoureusement chaque pouce de
terrain, et mirent une grande habileté à parer les
coups de leurs adversaires, jusqu'au moment où
quelques combattans tombèrent à la gauche du
centre de Titeeree. Le parti de Tamaahmaah, en-
couragé par cet événement, se précipita sur-le-champ
avec beaucoup d'impétuosité et en poussant des
cris, enfonça les rangs opposés ; et la victoire fut
déclarée en faveur de l'île d'Owhyhée, par la mort
supposée de plusieurs combattans du côté de l'ennemi. Celui-ci se retira ; on le poussa de très près,
et la guerre fut censée terminée par la mort de
Titeeree et de Taio : ceux qui eurent l'honneur d'en
jouer les rôles furent également traînés en triomphe
par les talons, assez loin sur la grève pour être
présentés à Tamaahmaah qui se trouvait le vainqueur, et être immolés dans son moraï. Ces pauvres gens, ainsi que les premiers, supportèrent
un si rude traitement avec une bonne humeur admirable.

La première partie du spectacle fut grossière,
sans ordre et sans effet, malgré l'adresse qu'on y
déploya ; mais à la manière dont ils se servirent
des pallaloos, il paraît qu'ils peuvent soutenir des
chocs très violens.

Cette parade guerrière finit au coucher du soleil; et dès qu'il n'y eut plus de jour, j'amusai avec des feux d'artifice le roi et un grand concours d'insulaires. Tamaahmaah et quelques chefs se souvenaient d'en avoir vu de médiocres qui furent tirés par le capitaine Cook, lorsqu'il reçut la visite de Terreeboo; mais à l'aspect des nôtres, mieux conservés, plus variés et en plus grand nombre, les différens chefs, les seules personnes qui furent admises dans notre enceinte tabouée, témoignèrent de la crainte, de la surprise et de l'admiration à un point extrême : quant à la foule d'habitans rassemblés pour se divertir, il fut difficile, d'après leurs acclamations réitérées, de connaître lequel de ces sentimens prévalut parmi eux.

§ 7.

Nous arrivons sur la côte de Mowée. Les chefs accèdent à mes propositions de paix. Départ de Mowée.

Partis d'Ówhyhée le 9 mars, nous étions le 10 devant la côte est de Mowée.

Une des premières visites que nous reçûmes le lendemain au matin fut celle du chef Taïo. Il m'apportait une boucle de cheveux : elle était liée avec soin, ornée de quelques plumes rouges; elle paraissait bien conservée, et tout faisait penser qu'il y mettait du prix; sa couleur tendait à prouver

XIV.

26

que je l'avais autrefois détachée de ma chevelure.

Il en résultait que, malgré leur simplicité, les habitans des îles Sandwich connaissent cette espèce de gage d'amitié, si recherché dans le monde poli : la coutume en elle-même doit être un effet des sentimens naturels et communs parmi les hommes, car au temps où Taio demanda et obtint ces cheveux, il n'avait pu être instruit par aucun Européen, ou par aucun navigateur venant d'un pays civilisé. Dans notre commerce avec les peuplades dont l'instruction est peu avancée, nous avons eu des occasions sans nombre de remarquer l'analogie des passions et des affections qui gouvernent le cœur humain, quelles que soient la couleur de la peau, la différence des climats ou le degré de lumières de la société.

Nous quittâmes Mowée, après y avoir pris peu de vivres. Je ne voulus pas, il est vrai, accepter la faible quantité que m'en offrirent les chefs; mais nous achetâmes ce qui fut apporté au marché le long du bord, et le tout ne montait pas à notre consommation de deux jours. La latitude de notre mouillage à Raheina est de 20 degrés 50 minutes, et sa longitude de 203 degrés 19 minutes.

§ 8.

Nous nous rendons à la baie Whyteetee, île de Woahou. Nous nous portons à Atooi. Nous quittons les îles Sandwich.

Nous fûmes à peine hors du mouillage de Raheina, que nous eûmes jusqu'au soir des vents qui jouaient; à l'entrée de la nuit, cependant, nous atteignîmes le canal entre l'île Mowée et celle de Morotoi.

Le terrain s'élève un peu brusquement du sein de la mer vers les hautes montagnes qui se trouvent au centre de la partie orientale de l'île; et quoique la pente soit considérable, le pays, varié par des éminences et des vallées, se montre verdoyant et fertile. Il nous a paru très peuplé et très bien cultivé, et il présente un coup d'œil riche et pittoresque. A l'ouest, la direction de la côte dans le sud 53 degrés ouest, finit à une basse pointe de terre que les insulaires appellent *Crynoa*, depuis laquelle les rivages courent au nord 85 degrés ouest l'espace de huit lieues, jusqu'à la pointe ouest de l'île. A partir de Crynoa, le pays est d'un aspect affreux: les montagnes formant la partie est de l'île descendent graduellement vers l'ouest, et, comme celles de Mowée, aboutissent à un isthme bas qui paraît diviser Morotoi en deux péninsules : un terrain très élevé forme la plus orientale, qui est de beaucoup la plus étendue; mais l'élévation de la plus occidentale n'excède nulle part une hauteur moyenne.

Depuis Crýnoa, en allant vers l'ouest, le pays s'élève du sein des flots, sans qu'on y aperçoive des crevasses, des collines ou des vallées. On y remarque une diminution graduelle de population; le sol est stérile et sans culture : nous y avons distingué un canton habité seulement par un petit nombre de naturels des dernières classes, occupés de la pêche, très abondante sur la côte. Ces pauvres gens vont chercher l'eau douce fort loin; il n'y en a que de saumâtre dans les parties ouest de Morotoi : plusieurs chefs de Mowée me l'avaient assuré, et Tomohomoho, qui nous accompagnait à Woahou, le confirma; il me dit en outre que je trouverais un mouillage fond de sable net le long des rivages de ce côté sud, qui sont principalement composés d'une grève de sable; mais comme il est dénué des pointes en saillie nécessaires pour mettre des vaisseaux à l'abri, je ne crus pas devoir l'examiner davantage; et sans perdre de temps, je fis gouverner vers la baie placée à l'extrémité ouest de l'île, afin de voir si, malgré mes observations antérieures, elle était commode pour réparer des navires, ainsi qu'on me l'avait annoncé.

Nous y pénétrâmes, en rangeant à environ une demi-lieue la pointe ouest de l'île située par 21 degrés 6 minutes 30 secondes de latitude, et 202 degrés 43 minutes de longitude, et nous eûmes des sondes régulières de dix-sept à vingt-trois brasses, fond de sable.

Comme il ne restait pas assez de jour pour faire avant la nuit la traversée de Morotoi à Woahou, nous serrâmes le vent.

Le pays est d'un aspect stérile et affreux; j'ai appris qu'il est dénué d'eau douce.

Nous remîmes à la voile le 20 mars; je dirigeais la route de manière à prolonger le côté nord de Woahou. Tomohomoho me représenta que les assassins résidaient près de la baie Whyteetee, et qu'il fallait en prendre le chemin; que si nous nous portions de l'autre côté, il y aurait beaucoup de chemin à faire pour aller à leur poursuite; qu'ils pourraient être instruits de nos desseins et se sauver dans les montagnes, et qu'alors on accuserait Titeeree de manquer à sa parole. Cet avis était si plein de sens, et Tomohomoho montrait tant de zèle pour remplir sa mission, que je n'hésitai pas à me rendre à ses vœux : je renvoyai à un autre temps la reconnaissance du côté nord de l'île, et nous gouvernâmes vers la baie Whyteetee, où nous mîmes à l'ancre sur les trois heures, par vingt brasses, à peu près à l'endroit où nous avions mouillé précédemment.

Nous reçûmes la visite de quelques naturels en simples pirogues très petites, qui n'avaient rien ou presque rien à vendre. Nous n'en vîmes qu'une double sur laquelle arriva James Coleman, l'un des trois blancs que nous avions rencontrés l'année d'auparavant à Atooi : il n'était plus au service de M. Kendrick, qui l'avait laissé dans cette île ; il se trouvait à celui de Titeeree, et on le tenait à Waohou pour régler le commerce et donner des secours en vivres aux vaisseaux qui pourraient y relâcher. Ce qu'on m'avait dit du caractère hospitalier de Titeeree était ainsi confirmé; il en résultait que ce prince n'avait pas, comme on le prétendait, ordonné de tuer tous les blancs qui résidaient sur ses domaines, ou qui y aborderaient par la suite.

Coleman était accompagné d'un chef nommé Tennavee, et d'un jeune homme appelé Tohoobooarto. Celui-ci avait fait un voyage à la Chine sur un navire de commerce, et avait appris des mots anglais qui rendaient sa conversation très intelligible. Ils m'informèrent tous les trois qu'ils venaient de la part de Trytooboory, fils aîné de Titeeree, et gouverneur de Woahou en son absence, pour savoir qui nous étions, et nous offrir les secours que l'île pouvait donner, quoiqu'il n'y eût pas pour le moment une grande abondance de vivres : excusant ensuite Trytooboory de ce qu'il ne paraissait pas lui-même, ils me dirent qu'il était malade, et qu'il ne pouvait ni marcher ni se tenir debout.

Coleman me parla de la malheureuse destinée

de nos trois compatriotes : son récit du massacre fut à peu près celui qu'on nous avait fait à Mowée.

Nous appareillâmes de la rade de Whymea, et nous fîmes route à l'ouest, afin de gagner les vents de sud-ouest qu'on nous avait dit prévaloir généralement à cette saison de l'année.

Le 30 au matin, Atoui nous restait au nord-est; Onehow au sud-ouest, et Oreehooa, dans l'ouest ; mais au lieu du vent de sud-ouest qu'on nous avait promis, nous eûmes un vent alisé de nord-est. Il ne nous aurait pas permis de reconnaître promptement le côté nord de l'île, et je renonçai à ce projet pour le moment.

On avait répandu en Angleterre que le capitaine Cook s'était trompé en donnant Oreehooa et Onehow pour deux îles séparées ; on prétendait que les habitans se rendent à pied de l'une à l'autre, et on disait aussi que le capitaine King avait été mal informé relativement à la population d'Oreehooa, qu'il évalue à quatre mille âmes. Ces deux faits pouvant être vérifiés aisément, je dirigeai la route sur Oreehooa, et nous passâmes à un quart de mille de ses rivages. Il nous fut bientôt démontré qu'Oreehoa est séparée d'Onehow par un canal d'environ un mille de largeur ; et si sa profondeur paraissait irrégulière d'après la couleur de l'eau, elle était évidemment trop considérable pour qu'on pût traverser le canal à pied : n'étant fermé par aucune terre, il est exposé à toute la force et à toute l'influence du vent alisé, par conséquent à la houle qui en est la suite. On peut donc en conclure que, si on le traversait à pied, la chaussée se serait montrée au-dessus de la surface de l'eau ; ou, d'après la violence du ressac sur les rivages contigus, que la mer aurait brisé sur un espace qu'on prétend d'assez petit fond pour permettre d'aller et de revenir à pied. Or, la mer ne brisait dans aucune partie de ce canal, qui même nous a paru assez profond pour donner passage à *la Découverte*.

Il est sûr qu'on a trompé le capitaine King quant à la population d'Oreehooa : cette île est très petite ; elle n'offre qu'un rocher escarpé, nu et stérile, selon toute apparence dénué de terre végétale, et ne présentant aucun indice qu'il ait jamais eu d'habitans.

Après avoir bien éclairci ces deux points, nous mîmes le cap à l'ouest, toutes voiles dehors ; et, disant adieu pour le moment aux îles Sandwich, je fis diriger la route sur Nootka.

QUATRIÈME SECTION.

SECONDE CAMPAGNE AU NORD. RECONNAISSANCE DE LA CÔTE OUEST
DE L'AMÉRIQUE SEPTENTRIONALE, DEPUIS FITZHUGH'S-SOUND JUS-
QU'AU CAP DÉCISION VERS LE NORD, ET DEPUIS MONTEREY JUSQUE
PAR-DELA LA BAIE SAN-FRANCISCO VERS LE SUD.

§ 1.

Traversée des îles Sandwich à la côte d'Amérique. Nous mouillons
dans la baie Trinidad. Description de cette baie, de ses habitans, etc. Arrivée à Nootka. Nous partons de Nootka, et nous
faisons route au nord. Nous rejoignons *le Chatam* à Fitzugh's-
sound.

Nous prîmes, le 30 mars, notre point de départ
des îles Sandwich, avec le vent alisé. Sept jours
après nous atteignîmes la région des vents variables. Nous avions, le 6 avril, une brise légère du
sud : notre latitude observée était alors de 30 degrés 35 minutes; le chronomètre de Kendall annonçait 197 degrés 26 minutes de latitude.

Dès que nous eûmes quitté les îles Sandwich,
je remarquai une élévation et un abaissement extraordinaires dans le baromètre. Nous aperçûmes à
la même époque, autour du vaisseau, quelques
petits albatros et des pétrels.

Le 8 avril nous fûmes environnés d'une petite
volée de courlis, d'autres oiseaux de rivage et de

la classe des pétrels; nous vîmes en outre plusieurs baleines, et nous dépassâmes une immense quantité de *medusæ-Villiliæ*. Notre latitude observée à midi était de 33 degrés 4 minutes; notre longitude, d'après le chronomètre de Kendall, de 201 degrés 4 minutes 3 quarts.

Le 29 avril nous vîmes le cap Mendocin, et le 2 mai nous prîmes terre au sud de Rocky-point, précisément par le travers de l'enfoncement que M. Quadra y a découvert en 1775, et qu'il a nommé *puerto de la Trinidad*. C'est une petite baie ou anse ouverte très exposée, et dont le rivage est bordé de rochers détachés à quelque distance de la côte. Lorsque le vaisseau fut amarré, la terre la plus septentrionale en vue était un promontoire de roche élevé, à pic et arrondi qui, sortant un peu en saillie de la ligne générale de la côte, forme la baie.

Je descendis à terre le lendemain avec une garde de soldats de marine, et un détachement de travailleurs pour chercher de l'eau et du bois : j'en trouvai dans une position commode, un peu au sud d'une petite bourgade indienne. La plupart des naturels vinrent dans leurs pirogues, faisant des échanges autour du vaisseau. Nous ne rencontrâmes que de vieilles femmes sur la grève. Je les accompagnai à leurs demeures, au nombre de cinq maisons bâties en planches, grossièrement faites, et garantissant

mal du vent ou de la pluie : elles ne sont pas précisément sur le modèle de celles de Nootka ; elles se
trouvent placées sans art et séparées l'une de l'autre
par un petit intervalle : le toit, au lieu d'être hori-
zontal, a un peu de pente et un faîte au milieu,
ce qui écarte un peu mieux la pluie. Les bordages
qui composent les flancs et les extrémités sont mal
joints, et les interstices sont remplis de feuilles de
fougère et de petites branches de pin. On y entre
par un trou rond qui est dans un des coins tout
près de terre, où une personne a de la peine à
passer : cette opération était si désagréable que,
pour examiner l'intérieur, ma curiosité se borna
par deux fois à enlever les matériaux qui bouchaient
les fentes. Quatre des maisons paraissaient construites depuis peu, et la partie inférieure était de
niveau avec le terrain : elles semblaient destinées
à loger chacune deux familles de six ou sept personnes. Je présumai que la cinquième, qui était
la plus petite et presque à moitié sous terre, servait de résidence à une famille : ainsi le village contenait environ soixante personnes. Je donnai des
clous, des grains de verre et différens petits objets aux matrones de ces grossières habitations ;
elles me pressèrent beaucoup d'accepter en retour
de grosses moules, en m'avouant avec candeur que
c'était la seule chose qu'elles pussent m'offrir.

J'allai ensuite auprès des ouvriers que je laissai

sous les ordres de M. Swaine. Quand je rentrai à
bord, les Indiens continuaient leurs échanges avec
droiture et civilité : ils vendaient des arcs, des
traits, des peaux de loutre d'une qualité inférieure,
une petite quantité de sardines, de harengs et de
poissons plats. Leur nombre augmenta dans le
cours de la matinée ; car ils arrivèrent de tous les
côtés, et en particulier du sud : ceux-ci avaient
fait le voyage par terre et ensuite sur des pirogues.
Il nous parut qu'ils avaient été avertis la veille par
des signaux, lorsque les premiers qui nous abordèrent furent de retour à la côte. Nous remarquâmes alors un feu, auquel on répondit vers le
sud sur le rocher rond qui est dans la baie ; et dès
le grand matin on avait répété le signal auquel on
avait aussi répondu du rocher.

. La latitude du vaisseau à l'ancre fut observée en
deux jours différens par différentes personnes qui
n'employèrent pas les mêmes sextans, et cinq hauteurs méridiennes du soleil donnèrent pour résultat
moyen 41 degrés 3 minutes : c'est quatre minutes
au sud de la latitude assignée par Maurelli au port
Trinidad, et aussi 4 minutes au sud de la position
que j'avais attribuée l'année d'auparavant à cet enfoncement, car il ne me paraît mériter ni le nom
de baie ni celui d'anse. La longitude est de 236 degrés 6 minutes.

M. Menzies, étant allé sur le promontoire qui

forme le côté nord-ouest de la baie y trouva, conformément à la description de M. Maurelli, la croix qu'élevèrent les Espagnols lorsqu'ils prirent possession de ce port; quoiqu'elle fût dans un état de ruine, il parvint à y copier l'inscription que voici :

CAROLUS III, DEI G. HISPANIARUM REX.

Ainsi cet enfoncement est bien réellement le puerto de la Trinidad ; et j'observerai qu'ayant toujours cherché, dans la reconnaissance de ces côtes, à y découvrir des ouvertures et des retraites assurées pour les vaisseaux, il est très possible que d'autres *ports* pareils se soient dérobés à nos regards.

Nos courses à pied s'étant bornées au voisinage de la mer, nous avons eu peu d'occasions de connaître l'intérieur du pays. Autour de la bordure des bois, le sol, quoiqu'un peu sablonneux, nous a paru une assez bonne terre végétale posée sur une couche d'argile, et souvent coupée par des protubérances de roche. Les terrains qui forment la ceinture des rivages sont entremêlés d'espaces de roche plus ou moins étendus, ne produisant aucun arbre, mais couverts de fougère, de gramens et d'autres herbages. Par-delà, les bois présentent jusqu'au sommet des montagnes une forêt continue, composée principalement de pins de plusieurs

espèces, d'une grande hauteur, et en outre de spruces
noirs que nous voyions pour la première fois dans
le cours du voyage, d'érables, d'aunes, d'ifs, et
d'une variété d'arbrisseaux et de plantes communes
dans les parties méridionales de la Nouvelle-Géorgie.
Nous n'avons pu juger des animaux de terre que
par les fourrures dont se vêtissent les habitans; elles
nous ont paru semblables à celles que fournit la
partie plus septentrionale de l'Amérique ouest. Les
productions de la mer que j'ai déjà indiquées sont
les seules que nous connaissions. Notre relâche a
été si courte que, relativement aux naturels du pays,
nous ne pouvons décrire que leur apparence extérieure.

Ils sont assez mal faits, mais robustes, et d'une
stature au-dessous de celle de toutes les tribus
que nous avions rencontrées jusqu'alors. En général leur chevelure est dans toute sa longueur, propre, bien peignée et nouée : la peinture dont ils
se barbouillent rend leur personne bien plus sale
que celle des Indiens qui l'année d'auparavant
étaient venus nous voir au sud du cap Oxford,
auxquels ils ressemblent d'ailleurs beaucoup sous
la plupart des rapports, et en particulier sous celui
du maintien qui fut également civil et amical. Leurs
pirogues sont comme celles des tribus qui nous
abordèrent par le travers du cap Oxford et à Restauration-point, et nous n'avons remarqué nulle

part ailleurs cette forme singulière. En approchant du vaisseau, ainsi que toutes les autres tribus de ce côté de l'Amérique, ils chantèrent d'une manière qui n'était point désagréable. Leur vêtement n'est composé que de fourrures de quadrupèdes terrestres, et d'un petit nombre de peaux de loutre de mer fort médiocres; ils se hâtèrent de les échanger contre du fer qu'ils préférèrent à tout ce que nous avions à leur offrir. Le vêtement des hommes, jeté negligemment sur leurs épaules, les garantit mal du froid et annonce un mépris absolu de la décence : pour se réchauffer lorsqu'ils sont à la mer, ils font un grand feu dans leurs pirogues. Les femmes sont plus attentives sur ces deux points; un vêtement de peau légèrement tannée en couvrait quelques-unes de la tête aux pieds; plusieurs portaient une robe de la même espèce, mais moins longue; elles avaient par-dessous un tablier ou plutôt un jupon de fourrures plus chaudes qui tombait de la ceinture au-dessous du genou.

Les Indiens du port Trinidad, ainsi que la plupart de tribus que nous avons rencontrées sur les autres parties de la côte, se mutilent et se défigurent pour s'embellir, ou dans des vues réligieuses, ou enfin par des motifs que nous ne connaissons pas. Leur coutume à cet égard est d'une grande bizarrerie; elle doit être d'abord fort pénible, et ensuite très incommode. Les dents des deux sexes sont toutes limées horizontalement jusqu'au ras des gencives ; les femmes exagèrent l'usage au point de les réduire au-dessous de ce niveau ; et des piquetures, formant trois colonnes perpendiculaires, une à chaque coin de la bouche et une au milieu, remplissent les trois cinquièmes de leurs lèvres et de leur menton. J'ai su que sans cette affreuse mode plusieurs de celles qui le dernier jour allèrent voir notre détachement à terre auraient pu passer pour belles. Les hommes étaient tatoués, ou, en d'autres termes, piquetés aussi ; nous remarquâmes sur leurs bras et sur leurs corps des cicatrices peut-être provenant d'accidens, peut-être aussi faites à dessein ; mais leur langue étant absolument inintelligible pour nous, et n'ayant aucune affinité avec les idiomes des peuplades établies plus au nord de la côte, notre curiosité sur ces différens points n'a pu être satisfaite au-delà de ce qui s'est présenté à nos regards.

Nous arrivâmes à Nootka au mois de mai 1793 ; nous relâchâmes le 20 dans l'anse des Amis. Le 22 nous dépassâmes l'entrée de Buena Esperanza. Le 25 nous étions à la hauteur du cap Scott qui est terminé par un mondrain bas que réunit à la grande terre un isthme étroit, et qui forme avec les îles situées au nord-ouest un canal navigable et sain d'environ trois milles et demi de largeur. Sept milles au sud-est de ce cap, sur la côte extérieure, nous laissâmes de l'arrière une ouverture avec de petits îlots qui gisent par le travers de sa pointe nord d'entrée : elle nous a paru saine et bien abritée. Depuis le cap Scott, pointe ouest de l'île Quadra et Vancouver, la côte, dans la partie intérieure, se dirige au nord-est l'espace de onze milles jusqu'à la pointe occidentale de l'entrée que présente l'intervalle de cette île et de celles de Galliano et de Valdès.

A midi notre latitude fut de 51 degrés 9 minutes et notre longitude vraie de 231 degrés 58 minutes. Les îles de Galliano et de Valdès nous restaient au sud-est ; la pointe sud des îles Calvert au nord-ouest ; une pointe basse sur la plus grande de ces îles au nord-ouest, et le cap Scott au sud-ouest, à vingt-trois milles. Le cap Scott est ainsi placé par 50 degrés 48 minutes de latitude.

Nous vîmes ensuite le *cap Caution* ou *cap Circonspection*, ainsi nommé parce que la navigation de son voisinage est dangereuse. Il gît par 51 degrés 12 minutes de latitude et 232 degrés 9 minutes de longitude. Le soir nous remontâmes Fitzhugh's-sound, toutes voiles dehors, à l'aide d'une petite brise de l'est-nord-est. Le 25 mai nous étions devant le bras qui conduit à la pointe Menzies.

§ 2.

Nous mouillons dans Restoration-Bay. Nous nous avançons au nord. Description d'une peuplade.

M. Johnston partit le 29 mai avec le grand canot du *Chatam* et le petit canot de *la Découverte* pour achever la reconnaissance de l'entrée que le mauvais temps l'avait contraint d'abandonner en 1792. Le lendemain, accompagné du lieutenant Swaine, qui montait mon grand canot, je m'embarquai sur l'yole afin d'examiner le bras principal de Fitzhugh's-sound qui, vers le nord, semblait se diriger dans l'ouest, c'est-à-dire en dehors du bras où mouillaient les vaisseaux, que j'ai appelé *canal de Burke*, du nom d'Edmond Burke.

Nous atteignîmes sur les neuf heures la branche principale de l'entrée, qui est une prolongation de Fitzhugh's-sound vers le nord. Je l'ai appelée *canal Fisher*, du nom d'un de mes amis dont je fais grand cas. Nous dépassâmes des rochers qui sont au nord-ouest, à environ une lieue de la pointe nord-ouest d'entrée du canal de Burke, à laquelle j'ai donné le nom de *pointe Walker*. Elle gît par 51 degrés 56 minutes et demie de latitude et 232 degrés 9 minutes de longitude; l'autre pointe d'entrée du même canal de Burke est au sud-est, à près de deux milles, et je l'ai appelée *pointe Edmond*. Il y a plusieurs îlots de roche par le travers de celle-ci.

L'aspect du pays que nous venions de voir ne différait en rien de celui que j'ai décrit si souvent; mais les érables, les bouleaux, les pommiers sauvages et les autres petits arbres semblaient en plus grand nombre et d'une taille plus forte. Nous avions aperçu deux ou trois baleines, dont une près de la pointe Menzies, plusieurs phoques et quelques loutres de mer. Les loutres étaient singulièrement farouches, ainsi que deux ours noirs qui se montrèrent sur les rivages.

La marée dans ces environs nous a paru s'élever et s'abaisser de dix pieds; la mer est haute dix heures vingt minutes après le passage de la lune au méridien. Mais ni le jusant ni le flot ne nous ont paru occasioner un courant général ou même sensible.

La plupart des Indiens de notre ancienne connaissance étaient autour de nous, et outre les trois chefs principaux, un quatrième nommé *Moclah* se présentait pour la première fois. Cette troupe, composée de plus de cent personnes, se conduisit très bien. Il y eut une ou deux petites tentatives de vol; nous les découvrîmes au moment même; et comme nous parûmes très fâchés, il n'arriva plus rien de pareil. Parmi les peaux exposées en vente je découvris enfin

celle du quadrupède qui fournit la laine , avec
laquelle se fabriquent les vêtemens que j'ai décrits. Elles étaient trop étendues pour appartenir à
un animal de la race du chien, ainsi que nous
l'avions supposé : non compris la tête, la queue et
les jambes , elles avaient cinquante pouces de longueur et trente-six de large. La quantité de laine
n'y est pas proportionnée à la grandeur de la peau ;
elle croît principalement sur le dos et vers les
épaules, d'où sort néanmoins une espèce de crête
de longs poils qui ressemblent à des soies de san-
glier ; les mêmes poils forment une couverture
extérieure pour le corps du quadrupède, et ca-
chent entièrement la laine , qui est courte et d'une
très belle qualité. Chacune des fourrures qu'on
nous apporta était tout-à-fait blanche, ou plutôt
couleur de crème; les peaux proprement dites
étaient épaisses, mais trop mutilées pour y reconnaître l'animal.

Des femmes vinrent à bord l'après-midi : celles
qui paraissaient les plus distinguées se firent remarquer par une parure bien singulière. Sans doute
les contorsions et les mutilations sont à la mode
dans la généralité des tribus que nous avions vues
jusqu'alors; mais celles dont je parle ici sont les
plus extraordinaires, les plus difficiles à décrire,
au moins quant à l'effet qu'elles produisent. Ima-
ginez au-dessous de la partie supérieure de la lèvre

d'en bas une incision horizontale et profonde d'au moins un tiers de pouce, se prolongeant sur toute la longueur de la bouche; cet orifice est étendu par degrés jusqu'à ce qu'il puisse contenir un ornement de bois qui touche aux gencives de la mâchoire inférieure, et dont la surface extérieure se projette en avant.

Ces ornemens de bois et de forme ovale ressemblent à un petit plat oblong qui est concave des deux côtés. Ils sont de différentes tailles; mais les moins grands des échantillons que je me suis procurés ont environ deux pouces et demi de longueur; celle du plus considérable est de trois pouces quatre dixièmes, sur une largeur d'un pouce et demi. La largeur des autres est dans la même proportion relativement à la longueur: l'épaisseur est d'à peu près quatre dixièmes de pouce, et il y a au milieu du rebord extérieur une rainure qui reçoit la lèvre ainsi partagée. Ces hideux bijoux sont de sapin et bien polis; ils ont quelque chose de monstrueux; ils présentent enfin une sorte de difformité et un trait de l'absurdité humaine que j'aurais peine à croire si je ne les avais pas vus.

C'est une singularité remarquable que dans les régions de la Nouvelle-Géorgie, où la principale partie du vêtement des naturels est de laine, nous n'ayons jamais vu le quadrupède ou la peau qui la fournit, et qu'ici où je pensai, par des raisons sans nombre, que l'animal en question était commun, au moins dans le pays d'alentour, aucun Indien ne s'est montré avec ce vêtement de laine. Ils ne portent que des fourrures de loutre ou des vêtemens d'écorce de pin ; quelques-uns des derniers sont entremêlés de morceaux de fourrure de loutre et ont à la bordure et dans le milieu une frange de laine filée, teinte en diverses couleurs, et particulièrement d'un beau jaune qui a de l'éclat.

Les habitans de cette partie de la côte nous parurent d'abord une race plus belle que les naturels établis plus au sud; mais lorsque nous les trouvâmes en plus grand nombre, la différence nous frappa moins, probablement parce que nous étions plus familiarisés avec leur figure, et que, pour venir nous voir, ils avaient fait un long voyage par un temps de pluie très mauvais. Autant que nous avons pu en juger, les connaissant si peu, ils sont civils, de bonne humeur et dans des dispositions amicales. La vivacité de leur physionomie annonce de la sagacité, et leurs éclats de rire multipliés nous donnèrent lieu de croire qu'ils aiment la plaisanterie. Leur gaîté ne s'exerçait pas seulement sur leurs compatriotes ou leurs affaires; ils se montraient si à l'aise dans notre société que souvent ils s'amusèrent à nos dépens.

En général les chefs, avant de s'approcher de nous, pagayèrent autour des vaisseaux, en chantant

d'une manière qui n'était pas désagréable; la même
cérémonie avait lieu lorsqu'ils s'en allaient, et se
prolongeait quelquefois jusqu'à ce qu'ils fussent
très loin. Ils nous ont semblé une peuplade heureuse et enjouée, dont les membres vivent entre
eux dans un accord parfait. Ils entendaient fort bien
le commerce, et nous avons eu occasion de nous
en apercevoir; car je crois que dans le cours de leurs
visites ils ne vendirent pas moins de cent quatre-
vingts peaux de loutre, et d'autres fourrures encore
à différentes personnes du bord. Leur fonds de
marchandises parut épuisé, puisque les chefs prirent congé comme s'ils avaient eu l'intention de ne
pas revenir. Ils nous firent leur adieux amicalement
et gaîment.

§ 3.

**Les vaisseaux marchent en avant. Nous traversons Milbanck's-
sound, et nous suivons la rive continentale.**

Les vaisseaux se portèrent, sans perdre de temps,
à l'endroit où M. Johnston avait terminé l'examen
de la rive continentale. Je fis appareiller le 18
juin 1793; mais nous étions en calme, et toutes
nos embarcations nous prirent à la remorque.

Nous fîmes quelques observations pour déterminer notre situation en latitude et en longitude:
notre latitude observée fut de 52 degrés 23 mi-

nutes, et notre longitude de 231 degrés 37 minutes : la pointe nord-ouest de l'entrée de Milbank's sound nous restait alors au sud-ouest du compas, et sa pointe sud-est, que j'ai appelée *cap Swaine*, du nom du troisième lieutenant de *la Découverte*, au sud-est : dans la même direction se présentait une petite île à la distance de deux milles et demi ; il y a un rocher submergé très dangereux dans le sud-ouest, à environ une demi-lieue de l'île. Je passai à l'ouest de l'île et de l'écueil ; mais *le Chatam* fit route dans l'intervalle qui les sépare de la rive de l'est, laquelle est toujours coupée et de roche : elle forme avec le rocher submergé et les brisans, un passage d'un demi-mille de largeur, où les sondes sont très irrégulières.

D'après nos observations, le cap Swaine gît à 52 degrés 13 minutes de latitude et 231 degrés 40 minutes de longitude ; et la pointe nord-ouest d'entrée de Milbank's-sound, que j'ai nommée *pointe Day*, et par le travers de laquelle il y a plusieurs îlots de roche stériles, se trouve par 52 degrés 14 minutes et demie de latitude, et 231 degrés 27 minutes de longitude.

Le 2 juillet, j'observai 53 degrés 18 minutes de latitude et 231 degrés 14 minutes de longitude. Le grand canot et la chaloupe s'approchaient alors des vaisseaux par le canal que M. Johnston avait suivi vers l'Océan, et à leur arrivée à bord M. Whidbey me rendit de son expédition le compte que voici.

Du point où nous nous trouvions, il avait prolongé la rive de l'est qui se dirige à peu près au nord. Il examina une petite entrée, laquelle court dans l'est l'espace d'une demi-lieue, et dont la pointe nord d'entrée est au nord, à environ une lieue de notre mouillage ; le détachement y passa une nuit pénible, par un temps extrêmement mauvais, et sur une côte de roches escarpées, où il eut à peine l'étendue horizontale nécessaire pour débarquer et établir une tente. Le lendemain au matin (24 juin), comme il allait se remettre en route, il vit de la fumée sortir du milieu des pierres du rivage qui, à la mer basse, forment une espèce de grève; elles renferment un courant d'eau chaude qui, au dernier temps du flot, doit être au moins à six pieds au-dessous de la mer haute : le détachement ne put en découvrir la source, et n'ayant point de thermomètre, il fut hors d'état de déterminer son degré de température; les matelots voulurent y laver leurs mains, mais la chaleur était trop forte. L'eau avait un goût salé; et M. Whidbey pensa, d'après sa rapidité, qu'il est difficile d'attribuer cette salure à l'eau de la mer : par la couleur et le goût elle ressemblait beaucoup aux eaux de Cheltenham.

M. Whidbey continua sa route le long de la

rive continentale qui court au nord-ouest, jusqu'à une pointe située par 53 degrés 32 minutes de latitude et 231 degrés 5 minutes de longitude. Deux lieues au-dessous dans le sud-est, il avait examiné une petite branche d'environ un mille de largeur, laquelle se prolonge d'abord au nord-est. La rive de l'ouest est sans coupures, et presque en ligne droite jusque par le travers de la pointe, où elle présente une baie profonde dont les rives ont semblé un peu rompues vers l'extrémité intérieure. Depuis cette pointe, la largeur de l'entrée, qui court à l'est, augmente et se montre d'une demi-lieue, et la rive continentale se dirigeant au nord-est l'espace de quatre milles, forme un isthme étroit par lequel elle est séparée du côté nord de la petite branche où le détachement passa une si mauvaise nuit : elle s'étend ensuite au nord-est, quatre milles plus loin, jusqu'à une pointe où elle a trois milles et demi de largeur, et se divise en deux branches; la principale, ou la suite de la première, court à peu près au nord-quart-nord-ouest, et l'autre au sud-est-quart-est, sur une largeur qui n'est d'abord que d'un mille. Le détachement y arriva le 25 juin.

Cette pointe, que M. Whidbey a nommée *pointe Staniforth*, gît par 53 degrés 34 minutes de latitude et 231 degrés 17 minutes de longitude. Les rivages qu'il avait prolongés pour l'atteindre sont en partie composés de hautes montagnes à pic qui s'élèvent presque perpendiculairement du sein de la mer, et sont tapissées de pins et d'arbres de haute futaie, depuis le rivage jusqu'à leurs sommets : les autres portions, également bien boisées, ont moins de hauteur et présentent des grèves de sable avec des saillies formant plusieurs petites baies et des anses.

Le détachement s'aperçut le 26 juin qu'au lieu d'être dans une petite baie comme il l'avait cru, il se trouvait un peu en dedans de l'entrée d'une petite rivière, d'une encâblure de largeur, qui, sur un quart de cette étendue, laisse un passage de cinq brasses et prend au sud-ouest un cours sinueux entre deux montagnes : le flot y entrait avec force; mais un jusant en sortait avec une telle impétuosité, que nos embarcations ne purent le refouler.

Le 27 au matin, le détachement revint sur ses pas dans le bras de mer que j'ai appelé *canal Gardner*, du nom de sir Alan Gardner. Depuis la petite rivière jusqu'à l'extrémité intérieure, le pays est un désert tellement stérile, qu'il est à peu près dénué de bois et de verdure : il offre une masse grossière de roches presque pelées, formant d'âpres montagnes plus élevées que nous ne les avions encore vues, et dont les cimes sourcilleuses, paraissant recourbées sur leurs bases, produisent un spectacle effrayant. Cette région est couverte d'une glace et d'une neige qui semblent ne fondre jamais, et qui dans les entre-deux de ces monts descendent jusqu'à la ligne de la mer haute ; beaucoup de cascades de différentes dimensions en descendaient de tous les côtés.

Le détachement s'étant remis en route le 1er juillet, il suivit la rive de l'ouest, et arriva bientôt à l'embranchement ouest qu'il avait vu le 29 juin, depuis la pointe Hopkins, lequel se dirigeait au sud-ouest sur une largeur d'environ un mille : la rive de l'ouest étant toujours une suite du continent, et celle de l'est paraissant former une île ou un groupe d'îles, annonçaient un passage aux vaisseaux. M. Whidbey, au lieu de revenir par le chemin qu'il avait déjà fait, n'hésita pas à descendre le bras, et cinq milles plus bas il rencontra une pointe située par 53 degrés 50 minutes de latitude et 231 degrés 8 minutes et demie de longitude, qu'il a nommée *pointe Ashton*, où commence un autre embranchement vers le nord, lequel à peu de distance semblait se sous-diviser en deux bras, le premier vers le nord et le second vers le nord-ouest.

Il ne lui restait presque plus de vivres; et n'étant pas sûr de trouver un passage par la route qu'il suivait, il crut devoir ne pas s'occuper de la rive continentale, et se hâter de rejoindre les vaisseaux.

Étant à la hauteur de cette pointe, qui gît par 53 degrés 18 minutes et demie de latitude et 230 degrés 58 minutes de longitude, et que j'ai nommée *pointe Cumming*, il aperçut à peu près dans l'est, à environ neuf milles, l'îlot sur lequel il m'avait laissé un billet le 23 juin. Ainsi toutes ses conjectures se trouvèrent vérifiées : l'île dont il venait de faire le tour a trente-trois milles de long sur une largeur de trois à onze ; je l'ai appelée *île Hawkesbury*, du nom du lord Hawkesbury, qui travaille avec tant de zèle au progrès du commerce de l'Angleterre.

§ 4.

Nous mouillons près de l'île Gil. Nous quittons l'anse du Pêcheur. Nous rentrons dans l'Océan par un passage entre l'île Banks et l'archipel de Pitt. Nous pénétrons dans Chatam's-sound. Notre arrivée à l'entrée de l'Observatoire. Nous mouillons dans la baie des Saumons.

Nous ne pûmes appareiller que le 4 juillet, et il fallut marcher au vent. Nous avancions si peu, que nous n'atteignîmes qu'à sept heures du soir la pointe Cumming : dès que nous l'eûmes arrondie, le vent qui avait été contre nous toute la journée, et qui se serait trouvé favorable, passa au rumb sur lequel, à notre entrée dans Nepean's-sound, nous devions gouverner pour gagner le rendez-vous encore éloigné d'environ quatre milles : ce contretemps nous força à dix heures de mouiller à une demi-encâblure de la rive de l'est : nous étions deux milles au nord de la pointe ci-dessus, et nous amarrâmes à des arbres.

D'après les reconnaissances de M. Whidbey, il fut positivement démontré que la terre formant le côté sud-ouest du canal étendu que le détachement avait suivi depuis Nepean's sound jusqu'à la pointe Hunt, et ensuite depuis la pointe Hunt jusqu'au cap Ibbetson, est un archipel d'îles, ou une île de plus de vingt lieues de longueur : c'est très probablement un archipel, et je l'ai appelé *archipel de Pitt,* du nom du chancelier de l'échiquier.

En repassant le chenal, que j'ai dit avoir un mille de largeur, M. Whidbey remarqua dans le nord est, sur la côte de l'archipel de Pitt, deux baies de sable qui semblaient promettre un bon mouillage ; mais, ayant d'autres objets en vue, il n'y entra point, et se porta en avant dans le sound, où il employa l'après-midi à déterminer la position des îles, rochers, etc., qui s'y trouvent. Étant sur une de ces îles, située au nord-ouest à huit milles de la pointe Hunt, il eut pour la seconde fois une vue de l'Océan dans le lointain, par-delà l'extrémité ouest d'une île que j'ai appelée *île Stephens,* du nom de sir Philip Stephens, de l'amirauté. Il visita ensuite un second groupe d'îles, où il passa la nuit, ce qui fut le terme de son excursion dans le nord.

Se trouvant le 12 au matin près de la pointe Hunt, il fit route dans le canal que, le 9 au soir, il avait vu se prolonger au nord-ouest. Il aperçut vers la partie sud et à mi-chenal plusieurs rochers couverts ; et en traversant le groupe d'îles qu'il avait vues en même temps, il reconnut qu'elles sont environnées de rochers et de bas-fonds. Il revint ensuite en toute diligence aux vaisseaux par le canal qu'il avait remonté.

Il est de vingt-deux lieues de longueur ; il communique d'un côté à Nepean's-sound, et de l'autre à Chatam's-sound ; et je lui ai donné le nom de *canal Grenville*.

Le résultat de cette expédition ne me laissa point d'incertitude sur la route que je devais prendre. J'ordonnai sur-le-champ de ramener à bord les ustensiles avec lesquels on avait brassé de la bière, et je fis démarrer. Je voulais descendre le canal que M. Johnston avait trouvé conduisant à l'Océan, et marcher ensuite au nord-ouest, à travers le passage dont l'île de Banks forme la rive sud-ouest, et l'archipel de Pitt la rive nord-est. M. Caamano l'avait traversé et nommé *canal del Principe* ; et sa carte le représentait comme sain.

Tandis que nous étions occupés du rembarquement de ce qui était à terre, trois pirogues se montrèrent. Nous en avions déjà de loin aperçu une quelques jours auparavant ; mais durant notre séjour à Nepean's-sound, nous n'avons pas vu d'autres naturels du pays. Une seule de ces embarcations s'approcha de nous ; elle était montée par quatre ou cinq Indiens, remplis de défiance ou de circonspection. Ils nous vendirent un petit nombre de peaux de loutre, d'une qualité médiocre ; en comparant les naturels à ceux que nous avions rencontrés jusqu'ici, nous remarquâmes une légère différence : sans être plus grands, ils sont plus robustes ; leur visage est plus rond et plus aplati ; leurs cheveux sont grossiers, lisses, noirs et coupés très près. Les Indiens des tribus de l'Amérique nord-ouest qui jusqu'ici s'étaient offerts à nos regards, portent dans toute sa longueur leur chevelure, en général souple, et en majeure partie d'un brun clair ou foncé, qui rarement approche du noir.

Un vent léger et variable nous retint jusqu'à midi ; il parut alors se fixer dans le nord-est, et nous appareillâmes. Quoique notre mouillage ne soit pas d'un grand enfoncement, je l'ai désigné par le nom de *Fisherman's-cove* (*anse du Pêcheur*), parce que nous y fîmes une bonne pêche, ce qui ne nous arrivait pas souvent dans ces régions. L'anse du Pêcheur offre deux gros courans d'eau douce, et on s'y procure du bois sans peine et en abondance.

Durant cette petite relâche, je fis des observations en assez grand nombre pour déterminer la position de l'anse. Sa latitude est de 53 degrés 18 minutes et demie, et sa longitude, déduite de six suites de hauteurs du soleil rapprochées de l'indication des chronomètres, de 230 degrés 53 minutes. La déclinaison de l'aimant, observée à terre sur trois différentes boussoles qui varièrent de 20 degrés 29 minutes à 22 degrés 18 minutes, fut, en résultat moyen, de 21 degrés 17 minutes à l'est. L'anse du Pêcheur étant située à l'extrémité d'une île, au milieu de cette région très coupée, je n'ai pu obtenir de résultat précis touchant les marées, car elles se trouvaient soumises à l'action des vents ou de quelques causes cachées.

Le 20 juillet nous revîmes les îles de la Reine Charlotte, mais d'une manière peu distincte; le vent passa au sud-est et fut accompagné d'un ciel épais et brumeux qui ne tarda pas à les obscurcir de nouveau.

Le temps était meilleur le 21 juillet, mais la brume obscurcissait tellement la terre, que nous eûmes assez tard dans la matinée une vue un peu distincte des rivages adjacens. La partie septentrionale de l'île Stephens nous restait au sud-est, à une demi-lieue; l'extrémité nord du groupe de rocher au nord-ouest, à trois milles; et nous avions au nord-ouest, à quatre milles et demi, la partie de la chaîne de rochers qui forme le côté nord du passage par où nous étions entrés dans le sound,

XIV.

28

et que j'ai appelé *passage Brown*, du nom du capitaine du *Butterworth*.

Le mouillage que nous venions de quitter gît par 54 degrés 18 minutes de latitude, et 229 degrés 28 minutes de longitude; il est formé au côté est d'une quantité innombrable d'îlots de roche et de rochers qui s'étendent en une rangée du côté septentrional de l'île Stephens au nord-ouest, l'espace d'une lieue et demie, sur une largeur d'environ deux milles.

Le temps devint serein et agréable avec le progrès du jour; le vent était favorable, et nous prolongions assez vite la côte est du sound : elle est basse et coupée par de petites baies, mais bordée d'un récif de rochers placé à un quart de mille du rivage. L'intérieur du pays présente une haute chaîne de montagnes couvertes de neiges qui ne fondent jamais : ces montagnes, ainsi que les îles du sound, produisent une multitude de pins qui ne paraissent pas d'une grande taille. Le soir nous laissâmes dans l'ouest deux groupes de rochers bas, aux environs desquels il y a des brisans. Nous dépassâmes aussi la pointe nord de l'île qui forme le côté ouest de Chatam's-sound, au nord du passage Brown : cette île gît nord-ouest, et a quinze milles de long sur cinq de large de l'est à l'ouest. Je l'ai appelée *île Dundas*, du nom de Henri Dundas, secrétaire d'État.

Nous eûmes, au nord de l'île Dundas, une vue distincte de l'Océan dans l'ouest, à travers un canal spacieux qui se montrait sans obstacles ; et au coucher du soleil nous entrâmes dans ce bras qui aboutissait, disait-on, à une navigation intérieure très étendue. J'ai donné à sa pointe sud-est d'entrée le nom de *pointe Maskelyne*, en l'honneur de M. Maskelyne, astronome du roi. Elle gît par 54 degrés 42 minutes et demie de latitude et 229 degrés 45 minutes de longitude; on voit par son travers deux îlots de roche, et au sud une petite île près de la côte.

L'étendue apparente de cette entrée ne répondait point du tout à la description qu'on m'en avait faite : son ouverture n'a pas plus de deux milles et demi de largeur, et à peu de distance nous la voyions encore plus resserrée. Si c'est la branche dont les naturels parlèrent à M. Brown, ils la nomment *Ewen-Nass ;* mais cela est fort douteux, car quelques-uns des officiers comprirent qu'elle se trouve plus loin dans l'ouest. Nous avons appris que le mot *ewen* signifie *grand* ou *puissant ;* que les Indiens disent, par exemple, *ewen smoket*, *un grand chef ;* mais ni M. Brown, ni personne à bord de ses navires, ne connaissait la signification de *nass*.

§ 5.

Grande excursion en canots.

Après avoir donné des ordres pour le temps de mon absence, nous partîmes le 24 juillet 1793. Je dirigeai d'abord la route le long de la rive de l'est. Nous passâmes à l'est d'une île de deux milles de longueur et d'un demi-mille de large, qui gît à peu près dans la même direction, à environ trois quarts de mille de la rive de l'est. Parvenus à son extrémité nord, nous entrâmes dans un bras étroit, laissant à l'ouest une côte qui paraissait très divisée par les eaux de la mer.

A l'aide d'un vent de sud et du flot, notre marche vers le haut de ce bras fut rapide ; au-delà de sa plus grande largeur, qui est d'un mille, il prend un cours sinueux dans l'est-nord-est, et se termine à une basse lisière de terre, par 55 degrés 26 minutes de latitude et 230 degrés 36 minutes de longitude.

A un mille en avant de la lisière qui forme l'extrémité intérieure du bras, nous nous arrêtâmes pour dîner, et nous reçûmes la visite de sept naturels du pays, qui nous approchèrent sur une pirogue, avec beaucoup de circonspection ; quelques autres débarquèrent à peu de distance, tandis que ceux-ci s'avancèrent vers nous, paraissant douter extrêmement de nos intentions amicales : de petits présens dissipèrent leur inquiétude ; et leurs camarades qui étaient descendus à terre, instruits de cet accueil, arrivèrent sans la moindre hésitation, mais bien armés. Ils avaient de longues lances, des traits et une dague de fer que chacun d'eux portait autour de son cou ou de son poignet. On me montra le chef de la troupe, et par des signes qu'il comprit sur-le-champ, je l'invitai à partager notre repas. On lui donna du pain, du poisson sec, et ensuite un verre d'eau-de-vie ; il trouva le tout fort bon, et deux ou trois de ses amis qu'il eut soin de régaler, furent du même avis. Différant peu de la généralité des Indiens que nous avions rencontrés, ils ne présentaient plus guère les dissemblances que nous avions remarquées dans l'anse du Pêcheur.

Leur langue nous a paru ressembler, à quelques égards, à celle des îles de la Reine Charlotte ; ils entendirent, du moins, quelques mots de cet idiome ; ils les employèrent même avec un grand nombre de signes, pour nous inviter à nous rendre à leurs habitations, qu'ils nous indiquaient à l'extrémité intérieure du bras : mais la position se trouvant hors de ma route, je repris le chemin de l'entrée, à l'aide du jusant. Les Indiens nous accompagnaient, et bientôt il nous arriva une autre pirogue de leur village : s'apercevant à la fin que nous continuions

à descendre, et que nous ne nous occupions pas de
trafic, ils retournèrent tous à leur bourgade.

A huit heures du soir, nous nous établîmes pour
la nuit à l'entrée du bras. La terre des rives que
nous venions de parcourir est basse, à parler com-
parativement ; mais l'intérieur du pays s'élève
d'une manière brusque, et une chaîne de hautes
montagnes stériles, et en majeure partie couvertes
de neige, termine l'horizon. Le sol de la basse région près des rivages est principalement composé
d'une légère substance de mousse qu'a produite le
détriment des arbres et des autres productions
végétales répandu sur une couche inégale de roche, fondement général de cette contrée ainsi que
de toute la côte qui jusqu'alors s'était présentée à
nos regards depuis le commencement de la saison.

Nous nous rembarquâmes le lendemain 25. Je
dirigeai la route vers la branche qui paraissait le
bras principal de l'entrée, et à travers un passage
étroit que produit une île d'environ une lieue de
longueur et de trois quarts de mille de large, située
à mi-canal, et auprès de laquelle il y a des rochers
et des brisans pareils à ceux que nous avions dépassés la veille. Depuis la pointe ouest du bras
que nous venions de quitter, celui que nous suivions se prolonge au nord-ouest, à peu près en
ligne droite, l'espace d'environ dix milles; après
quoi, il finit à un terrain bas et marécageux, par

55 degrés 32 minutes de latitude et 230 degrés 16 minutes de longitude. L'attente de découvrir cette navigation intérieure très étendue dont on nous avait parlé sous le nom *d'Ewen-Nass* se trouvait un peu frustrée.

L'aspect des terrains bas de la rive de l'ouest entretenait cependant notre espoir, et nous la prolongeâmes l'après-midi, afin de continuer nos recherches ; elle est sans coupures, remplie de petites baies et d'anses, et semée, en quelques endroits, de rochers couverts. A l'aide d'un rapide jusant, nous atteignîmes bientôt la pointe est d'entrée de la branche nord-nord-ouest que je voulais reconnaître d'abord : je l'ai nommée *pointe Ramsden*, en l'honneur de l'opticien M. Ramsden : elle gît par 54 degrés 59 minutes de latitude, et 230 degrés 2 minutes et demie de longitude.

Si je compare les Indiens de cette côte aux autres Indiens de la même côte, la férocité de leur visage et de leur maintien est la seule différence que j'aie remarquée. Leurs armes semblent convenir à leur situation ; les lances, de treize pieds de long, ont une pointe de fer quelquefois barbelée, dont la forme, quoique simple, varie beaucoup : leurs arcs sont bien faits ; les traits, dont ils sont abondamment fournis, m'ont semblé grossiers et garnis d'une pointe d'os ou de fer. Chacun d'eux avait une dague aussi de fer suspendue à son cou, dans un fourreau de cuir, et destinée, à ce qu'il nous a paru, pour les combats corps à corps. Leur vêtement de guerre est composé des plus fortes peaux des animaux terrestres qu'ils peuvent se procurer, posées l'une sur l'autre, au nombre de deux, trois et même davantage ; il se trouve au centre un trou assez grand pour y passer la tête et le bras gauche; ils le portent sur l'épaule droite et au-dessous du bras gauche : le côté gauche est cousu dans toute sa longueur, et le droit demeure ouvert ; le corps cependant est assez bien défendu, et les deux bras ne sont point gênés : la partie qui couvre la poitrine est quelquefois garnie à l'intérieur de minces lattes de bois : en tout, il semble bien imaginé, et je crois qu'il remplit son but en les garantissant le mieux possible de l'effet des armes du pays.

Nous continuâmes à remonter la branche principale d'une entrée qui a trois quarts de mille de largeur, et se dirige à peu près au nord-est l'espace de quatre lieues et demie, où elle finit à 55 degrés 17 minutes de latitude et 229 degrés 36 minutes et demie de longitude.

Depuis notre départ du cap Fox, nous nous croyions à l'entrée sud du canal de Revilla Gigedo, figuré dans la carte que j'avais reçue de M. Caamano. Cette carte donnait une idée peu exacte des côtes que nous prolongions, mais l'esquisse générale avait assez de ressemblance pour ne point me laisser de doute : je jugeai que l'entrée qui nous avait occupés les deux derniers jours est sa boca de Quadra, quoiqu'il place la pointe sud de son entrée par 55 degrés 11 minutes, c'est-à-dire 10 minutes plus au nord que le résultat de nos observations.

Une ouverture étendue qui divisait la terre de l'ouest était évidemment une prolongation du canal de Revilla Gigedo, et l'île Gravina en formait le côté sud : sa largeur à Foggy-point est d'environ quatre milles ; et par le travers de cette île, elle est de moins d'une lieue, quoique la carte espagnole lui donne huit ou neuf milles depuis l'entrée jusqu'ici. Nous étions trop éloignés de l'intérieur du canal pour déterminer la position de ses pointes ; j'en excepte une toutefois, que j'ai appelée *pointe Alava*, en l'honneur du gouverneur espagnol à Nootka, laquelle est à cinq milles de la pointe est de l'île Gravina : elle est très visible et forme la partie ouest d'une branche étendue qui paraissait se diriger au nord le long des rivages du continent.

La côte qui se présentait dans l'ouest, particulièrement au sud du canal de Revilla Gigedo, semblait très coupée. Les rivages dans la plupart des directions étaient bas ou d'une élévation modérée ; mais l'intérieur du pays offrait des montagnes couvertes de neige, non-seulement dans la partie de l'est, mais au nord et à l'ouest.

L'îlot sur lequel nous dînâmes paraît composé
de substances qui diffèrent beaucoup de celles que
nous étions habitués à voir ; car c'est partout une
carrière d'ardoise : nous n'y avons remarqué aucune autre pierre sur les bords, dans l'intérieur et
même au milieu des arbres. Nous avions souvent
aperçu de l'ardoise formant une espèce de grève,
ou en couches minces entre les rochers ; mais nous
n'en avions jamais rencontré une masse aussi prodigieuse. En partant de cet îlot, que j'ai nommé
Slate-islt ou *îlot d'Ardoise,* nous laissâmes le canal
de Revilla Gigedo dans l'ouest, et nous prolongeâmes la rive du continent jusqu'à une pointe qui gît
au nord-ouest à quatre milles de l'îlot d'Ardoise,
et que j'ai appelée *pointe Sykes,* du nom de l'un des
officiers de *la Découverte.* La rive continentale,
qui est un peu dentelée, et près de laquelle gisent
de petits îlots et des rochers, court ensuite au
nord-est jusqu'à une pointe que j'ai appelée *pointe
Nelson,* du nom du capitaine Nelson, de la marine ;
elle est située par 55 degrés 15 minutes de latitude, et 229 degrés 17 minutes et demie de longitude.

Le pays dont nous étions entourés offre un
grossier assemblage de monts de roche à pic, stériles et même dénués de sol, dont les sommets se
trouvent éternellement couverts de neige. Si j'en
excepte l'extrémité intérieure du bras, où le terrain

est bas, ces montagnes s'élèvent presque perpendiculairement du bord de l'eau, où on ne voit
d'autres productions végétales qu'un petit nombre
d'arbres nains très clair-semés.

Non loin de l'endroit où nous dînâmes, et près
des ruines de quelques huttes temporaires des Indiens, nous trouvâmes une caisse d'environ trois
pieds en carré, et d'un pied et demi de profondeur,
où étaient les restes d'un squelette humain qui,
d'après la position confuse des ossemens, paraissait avoir été mis en pièces ou introduit de force
dans ce petit espace. Nous avions vu durant nos
excursions en canots, depuis le printemps, une ou
deux autres bières de la même espèce ; mais nous
en avions rencontré peu de pareilles, et je fus
porté à croire que cette manière de disposer des
morts n'a lieu qu'à l'égard de certaines personnes ;
car, si c'était un usage général, selon toute apparence nous l'aurions remarqué plus souvent.

En continuant à explorer la côte, nous reconnûmes une baie profonde, que j'ai nommée *baie
Burrough.* Nous rangeâmes en revenant la rive nord
qui se dirigeait un peu irrégulièrement au sud-
ouest, jusqu'à une pointe où j'observai 55 degrés
54 minutes de latitude, et 228 degrés 46 minutes
de longitude. A cette station, à laquelle j'ai donné
le nom de *pointe Lees,* la largeur du canal sud-
ouest n'est plus que d'un mille ; et sa pointe nord-

est d'entrée, que j'ai appelée *pointe Whaley*, en est éloignée de quatre milles dans le nord-est.

Je rencontrai sur la pointe Whaley les restes d'un village désert, le plus considérable de ceux que j'avais aperçus dans les derniers temps. Nous pensâmes qu'il pouvait contenir au moins trois ou quatre cents personnes et qu'il avait dû être occupé peu de mois auparavant. Bientôt, après midi, nous atteignîmes une étroite ouverture qui se dirigeait au nord ; je la dépassai sans l'examiner, et nous arrivâmes à une pointe de la rive sud, située par 55 degrés 50 minutes de latitude et 228 degrés 30 minutes de longitude. Une pointe, sur laquelle nous débarquâmes ensuite, gît par 55 degrés 30 minutes de longitude. Je lui ai donné le nom d'*Escape-point* (*pointe sortie du péril*). Les perfides Indiens s'étant montrés pour la première fois dans une petite ouverture située à environ une lieue au nord de cette pointe, je l'ai appelée *Traitor's-cove* (*anse des Traîtres*).

En général nous n'avions pas à nous plaindre des Indiens que nous avions rencontrés, et je cherchais à m'expliquer pourquoi cette tribu nous traitait si mal. Je craignis d'abord que, durant mon absence de l'yole, on ne les eût offensés par mégarde ; mais il ne parut pas qu'on les eût indisposés : au contraire, jusqu'au moment où j'arrivai de la côte, ils avaient cherché de toutes les manières à nous donner l'idée la plus favorable de leurs bonnes intentions ; ils avaient répété souvent le mot *wagon*, qui dans leur langue signifie *amitié*.

Je ne pouvais douter de leurs rapports avec des navires de commerce, car ils avaient des fusils et diverses marchandises d'Europe ; et le premier qui vint nous voir nous donna lieu de croire que des blancs les avaient trompés ; il nous fit comprendre clairement par des signes et des mots très expressifs que des fusils achetés par eux avaient crevé entre leurs mains : fraude qu'à ma connaissance on s'était permise trop souvent, non-seulement sur cette côte, mais aux îles Sandwich et sur les autres îles de l'océan Pacifique.

En quittant la pointe Vallenar, nous prolongeâmes le côté ouest de l'île Gravina, qui est précédé d'un petit nombre de rochers. Les rivages, à peu près en ligne droite et sans coupures, courent sud-est jusqu'à une pointe où j'observai 55 degrés 10 minutes de latitude et 228 degrés 28 minutes de longitude.

Nous continuâmes la même route jusque près d'une pointe située par 55 degrés 30 minutes de latitude, et 228 degrés 40 minutes de longitude. Je l'ai appelée *pointe Davison*, du nom d'Alexandre Davison, propriétaire de notre navire d'approvisionnemens.

Nous étions le 15 août devant le bras de mer

dont la reconnaissance nous avait occupés depuis le 27 juillet jusqu'au 2 de ce mois. Sa longueur est d'environ soixante-dix milles, et je l'ai appelé *canal Portland,* en l'honneur de la famille de Bentinck.

Nos vivres se trouvaient tellement épuisés, que chaque personne du détachement dîna avec une pinte de pois : il fallut faire force de rames ou de voiles durant toute la nuit; et le lendemain, à sept heures du matin, nous rentrâmes aux vaisseaux, à la grande satisfaction de chacun de nous, car depuis vingt-trois jours nous n'avions presque pas quitté nos canots. Durant cet intervalle nous avions parcouru plus de sept cents milles géographiques pour reconnaître vingt lieues de la ligne du continent en avant de notre mouillage. C'est par de si pénibles et de si dangereux moyens que nous sommes parvenus graduellement à déterminer les limites nord-ouest du continent de l'Amérique.

§ 6-7.

Départ de l'entrée de l'Observatoire. Les deux vaisseaux s'avancent vers le nord-ouest. Port Stewart. Arrivée au port Protection et à Nootka.

Nous appareillâmes de l'anse des Saumons le 17 août 1793, et parvînmes le 20 août à l'ouvert de l'entrée de l'Observatoire, lequel est éloigné de treize lieues de l'anse des Saumons.

J'ai donné à la pointe ouest de l'entrée de l'Observatoire le nom de *pointe Wales,* en l'honneur de mon estimable ami M. Wales, de Christ's Hospital, qui, par les leçons qu'il a bien voulu me donner dans les premières années de ma vie, m'a mis en état de parcourir et de relever ces régions solitaires.

Nous fîmes, en outre, plusieurs autres reconnaissances qu'il serait trop long de consigner ici.

Retenus par des calmes, nous ne pûmes appareiller du port Stewart que le 5 septembre. Après être sortis à la remorque, nous fîmes route vers le cap Caamano.

Quelques Indiens nous avaient abordés, et nous reçûmes la visite de six ou sept pirogues. Les naturels du pays qui les montaient, après le cérémonial d'amitié que j'ai eu occasion de décrire, se conduisirent très bien. De nouveaux venus parurent : c'étaient principalement des femmes qui, sans le secours d'aucun homme, montaient deux ou trois pirogues d'une taille moyenne, et maniaient leurs pagaies avec beaucoup de dextérité. Elles eurent soin aussi de nous faire admirer la beauté de leur gosier. La plupart de celles qui étaient dans la maturité de la vie portaient au-dessous de la bouche d'énormes parures de bois; et comme il y en avait de tous les âges, nous eûmes occasion d'observer la marche progressive de cette

horrible difformité. On fait aux enfans une petite
incision au centre de la lèvre inférieure, et on y
place un morceau de fil d'archal ou de cuivre qui
reste dans la blessure; il corrode les parties déchi-
rées, et en consumant graduellement la chair il
augmente l'orifice, lequel peu à peu devient assez
grand pour recevoir le plat de bois. Si j'en juge par
la mine des petites filles qui subissaient l'opération,
elle est accompagnée de douleurs longues et cruel-
les. Ces femmes nous parurent en général avoir un
degré de vivacité et de gaîté que jusqu'alors nous
n'avions pas observé avec cette hideuse marque
de distinction; et si elles pouvaient renoncer à une
coutume si barbare, on trouverait agréable la figure
de plusieurs.

Une légère brise s'étant élevée du sud-est, nous
mîmes à la voile, et les Indiens nous dirent adieu.
Je dirigeai la route à l'ouest de la pointe Mitchell,
vers la route nord que M. Johnston avait supposée la rive continentale.

Un violent orage commença et se prolongea toute
la nuit en redoublant de force : nous nous trouvions heureusement à l'abri de sa fureur, car nous
aurions couru sous voiles un danger imminent, et
même, selon toute apparence, nous nous serions
perdus. Par reconnaissance pour cet asile, je lui ai
donné le nom de *port Protection*.

Le temps orageux, l'époque avancée de la saison,

et l'approche des longues et redoutables nuits me laissèrent d'autant moins d'incertitude sur le parti à prendre, que la reconnaissance de la ligne continentale devait présenter désormais les nombreux embarras qu'on éprouve en naviguant sur une côte ouverte et inconnue. Je pensai que si, malgré nos plus grands efforts, nous ne parvenions point à la relever avec toute l'exactitude de nos travaux antérieurs, cette pénible exploration se trouverait incomplète.

Je n'étais pas content du progrès de nos reconnaissances dans le cours de l'été; mais j'avais à examiner au sud de Monterey des parages étendus qui devaient m'occuper long-temps, et je me décidai à renvoyer à la fin de l'hiver mes recherches ultérieures dans le nord, ainsi que le conseillait la prudence. Je jugeai tout-à-fait convenable de conduire les vaisseaux dans un climat plus doux, où les équipages pussent avoir des rafraîchissemens. Ils avaient montré beaucoup de zèle, ils s'étaient donné de grandes peines, ils méritaient à tous égards des remercîmens et des éloges, et il était bien juste de leur procurer un peu de repos.

L'étendue de nos reconnaissances en ligne directe, depuis le printemps, n'était pas bien considérable; mais ce qui me consolait, nous avions vraisemblablement terminé la partie la plus difficile de notre tâche, et nous devions éprouver par la suite moins

XIV. 29

de contrariétés et de fatigues. Enfin je voyais avec plaisir que si notre travail parvenait jamais en Europe, il n'y aurait plus d'incertitude sur l'étendue ou l'illusion des prétendues découvertes attribuées à de Fuca, de Fonte, de Fonta ou de Fuentes.

Jusqu'ici j'ai décrit avec un soin extrême les routes que nous avons faites sur les vaisseaux ou en canots; mais il est à propos de donner des noms à des régions ou des lieux particuliers qui n'en ont point encore, et de tâcher, par un résumé précis, de rendre plus clairs des détails géographiques qui n'ont pu être amusans.

Je ferai observer d'abord que nos recherches ne se sont pas portées sur une ligne directe; que nous avons reconnu de vastes régions absolument ignorées, se prolongeant dans des directions différentes, bornées à l'est par la ligne continentale, et à l'ouest par l'Océan.

La partie de l'archipel comprise entre Chatam's-sound et Fitzhugh's-sound se trouve immédiatement par derrière ou à l'est des îles de la Reine Charlotte, et entre la côte ouest de l'archipel et la rive est de ces îles il y a un spacieux canal qui est navigable. Avant nous plusieurs navigateurs marchands, et M. Duncan en particulier, avaient vu quelques points de cette région; mais aucun d'eux ne pouvait dire si c'était une partie du continent ou si elle ne formait que des îles. M. Duncan, au surplus, avait

raison de pencher en faveur de la seconde opinion.
Il a appelé îles de la Princesse Royale les parties situées entre Nepean's-sound et Fitzhugh's-sound, et
j'ai conservé cette dénomination.

J'ai donné le nom de *Nouvelle-Hanovre* à la partie
du continent adjacente à ces îles, depuis la pointe
Staniforth, à l'entrée du canal Gardner, jusqu'à Desolation-sound, extrémité septentrionale de la Nouvelle-Géorgie. On trouve au nord de Nepean's-sound,
le long de la rive continentale, une continuation
de l'archipel dont je viens de parler, séparée du
continent par le canal Grenville et Chatam's-sound,
et à peu près en ligne droite. Il y a au nord-ouest
de Chatam's-sound une continuation ultérieure et
plus étendue du même groupe d'îles, séparée de la
rive continentale par différens canaux; le plus spacieux est celui par lequel nos vaisseaux arrivèrent
au port Protection. Je l'ai appelé *the Duke of Clarence's-strait* ou *détroit du Duc de Clarence*, du nom
de S. A. R. le prince William-Henri. Il est borné du
côté de l'est par les îles du duc d'York, par une
partie du continent autour du cap Caamano, et par
les îles Gravina; il est flanqué dans l'ouest par une
vaste étendue de terres que j'ai lieu de croire très
coupées, quoique nous n'ayons pu en distinguer les
coupures, et qui forment une masse distincte dans
le grand archipel. Je lui ai donné le nom de *the
Prince of Wales's-archipelago* ou *archipel du Prince*

de Galles, et j'ai distingué par celui de *New-Cornwal* ou *Nouveau-Cornouailles* la partie du continent située depuis le canal Gardner jusqu'à la pointe Rothsay, dans l'étendue de nos reconnaissances vers le nord pendant l'été de 1793.

M. Johnston n'ayant pu passer en canot le bas-fond qui se prolonge de la pointe Blaquière à la pointe Rothsay, la terre située à l'ouest de la première pointe fut alors réputée partie du continent; et nous portâmes le même jugement de celle qui se voit à l'ouest de l'île Conclusion, quoique le fait n'eût pas été déterminé d'une manière positive, attendu que depuis la pointe Barrie les rochers et d'autres obstacles dangereux ne permirent pas à M. Johnston de s'approcher assez de la grande terre. En supposant qu'il fût reconnu ensuite que la terre en question est une île [1], j'étais sûr que le canal ou les canaux qui pouvaient la séparer du continent ne se trouveraient pas navigables pour des navires. Je regardai donc la ligne continentale comme bien tracée jusqu'au promontoire où s'était arrêté M. Whidbey dans sa dernière excursion. Après avoir ainsi démontré par nos recherches que la terre au nord-est, depuis ce promontoire jusqu'à la pointe Rothsay, est une continuation, ou, par l'impossibilité d'y naviguer, peut être regardée comme une continuation des rives continentales

[1] Il a été reconnu en effet, l'année suivante, que c'est une île.

du Nouveau-Cornouailles, de la Nouvelle-Hanovre, de la Nouvelle-Géorgie et de la Nouvelle-Albion, en supposant que de Fuca, de Fonte, et d'autres à qui on attribue le mérite d'avoir visité ces régions les premiers, y ont réellement fait des découvertes, leur étendue se trouvait fixée, et j'ai donné au promontoire dont il s'agit le nom de *cap Décision*. Il gît par 56 degrés 2 minutes de latitude et 226 degrés 8 minutes de longitude. Le cap Flattery de la Nouvelle-Géorgie, situé par 48 degrés 23 minutes de latitude et 235 degrés 38 minutes de longitude, est ainsi la pointe sud-est de l'immense archipel qui se prolonge jusqu'au cap Décision.

Le cap Flattery et le cap Décision embrassent donc les extrémités de cette région coupée qui depuis le premier s'étend au nord-est et au sud-est, et depuis le second court au sud-est, au nord-est et au nord-ouest. Le côté ouest du long groupe d'îles placées entre les deux promontoires, si j'en excepte la partie opposée aux îles de la Reine Charlotte, forme la côte extérieure de l'Océan, et avant l'exploration que nous en avons faite elle était généralement présentée comme ligne continentale. Croyant que le cap Décision faisait partie de cette ligne, nous espérions que notre travail de l'été suivant serait moins difficile et moins fatigant. Nous revînmes à Nootka.

§ 8-9.

Nous faisons route au sud. Nous nous rendons à Monterey. Nous nous portons plus au sud. Arrivée à San-Diego et sur le parage des îles adjacentes. Port Bodega.

Après notre départ de Nootka la marche des vaisseaux fut très retardée par le défaut de vent et par l'action des contre-marées ou des contre-courans. Nous fîmes voile pour Monterey, et de là pour San-Diego, après avoir fait de nombreux relèvemens le long des côtes.

Les marées à San-Diego reviennent de six heures en six heures. Leur vitesse est en général de deux nœuds; mais elle se trouve plus considérable dans les pleines et les nouvelles lunes. La mer est haute neuf heures après le passage de la lune au méridien.

Bientôt après notre départ de San-Diego, nous eûmes une jolie brise du nord-ouest, avec laquelle nous prolongeâmes la côte. Nous suivîmes dans toute sa longueur la lisière étroite formant le havre intérieur et le séparant d'une baie ouverte qui s'étend à l'extérieur de la côte, entre la pointe Loma et une haute pointe escarpée, laquelle gît au sud-est à environ douze milles de celle de Loma. Nous passâmes entre cette pointe escarpée et les Coronados, qui en sont à environ sept milles. La ligne du continent se dirige au sud-est l'espace de six lieues. Les rivages présentent des falaises de roche et à pic, lesquelles en général s'élèvent, mais non pas brusquement, jusqu'à un pays très montueux, où l'on voit trois montagnes remarquables, entièrement détachées l'une de l'autre, s'exhaussant tout à coup, à peu de distance de la côte, sur une surface presque plane. La plus septentrionale offre l'aspect d'une table lorsqu'on la regarde de l'Océan : celle du milieu est terminée par un pic aigu, et la plus au sud est de forme irrégulière et hachée. Leur centre se trouve au sud-est à neuf lieues du port San-Diego, et quand on est au large elles peuvent indiquer ce port.

La première ouverture qu'on rencontre au sud de San-Diego est celle que les Espagnols nomment Todos Santos; mais ils ne fixent pas sa position d'une manière exacte. La carte de M. Quadra place la pointe sud, à laquelle j'ai donné le nom de *pointe Graiero*, par 32 degrés 17 minutes de latitude, et la carte imprimée par 32 degrés 25 minutes. L'une et l'autre, et en particulier celle de M. Quadra, indiquent bien les îlots de roche et les rochers qui, se prolongeant au nord-ouest à environ une lieue, donnent à cette pointe un tour aigu dans le sud-est, et, à d'autres égards, elles représentent la baie telle que nous l'avons vue; mais d'après nos observations, qui furent très bonnes et sur lesquelles on peut compter, la pointe Graiero gît par 31 degrés 43 minutes de latitude et 243 degrés 34 minutes de longitude. J'ai appris que la mission de Saint-Thomas, établie en 1790, est aux environs de la baie.

Notre communication avec les rivages de la Nouvelle-Albion et nos rapports avec les Espagnols qui s'y trouvent ont été trop circonscrits et de trop peu de durée pour recueillir d'autres informations que celles qu'a fait naître la conversation sur les objets qui frappaient nos regards. Ma position était d'ailleurs bien délicate et demandait beaucoup de circonspection. En montrant trop de curiosité sur le gouvernement intérieur, sur le nombre, la force et la situation des presidios, des *pueblos* et des missions, j'avais à craindre de me priver des rafraîchissemens dont nous avions besoin, ou d'occasioner une brouillerie nationale. Les renseignemens que j'ai pu acquérir ont été par cette raison très bornés.

Le climat de la région située entre le port San-Francisco par 38 degrés de latitude nord, et la baie San-Francisco par le 30ᵉ parallèle, est, d'après notre expérience et les renseignemens que je me suis procurés, sujet à de grandes sécheresses. La saison pluvieuse commence en décembre et finit en mars ; l'automne est en général très sec, et s'il plut beaucoup dans les premiers jours de notre arrivée sur cette côte, à la fin de la bonne saison de 1792, le temps en 1793 fut presque toujours beau, avec un ciel clair, bien différent de celui que nous avions eu au mois de novembre de la première année : alors, sans qu'il parût de nuages, la densité de l'atmosphère par suite d'un brouillard sec ou d'une brume quelquefois partielle et d'autres fois générale, était souvent telle qu'elle nous empêchait de distinguer les objets un peu éloignés, et obscurcissait ceux qui se trouvaient près de nous.

Les rosées, souvent très fortes, compensent à quelques égards le défaut de pluie durant la saison sèche : sans être assez abondantes pour entretenir l'action continue des ressorts de la végétation, elles empêchent le dépérissement absolu des productions de la nature. La majeure partie du pays se trouve d'un aspect triste et desséché ; le défaut général d'eau courante y ajoute encore, car il y a très peu de ruisseaux dans toute la contrée.

Le climat de San-Diego et du canal de Santa-Barbara paraît aussi sain que celui de Monterey. Le sol, du moins la petite portion que j'en ai examinée de près le long de la côte de la mer, à San-Diego et au nord de cet établissement, m'a paru léger et sablonneux, d'une fertilité qui varie ; je ne l'ai pas jugé naturellement stérile, quoiqu'il paraisse l'être ; et je suis persuadé qu'il est peu d'endroits dont la culture ne puisse tirer parti.

CINQUIÈME SECTION.

TROISIÈME VISITE AUX ÎLES SANDWICH. FIN DE LA RECONNAISSANCE
DE LA CÔTE NORD-OUEST DE L'AMÉRIQUE.

§ 1-5.

Départ de la côte de la Nouvelle-Albion. Arrivée aux îles Sandwich, et départ de ces îles pour retourner à la rivière de
Cook, sur la côte nord-ouest d'Amérique.

En quittant la côte de la Nouvelle-Albion, le 15
décembre 1793, nous fîmes voile pour les îles
Sandwich, où nous arrivâmes le 10 janvier 1794.
Nous y traitâmes de la cession de l'île d'Owhyhée
à la Grande-Bretagne, cession à laquelle les indigènes consentirent, et qui fut suivie de fêtes et
de jeux. Nous fîmes ensuite la reconnaissance de
plusieurs autres îles, et puis un examen des côtes
septentrionales de Mowée, Woahou et Atooi, ainsi
que d'Onehow. Ces opérations terminées, nous
repartîmes le 15 mars pour la rivière de Cook, sur
la côte nord-ouest d'Amérique, où nous arrivâmes
le 12 avril.

Ce qu'on a appelé *rivière de Cook* n'est qu'un
bras de mer situé par 60 degrés 54 minutes de
latitude nord, 211 degrés 30 minutes de longitude, et que je nomme *Cook's-inlet* ou *entrée de*

Cook. Si le grand navigateur qui l'a découverte le premier, et dont elle porte le nom, avait employé un jour de plus à la reconnaître, il eût épargné aux navigateurs théoriciens qui l'ont suivi du fond de leur cabinet la peine de transformer ce bras de mer en un canal par où l'on devait trouver le passage au nord-ouest.

Tandis que nous étions occupés des observations nécessaires pour constater la position de ces limites de l'entrée de Cook, dont l'extrémité nord gît par 61 degrés 29 minutes de latitude et 211 degrés 17 minutes de longitude, nous reçûmes la visite d'une troupe de naturels du pays, qui se conduisirent aussi très bien. Ils nous pressèrent vivement de nous rendre à leur habitation, située dans la plaine, à environ un mille du rivage. C'était une maison qui paraissait avoir été construite par les Russes. Mais comme elle était fort délabrée, nous imaginâmes qu'elle ne servait que de résidence passagère. Notre arrivée leur fut très agréable, à en juger par leur affabilité et par l'accueil qu'ils nous firent. Lorsqu'ils s'aperçurent que nous allions repartir, ils nous sollicitèrent beaucoup de prolonger notre visite; et pour nous y engager, ils nous donnèrent à entendre que notre jeune ami, le chef Chatidooltz, était à peu de distance, et arriverait bientôt. Mais notre curiosité étant satisfaite, et aucune affaire ne nous retenant, nous les quittâmes avec le dessein de reprendre la route du vaisseau au retour du jusant. Nous ne trouvâmes précisément que ce qu'il fallait d'eau à nos embarcations, sur un bas-fond d'environ cinq lieues, qu'il nous fallut traverser. A quatre heures de l'après-dînée, nous rentrâmes à bord, où tout était prêt pour notre départ, que je fixai au lendemain matin.

D'après la découverte que je venais de faire, l'espoir d'achever la reconnaissance de la côte pendant la durée de la saison se trouvait bien fortifié ; mais il était pénible de penser que nous nous étions si grossièrement trompés sur l'étendue probable de ces eaux et la distance où nous présumions qu'elles conduiraient. Notre erreur prouve évidemment la fausseté des raisonnemens fondés sur l'analogie · que l'esprit humain, en dépit des plus fortes objections, est si tenté d'invoquer à l'appui d'une hypothèse favorite.

Nous quittâmes l'entrée de Cook, où nous avions eu quelque espoir d'obtenir des Russes qui y sont établis des renseignemens sur l'objet et le but de leur établissement, et de cette extension de leur empire dans des contrées si éloignées ; mais ignorant la langue russe et les Russes ignorant la nôtre, cet obstacle insurmontable rendit toutes nos recherches stériles ou sans résultat certain, et quelquefois nous conduisit à des idées contradictoires.

La plupart des Russes que nous avons vus étaient d'ailleurs peu instruits en matière de géographie. Nos conversations répétées avec celui qui nous mena à la factorerie de la côte de l'est nous avaient fait croire qu'une branche navigable de l'entrée de Cook se prolongeait dans l'est et communiquait au nord-est avec un lac immense, où se trouvent des baleines, des phoques, des loutres de mer, et une grande variété d'autres poissons; que ce grand lac était trop étendu pour que d'une côte on pût voir la côte opposée : il ne savait pas à la vérité, nous disait-il, de quel côté ce lac communiquait avec l'Océan; mais il assurait que M. Zikoff était allé le reconnaître. Nous avions cru bien entendre tout cela; mais arrivé à la factorerie, et voulant m'instruire de ces détails si importans pour nous, je fis des questions relatives à cet objet; et à ma grande surprise, après être monté au haut de la maison sur le balcon, je vis clairement que c'était l'entrée même de Cook dont on avait voulu me parler; et que la branche navigable vers l'est n'était autre chose que le bras appelé *Turnagain*, dont l'extrémité à l'est n'est pas éloignée de Prince William's-sound, où M. Zikoff était allé voir un M. Colomène qui commandait un établissement russe près le cap Hinchinbrook.

Cet exemple montre assez combien il faut peu compter sur des informations recueillies de la bou-

che de ceux qui ne sont pas en état de répondre
aux questions, lors même qu'ils les comprennent,
surtout quand le défaut d'idiome commun rend
toute communication incertaine et imparfaite. On
voit aussi par-là sur quels mauvais fondemens on
a souvent établi les théories des mers méditer-
ranées et du passage par le nord-ouest.

Les renseignemens qu'on se procure ainsi, s'ils
ne sont pas confirmés par d'autres témoignages
dignes de foi ou par les plus fortes présomptions,
doivent toujours être reçus avec la plus grande défiance. Je n'avais jamais perdu de vue cette maxime :
et relativement à la communication de l'entrée de
Cook, par le bras appelé *Turnagain*, avec Prince
William's-sound, malgré l'information que j'avais
reçue sur cet objet, je ne la crus qu'après qu'il
eut été bien établi sans aucun doute ni aucune
contradictior, à bord du *Chatam* ainsi qu'à bord
de *la Découverte*, qu'un bras de Prince William's-
sound se prolonge à peu de milles de l'extrémité
intérieure du bras Turnagain.

Ces deux grandes entrées se trouvant ainsi séparées l'une de l'autre par un isthme étroit que
forment des terres élevées et montueuses, qui ôtent
toute possibilité d'une communication intérieure
par eau avec aucune partie des rivages de la péninsule, un examen détaillé de la côte de cette péninsule n'était plus d'aucune importance, et aurait

employé une trop grande portion de notre temps, sans progrès pour nos recherches sur le grand objet de notre expédition. Le même motif m'avait empêché de faire une reconnaissance complète de chacune des îles nombreuses que nous avions découvertes dans les étés de 1792 et 1793, en avant de la ligne continentale du nord-ouest de l'Amérique. Je me décidai donc à me rendre en hâte dans Prince William's-sound.

§ 6-10.

Passage de l'entrée de Cook à Prince William's-Sound. Arrivée au port Chalmers. Départ pour l'archipel du Roi Georges III.

En me dirigeant de l'entrée de Cook vers Prince William's-sound, j'aperçus, le 21 mai, l'île Montaigu, qui forme le canal au nord d'une pointe que j'ai appelée *pointe Basile*, à la latitude de 60 degrés 1 minute.

Une péninsule sépare l'entrée de Cook du sound de Prince William, et je donnai au bras de mer le nom de *canal du Passage*. La pointe nord de l'entrée du canal fut nommée *pointe Pigot*, du nom d'un jeune marin qui suivit constamment M. Whidbey dans ses excursions. Cette pointe est située à 60 degrés 47 minutes et demie de latitude et 212 degrés 16 minutes et demie de longitude. La rive continentale forme d'abord le côté ouest de la branche nord du bras de mer, lequel, dans une direction nord-est, a environ quatre milles de largeur. La ligne continentale de ce bras présente une chaîne de montagnes d'une hauteur étonnante et couvertes de neige, de la base desquelles se projettent des terres basses découpées en pointes et formant des rivages clair-semés de pins et d'aunes rabougris.

J'eus terminé le 9 juin la reconnaissance du détroit, et je mouillai dans le port Chalmers, dont la longitude est par 213 degrés 30 minutes et la latitude par 60 degrés 16 minutes nord.

Nous avons trouvé au port Chalmers une différence considérable entre les marées de jour et celles de nuit, les premières, durant les syzygies, s'élevant jusqu'à treize pieds quatre pouces, tandis que les dernières ne passaient pas douze pieds un pouce. La mer était douce une heure après le passage de la lune au méridien.

Du port Chalmers je me dirigeai vers le port Mulgrave, puis vers le mont Élie et le Cross-sound.

Quoique l'existence de ce spacieux bras de l'Océan ait été niée par quelques marins qui ont visité ces parages postérieurement à la découverte du capitaine Cook, elle n'en est pas moins certaine ; et, pour rendre justice aux talens de ce grand navigateur, je dois dire qu'il en a donné une description beaucoup plus exacte qu'on ne pouvait l'at-

tendre du coup d'œil passager qu'il a pu y jeter,
et de la distance d'où il l'a vu. Il résulte cependant
de la reconnaissance que nous en avons faite que
le cap Cross n'est pas précisément la pointe sud-
est de son entrée, car il y a un terrain bas et de
roche qui s'étend de ce cap dans la direction nord
l'espace de sept milles, jusqu'à une pointe où la
côte sud du sound tourne brusquement vers le
nord-est, et donne la véritable pointe sud-est de
l'entrée que j'ai nommée *pointe Bingham*. Elle gît
au sud-est à dix milles du cap Spencer, et fournit une belle entrée dans le sound, sans roches,
sans bas-fonds et sans aucun obstacle habituel.
C'est aussi l'état de presque toutes les autres parties
du sound; et si la navigation y a quelque inconvénient, c'est une profondeur à laquelle aucune
sonde ne peut atteindre, et qu'on trouve partout,
excepté très près des côtes, le long desquelles il
y a en beaucoup d'endroits des rochers détachés qui
au surplus sont hors de la route de la navigation,
et assez visibles pour être évités facilement.

La latitude de Cross-sound est par 58 degrés
12 minutes nord, et la longitude par 223 degrés
55 minutes. Nous quittâmes ce lieu pour voguer
vers l'archipel du roi Georges III, où nous ne devions que passer, en relâchant au port que je nom-
mai *Conclusion*.

--------•--------

SIXIÈME SECTION.

RETOUR VERS LE SUD LE LONG DE LA CÔTE OUEST DE L'AMÉRIQUE.
PASSAGE DU CAP HORN. RELACHE A SAINTE-HÉLÈNE. ARRIVÉE EN
ANGLETERRE.

§ 1-4.

Départ du port Conclusion. Arrivée à Nootka. Arrivée à Monterey. Iles Marias. Ile des Cocos. Les Gallapagos.

Nous quittâmes le port Conclusion le 24 août
1794, et fîmes voile pour Nootka, où nous étions
rendus le 1er octobre suivant. Nous en repartîmes
presque immédiatement pour Monterey, dont le
port nous reçut le 19 novembre. Nous n'y fîmes
pas un long séjour, car je voulais hâter mon retour en Europe. Je me portai vers les îles Marias,
situées entre le cap San-Lucas et le cap Corrientes,
au-devant du port San-Blas, à cent soixante lieues
d'Acapulco.

Le 14 janvier 1795 nous étions par 5 degrés
37 minutes de latitude et 268 degrés 31 minutes
de longitude, approchant du parallèle de l'île des
Cocos, et à deux ou trois degrés en longitude à
l-ouest de son méridien, d'après la position que lui
donnent différens navigateurs. Nous l'atteignîmes
bientôt.

L'aspect de cette île n'est agréable par aucun côté ; quoique sa surface dans l'intérieur paraisse diversifiée par beaucoup de vallées et de collines, le seul terrain bas de quelque étendue dont nous ayons eu connaissance est au fond des deux baies, dont chacune forme l'extrémité d'une des vallées et aboutit à des escarpemens hachés, du pied desquels s'étend une lisière étroite qui se termine à la grève au bord de l'eau, et dont le caractère sauvage ressemble beaucoup à celui des extrémités intérieures des différens bras de mer que nous venions de reconnaître sur la côte.

Le reste des rivages semble formé de roches hachées et coupées à pic, lesquelles composent vraisemblablement aussi l'intérieur de l'île ; car on en voit de pareilles montrer leurs têtes arides audessus du hallier qui couvre d'ailleurs la surface de l'île. Ce hallier, autant que nous avons pu nous en assurer, présente une grande variété d'arbres d'une hauteur médiocre, et un sous-bois impénétrable du genre de la vigne et de la liane qui nous en a fermé l'entrée.

Quant à l'utilité dont cette île peut être à l'avenir, la plus grande pour des marins est l'abondance d'eau qu'elle fournit. On en trouve sur tous les rivages, et on l'embarquera aisément aux différens mouillages que peuvent prendre les vaisseaux : elle y est pure et limpide ; elle n'avait ni cette couleur ni ce

goût désagréable qui résultent des feuilles mortes
ou d'autres matières corrompues, quoique des pluies
abondantes fussent tombées durant notre relâche,
et on peut raisonnablement conclure que les cours
d'eau les plus considérables ont des sources plus
éloignées et plus constantes que les pluies passagères
qui ont lieu ici à cette saison de l'année. Aux environs des ruisseaux qui débouchent dans chaque
baie le sol est d'une terre pauvre, friable et sablonneuse ; mais à peu de distance, derrière la grève
et dans les crevasses des rochers, on voit un terreau noir et gras qui paraît capable de donner aux
végétaux une bonne nourriture ; et cela peut être
ainsi dans d'autres parties de l'île, quoique nous ne
l'ayons pas vérifié.

Toutes les productions végétales que nous avons
vues y poussent vigoureusement, et font de l'île
entière un séjour agreste et sauvage. Près de la
mer, sur les falaises où l'inégalité de la surface
permet la croissance de quelques végétaux, on
voit une sorte d'herbe grossière où différens oiseaux
océaniques couchent et font leur nid, ou plutôt
déposent leurs œufs, car ils ne prennent pas la
peine de faire véritablement des nids. Autour de
ces falaises croît un arbre d'une espèce singulière,
assez semblable à celui qui fournit des étoffes aux
habitans des îles de la mer du Sud, mais beaucoup
plus gros : la hauteur de plusieurs est d'environ

trente pieds; leur écorce est légèrement colorée ;
les branches ne commencent qu'au haut de la tige,
et la tête est touffue : nous les appelions *arbres
parasols*. Le feuillage de quelques autres ressemble
à celui de l'arbre à pain ; mais comme ils étaient
dans l'éloignement, je n'ai pu en déterminer l'espèce d'une manière positive. Plusieurs de ceux qui
composent la forêt, particulièrement dans les parties intérieures et élevées de l'île, nous ont paru
d'une élévation et d'une grosseur considérables ;
ils s'étendent en grandes branches vers la cime, et
surpassent de beaucoup tous les autres en hauteur :
je suis disposé à croire qu'ils sont de l'espèce qui a
fourni notre provision de bois, et que près de la
mer ils ne sont pas si gros que sur les hauteurs.
M. Manby, qui surveillait communément cette partie
de service, m'a donné les renseignemens que voici.
C'est l'arbre le plus répandu dans l'île; sa tige est
très droite jusqu'à la hauteur de vingt ou trente
pieds; les branches qu'il pousse à partir de cette
élévation sont si près les unes des autres, si larges,
et tellement en parasol qu'elles fournissent un excellent abri contre le soleil et la pluie ; les troncs
de plusieurs ont douze à quatorze pouces d'équar-
rissage : le grain du bois est serré, un peu veiné
et rouge vers le cœur; on le travaille à la hache et
à la scie avec assez de facilité, et comme il n'a point
de nœuds, on le fend sans beaucoup de peine : ses

feuilles sont d'un vert foncé, polies à la bordure, assez semblables à celles du laurier, quoiqu'un peu plus longues : la graine, qui ressemble à un petit gland, est en grappes : il est très bon à brûler.

Les cocotiers qui croissent près de la mer sont les seuls arbres que nous ayons vus portant quelque fruit. Nous avons cependant trouvé dans un des ruisseaux une goyave qui n'était pas mûre, et qui venait probablement de l'intérieur de l'île. Nous avons remarqué une multitude de fougères de différentes sortes, et quelques-unes ayant près de six pouces de diamètre s'élevaient. à la hauteur de vingt pieds. Autant que je m'en souviens, elles ressemblent absolument à celles qu'on trouve à la Nouvelle-Zélande.

Le poisson et les oiseaux semblent y être en grande abondance. Nous avons rencontré à peu de distance de l'île un grand nombre de tortues; mais il est singulièrement remarquable que rien n'indique qu'elles viennent au rivage, qui est rempli de rats blancs et bruns et de crabes de terre. Tous les oiseaux de l'Océan qu'on trouve entre les tropiques s'y rendent en grandes troupes, et ne sont point un mauvais manger. On y trouve aussi des éperviers, une espèce de héron brun et blanc, des râles, une espèce de merle, et quelques autres qui habitent les bois, et qui, avec les canards et les sarcelles, y forment la tribu volatile. Les requins y sont très nombreux, plus hardis et plus voraces que je ne les ai vus en aucun endroit. Assemblés en bancs dans la baie, ils suivaient tous les mouvemens des canots, s'élançaient sur les rames, et sur tout ce qui tombait par accident ou était jeté à la mer. Ils saisissaient souvent le poisson que nous pêchions à l'hameçon avant qu'on pût le tirer hors de l'eau ; et ce qu'il y a de plus singulier, lorsqu'un d'entre eux était pris avec le harpon, et que les autres s'apercevaient qu'il ne pouvait plus se défendre lui-même, il était attaqué, mis en pièces et dévoré vivant par ses compagnons. Nos gens les harcelaient de coups de harpons, de piques, etc., et leur faisaient de profondes blessures, mais rien ne pouvait les écarter ni les empêcher de renouveler leur attaque contre celui qui était pris, et ils finissaient par le dévorer jusqu'aux os. Nous avons remarqué en cette occasion que c'est une erreur de croire que le requin est obligé de se tourner sur le dos pour saisir sa proie ; ceux-ci n'avaient aucun besoin d'exécuter ce mouvement.

Les autres poissons que j'ai observés, outre ceux qui se trouvént dans toutes les mers d'entre les tropiques, sont deux espèces de brèmes, le grand snapper des Antilles, une sorte de boulereau, et une espèce appelée communément *yellow-tail* ou *queue jaune*. Tous sont excellens, mordent aisément

à l'hameçon, et peuvent offrir une ressource aux
navigateurs qui auront besoin de rafraîchissemens.
Ils parviendront sans donte à trouver quelque expédient pour se garantir de l'extrême voracité des
requins. Enfin il est assez probable qu'un examen
plus approfondi fera reconnaître dans cette petite
île d'autres nourritures saines. Nous ne les avons
pas recherchées avec beaucoup de soin, parce que
nous n'avions guère besoin que d'eau, et que nous
étions d'ailleurs pressés par le temps.

Les secours que nous avons tirés de cette île
précieuse, l'eau et les autres objets de nos besoins
qu'elle nous a fournis, lui donnent des droits à
notre reconnaissance; et comme par sa position
elle peut devenir importante pour les navires qui
se trouveront dans cette partie de la mer Pacifique, on me pardonnera sans doute de n'avoir pas
abrégé les détails. J'ai dû non-seulement en faire
connaître les productions, mais montrer que la
description de l'île des Cocos, donnée par Dampier, d'après les observations des autres, et celle
de Lionel Wafer, d'après ses propres observations,
ne conviennent point à l'aspect et à l'état actuels
de cette île, ou qu'elles sont relatives à quelque
autre terre située dans les mêmes parages.

L'île des Cocos est située par 5 degrés 35 minutes 12 secondes latitude nord, et 273 degrés 31
minutes longitude. Nous la quittâmes le 27 janvier

1795, pour chercher vers le sud les îles Gallapagos, que nous découvrîmes le 6 février.

C'est ici le pays des tortues : nous en vîmes beaucoup de terre et de mer, ainsi qu'une quantité considérable d'excellent poisson de différentes sortes, et une multitude d'oiseaux sauvages. Quant à l'eau douce, ce grand besoin des navigateurs, les uns rapportent que ces îles ont de grands ruisseaux et même des rivières, tandis que d'autres pensent qu'elles n'en ont qu'en petite quantité, ou même qu'elles en manquent absolument. Ce point est de peu d'importance à raison de la proximité de l'île des Cocos, où des sources qui ne tarissent jamais semblent arroser chacune des parties de l'île, et offrir aux vaisseaux toute l'eau dont ils pourront avoir besoin. Comme nous avons vu dans le voisinage des Gallapagos une multitude de baleines du genre qui fournit le *sperma ceti*, selon toute apparence des entrepreneurs qui voudraient faire cette pêche pourraient y former un établissement avantageux. Nous n'avons pas eu occasion de reconnaître le lieu le plus convenable à cet effet ; mais en déterminant bien la position du côté ouest de ce groupe, nous avons ainsi beaucoup facilité les informations nécessaires à ceux qui se proposeraient de mettre à profit les avantages de ces îles pour une telle entreprise.

Je quitte ici les îles Gallapagos, et avec elles la

partie du nord de la mer Pacifique, dans laquelle nous avions passé les trois années précédentes.

§ 5-6.

Nous continuons à nous avancer vers le sud. Nous dépassons l'île Juan Fernandez. Arrivée à Valparaiso. Relâche à Santiago. Départ de Valparaiso. Passage du cap Horn. Retour en Angleterre.

Lorsque nous quittâmes la partie nord de la mer Pacifique, je ne pus me défendre de quelque regret en songeant que quoique nous eussions achevé la reconnaissance de ses côtes orientales, cependant la géographie d'une grande portion de la côte qui avoisine ses limites du côté de l'ouest était encore très imparfaitement connue, ou même presque entièrement ignorée des Européens. L'examen de cette partie, à la vérité, n'était pas entré dans le plan de notre expédition, et quand il y serait entré nous n'aurions pas été en mesure de l'entreprendre avec quelque apparence de succès sans avoir rééquipé nos vaisseaux d'une manière complète dans un port bien pourvu. Nous étions absens de l'Angleterre depuis très long-temps ; nous avions appris des nouvelles fâcheuses touchant la situation de l'Europe, et nous désirions ajouter nos faibles secours aux moyens qu'on voudrait employer pour rétablir l'ordre et la paix dans notre patrie. Ces diverses circonstances affaiblissaient les sentimens que nous inspirait d'ailleurs notre passion de reconnaître ou découvrir de nouvelles contrées, et nous persuadaient de plus en plus qu'il fallait en hâte regagner l'Europe, où nos services d'un autre genre pourraient être plus utiles à notre pays.

Le 21 février nous avions repris la mer; le 21 mars nous étions devant l'île Juan Fernandez, et le 26 à Valparaiso.

La ville de Valparaiso se trouve sur une bande étroite d'un terrain très inégal, au pied des escarpemens de roches et à pic qui forment la côte à peu de distance de la mer. De là dans l'intérieur du pays il n'y a de chemin que pour les gens de pied. La principale route qui y conduit s'approche de la mer en passant par le village d'Almandrel, que nous devions traverser. Ce village est agréablement situé sur une basse lisière, plus large et plus étendue que celle où l'on a bâti Valparaiso; mais sur ses derrières il est borné de la même façon par des collines stériles et escarpées. Les vallées et les plaines des environs sont fertiles, et on y voit de grands jardins d'utilité et d'agrément.

De Valparaiso nous fîmes une apparition à Santiago, capitale du Chili. On nous y fêta d'une manière splendide, et nous dûmes assister à une brillante soirée chez un riche négociant du pays.

La plupart des dames de Santiago ne manquent pas d'attraits personnels, et plusieurs de celles que nous eûmes le plaisir de voir dans cette soirée avaient de la beauté ; elles sont généralement brunes ; elles ont les yeux noirs et des traits réguliers ; mais nous observâmes en plusieurs points le défaut de cette propreté si soignée et si attrayante dont se piquent nos belles Anglaises : elles avaient surtout les dents fort sales. Cette négligence désagréable nous semblait en contradiction avec la peine qu'elles avaient prise d'ailleurs dans toute leur parure, car elles étaient richèment vêtues à la mode du pays. La partie la plus singulière de leur habillement est une sorte de jupon à panier qui descend de la ceinture un peu plus bas que le genou, et que quelques-unes même portent encore plus court ; au-dessous du jupon on voit leur chemise, dont le bas est garni d'une dentelle d'or, ainsi que l'extrémité de leurs jarretières.

Leurs manières étaient en général vives et faciles ; elles avaient toujours soin de nous tirer des petits embarras où nous mettait sans cesse notre ignorance de leur langue ; et j'avoue qu'il y a peu d'occasions pendant la durée de notre voyage où cet inconvénient m'ait causé plus de regrets. Nous étions privés par-là du plaisir de jouir des saillies piquantes et de l'esprit agréable que, d'après le rire et les applaudissemens qui éclataient souvent dans tout le cercle, nous avions lieu de supposer à ce qu'elles disaient : c'était une preuve suffisante qu'elles avaient beaucoup d'esprit naturel, mais non qu'il fût très cultivé; et ce n'est pas sans peine que je remarquai à cette occasion que, s'il faut en croire leurs compatriotes, l'éducation des femmes à Santiago est tellement négligée, qu'on n'en trouve parmi elles qu'un petit nombre sachant lire et écrire. Quelques-unes voulurent bien mettre leurs noms par écrit, afin que nous pussions les prononcer plus correctement; ils étaient en grosses lettres. Je n'entends pas inférer de là, non plus que du petit nombre de celles qui nous les donnèrent, que l'éducation du sexe est aussi négligée qu'on nous l'a dit; il est clair toutefois, par l'ignorance où elles sont de toute autre langue que du dialecte espagnol qu'on parle à Santiago, que leur éducation est très imparfaite.

En Angleterre, à quelques exceptions près, le sexe est doué d'une grande délicatesse de sentiment et d'expression; mais à Santiago nous avons observé, non-seulement dans les manières et les propos des dames, mais dans les bals et en d'autres occasions, une telle liberté qu'un étranger, et surtout un Anglais, ne peut prendre une très bonne opinion de leur vertu, et se trouve au contraire porté à les juger défavorablement. Au reste, pour rendre justice à toutes celles que j'ai eu l'honneur de fréquenter, et qui sont en grand nombre, je dois dire que je n'ai rien vu qui pût

inspirer le moindre soupçon sur la fidélité qu'elles
gardaient à leurs époux, ou déshonorer celles qui
n'étaient pas mariées ; et cependant les manières
et les coutumes du pays permettent une liberté de
discours et une familiarité de conduite que nous
autres Anglais avons jugées propres à leur faire
perdre une partie du respect que nous aimons à
ressentir pour le sexe. Elles ont eu d'ailleurs pour
nous les attentions les plus polies et les plus obli-
geantes qu'on puisse imaginer ; leurs portes nous
étaient toujours ouvertes ; nous pouvions regarder
leurs maisons comme les nôtres ; elles n'étaient
occupées qu'à nous procurer des amusemens, et
n'omettaient rien de ce qui devait contribuer à nos
plaisirs dans leur société. Les hommes, de leur
côté, s'efforçaient de nous rendre le séjour de Santiago agréable en nous donnant des renseignemens
qui pouvaient nous amuser ou nous être utiles.

Santiago n'a guère moins de trois à quatre milles
de circuit, en y comprenant les faubourgs et quelques maisons détachées : c'est du moins l'idée que
je m'en suis faite à vue d'œil, car personne ne m'a
donné sur ce point de renseignemens précis ; mais
comme les rues sont alignées et se coupent à angles droits, et qu'il y en a plusieurs qui semblent
avoir un mille de longueur, mon estimation ne
peut être fort éloignée de la vérité. La ville est
bien pourvue d'eau par la rivière Mapocho, qui

sort des montagnes à quelque distance et qui en arrivant se divise de manière à passer dans les principales rues : sous un climat chaud, c'est un avantage d'un grand prix, en ce qu'il contribue beaucoup à la santé des habitans; mais la malpropreté qui souille l'intérieur des maisons se montre au dehors, et, au lieu de profiter de ce cours d'eau pour tenir les rues constamment propres, la quantité d'ordures qu'on y jette des maisons en fait un égout; on ne prend aucun moyen de les faire emporter par le courant, qui s'obstrue en différens endroits et répand la plus mauvaise odeur; et les rues, qui sont étroites, se trouvant pavées dans le milieu de petites pierres, et sur les côtés seulement d'un petit nombre de pierres plus grosses pour les gens de pied, nos promenades dans cette capitale étaient fort désagréables.

Nous sortîmes de la baie de Valparaiso le 7 mai 1795 ; nous allâmes ensuite doubler le cap Horn ; et nous étions le 2 juillet devant l'île Sainte-Hélène, et le 12 septembre heureusement de retour aux rivages d'Angleterre.

FIN DU QUATORZIÈME VOLUME.

TABLE

MATIÈRES CONTENUES DANS LE QUATORZIÈME VOLUME.

XIV. 31

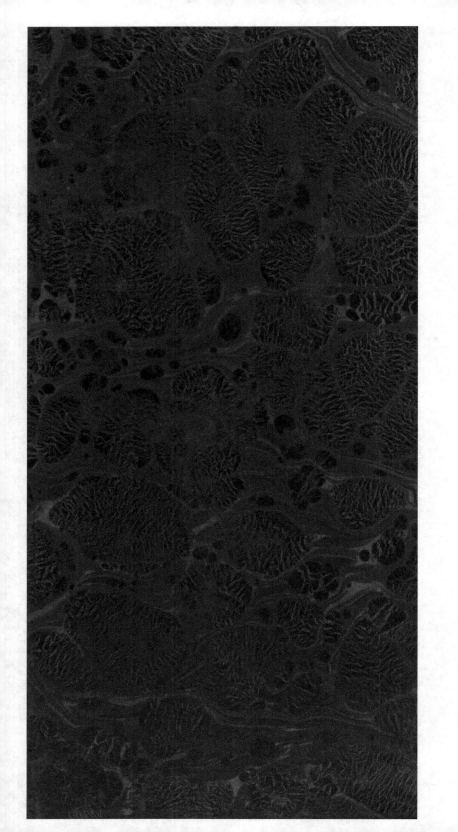

Check Out More Titles From HardPress Classics Series In this collection we are offering thousands of classic and hard to find books. This series spans a vast array of subjects – so you are bound to find something of interest to enjoy reading and learning about.

Subjects:
Architecture
Art
Biography & Autobiography
Body, Mind &Spirit
Children & Young Adult
Dramas
Education
Fiction
History
Language Arts & Disciplines
Law
Literary Collections
Music
Poetry
Psychology
Science
…and many more.

Visit us at www.hardpress.net

CPSIA information can be obtained
at www.ICGtesting.com
Printed in the USA
BVHW04145515081
R10189300001B/R101893PG555665BVX13B/12/P